산업기술연구회 협동연구
건강수명연장을 위한 기능성식품/천연물의약 소재 개발

기능성식품 · 천연물의약 소재도감

권대영 김영섭 유시용
홍경식 연규환 이병회 공저

도서출판 효일
www.hyoilbooks.com

머리말

천연물이란 넓은 의미에서 보면 자연계에서 얻어지는 식물, 동물, 광물, 미생물과 이들의 대사산물을 총칭하는데, 이러한 천연물을 이용한 의약품을 천연물 의약품이라고 한다. 또 사용하는 국가들의 역사적 · 문화적 차이에 따라 천연물 의약품은 생약(**crude drug**) 또는 생약제제(**herbal medicinal preparation**), 식물의약품(**botanical drug**) 또는 식물제제(**HMP : herbal medicinal product**) 등으로 불리고 있다. 천연물 의약품은 천연물을 사용하는 방법에 따라 한약, 생약제제, 한약제제 및 건강기능식품으로 나누어진다.

여기서 천연물 신약이라 함은 육상 및 해양에 생존하는 동 · 식물 등의 생물과 생물의 세포 또는 조직배양 산물 등 생물을 기원으로 하는 천연물 성분을 이용하여 연구 · 개발한 의약품, 즉 천연물의약품으로서 조성 성분 및 효능 등이 새로운 의약품을 말한다. 생약(**crude drug**)이란 자연으로부터 얻어지는 식물, 동물, 광물, 미생물과 이들의 대사산물을 의약품으로 사용하기 위하여 이들을 절단 · 분쇄 · 추출 등의 간단한 가공을 통해 그 본질을 변화시키지 않은 상태의 천연물 또는 이들로부터 약효성분을 추출하여 사용하거나 정제를 만들어 사용하는 것들을 통칭한다. 천연물을 임상에 사용한 경험이 역사적으로 풍부한 국가인 우리나라와 중국, 일본 등에서 질병치료에 사용되는 천연물을 통상 생약(**crude drug**)이라 한다. 또한 건강기능식품(건강기능식품법 규정)은 인체에 유용한 기능성을 가진 원료나 성분을 사용하여 정제, 갭슐, 분말, 과립, 액상, 환 등의 형태로 제조 · 가공한 식품을 말한다.

천연물에 관한 연구는 높은 투자 효율성 및 고부가가치산업을 창조할 수 있다. 천연물 신약개발사업은 신약 **1**종 개발 시 세계적으로 연간 **1**조~**2**조 원 규모의 매출과 매출액 대비 **20~50 %**의 순이익 창출이 가능한 고부가가치산업이다.

이와 같이 높은 투자 효율성 및 고부가가치산업임을 보여주는 천연물신약의 대표적인 사례를 보면 **Bristol-Myers Squib(BMS)** 사의 경우 **Taxus**속 식물(주목)로부터 개발된 항암제인 **Taxol**로 연간 **12**억 달러(약 **1**조 **4**천억 원) 이상의 매출을 올리고 있다. 브라질산 뱀독 성분인 **Teprotide**를 기초로 하여 개발된 고형압 치료제인 **AChE** 억제제(**Captopril**)는 연간 **20**억 달러(약 **2**조 **4**천억 원) 이상의 매출액을 발생시키고 있으며, 일본 **Sankyo** 사는 미생물 **Penicillium citrinum** 로부터 콜레스테롤 저하제 **Compactin(mevastatin)**을 개발

하여 연간 **1,000**억 엔(약 **1** 조 원) 이상 수출한다. 독일의 경우 은행잎으로부터 혈액순환장애 치료제를 개발하여 연간 **20** 억 달러(약 **2**조 **4**천억 원) 이상의 매출액을 올리고 있다.

향후 천연물 관련 시장의 성장성을 보면 세계보건기구(**WHO**)에서 예측한 바와 같이 천연물 의약품 시장은 연 **540**억 달러 이상의 가치가 있으며, 시장 규모가 지속적으로 성장하고 있다고 한다. 또한, 건강기능식품 (**Nutraceutical**)의 시장 규모는 약 **830**억 달러로 나타나고 있다.

이러한 천연물의약 혹은 건강기능식품에 대한 국민적 관심이 고조되고 있는 시대적 상황에 부응하여 산업기술연구회는 한국식품연구원, 한국화학연구원, 한의학연구원, 안전성평가연구소 등 산하 정부출연연구기관 간 협동연구사업으로 건강수명연장을 위한 '기능성식품 · 천연물의약소재 개발' 사업을 **2004**년부터 현재까지 수행하였다.

본 도감은 협동연구에 참여하고 있는 한국화학연구원의 연구진들이 연구원 내의 약초원 및 인근 지역에서 직접 촬영한 '천연물의약' 혹은 '건강기능식품' 의 천연소재 원료로 활용될 수 있는 **220**여 종 식물들의 생생한 사진자료를 수록하고 있다.

해당 식물에 대한 자세한 소개 및 약리효능은 부득이 기존 식물도감 및 한약서에 수록된 내용들을 일부 발췌하여 수록하였으나 향후 현대의학적 방법으로 검증된 연구 내용들로 차차 대체하여 나갈 예정이며 아울러 각 식물에 함유된 유효성분들에 대한 설명을 추가하여 나갈 예정이다.

끝으로 본 책자가 세상의 빛을 볼 수 있게 물심양면으로 지원하여주신 산업기술연구회에 감사드리며 본 책자가 '천연물의약' 혹은 '건강기능식품' 의 개발에 종사하는 많은 연구자들에게 미력이나마 도움을 줄 수 있기를 기대한다.

2010년 5월

저자 일동

일러두기

1. 분류방법은 'Engler's Syllabus der Pflanzenfamilien' 에 따랐다.

2. 식물의 슬라이드는 본 저자들이 직접 촬영하였다. 특히 슬라이드의 내용들은 대부분 우리 주변에 흔히 자생하는 식물들로 구성하였다.

3. 식물명, 학명 및 분포는『새로운 韓國植物圖鑑』(이영노),『원색 韓國藥用植物圖鑑』(육창수) 및 위키백과를 인용하였다.

4. 생약명은『東洋醫藥科學大典』(서울대학교 천연물과학연구소) 및『韓國·中國·日本의 生藥比較研究』(한대석)를 인용하였다.

5. 효능은『東醫寶鑑』(안덕균),『本草圖鑑』(안덕균) 및『中華本草』등을 인용하였다.

6. 성분은 'SciFinder' , PubMed' 를 통하여 각종 문헌조사가 이루어졌으나, 자국 논문들은 찾기 어려워 국제적인 문헌들을 인용하였다.

7. 몽골 자생식물들은 저자들이 Mongolian Academy of Sciences(몽골과학원) 산하 Research Institute of Chemistry and Chemical Technology의 도움을 받아 몽골 현지에서 직접 촬영하고 분류 동정하였다.

CONTENTS

자생식물

가는잎금계국(국화과, Compositae)

학　　명　*Coreopsis tinctoria Nutt.*

분　　포　북아메리카 원산으로 전국에 분포되어 주로 관상용으로 재배되는 **1**년생 식물이다. 높이는 **1m** 정도 자란다. 잎은 마주나며, 잎자루가 있고, **2**회 깃꼴겹잎, 갈래는 선형, 피침형이다. 윗부분의 잎은 잎자루가 없고, 갈라지지 않는다. 꽃은 두상화로 가지 끝에 달리며, 지름 **2~5cm** 정도, 꽃잎은 노란색이며, 안쪽은 붉은색이다. 개화기는 **7~8**월, 결실기는 **9~10**월이다.

효　　능　가는잎금계국의 지상부나 뿌리를 약재로 이용한 기록은 없다.
항당뇨

성　　분　**2S-3',4',7,8-tetrahydroxyflavanone, chalcone, phenylpropanoids**

가막살나무(인동과, **Caprifoliaceae**)

생 약 명 협미(莢迷)

학 명 ***Viburnum dilatatum*** **Thunberg**

분 포 한반도 전역에 분포하며, 산 중턱 아래의 산지에서 자라는 낙엽관목으로 높이는 **2~3m** 정도 자란다. 햇가지에 별 모양의 털과 선점이 있다. 잎은 마주 나고 둥근 모양으로 가장자리에 톱니가 있으며, 잎의 양끝이 좁아지며, 짧게 뾰족하다. 길이 **6~12cm** 정도. 꽃은 흰색으로 줄기 끝에 취산화서로 달린다. 열매는 핵과며, 붉은색의 난형이다.
개화기는 **4~5**월, 결실기는 **9~10**월이다.

효 능 가지와 잎을 협미(莢迷)라 하여 약재로 이용한다.
① 종기로 인한 발열, ② 풍열로 인한 감기에 내복하고, 과민성 피부염에 활용된다. ③ 민간에서는 소아의 기생충 구제 용도로도 쓰인다.
antioxidant activity, alpha-glucosidase inhibitory, antihyperglycemic effects, hyperglycemia effect

성 분 **2-(-glucopyranosyloxy)-benzyl 3-(-glucopyranosyloxy)-benzoate, kuromanin, triterpenoids, cyanidin 3-sambubioside, spiro-bis-γ-lactone glucoside**

가죽나무(소태나무과, Simaroubaceae)

생 약 명 저백피(樗白皮)

학 명 ***Ailanthus altissima*** **Swingle**

분 포 중국 원산의 낙엽 교목이며, 전국에 분포하는 다년생 식물로 높이 10~20m정도 자란다. 나무껍질은 회갈색이고 잔가지가 없다. 잎은 어긋나며 1회 깃꼴겹잎으로 길이가 60~80 cm정도. 작은 잎은 13~25장 내외며, 넓은 피침상 난형으로 끝이 뾰족하며 가장자리에 톱니가 없다. 꽃은 암수딴그루 녹색을 띤 흰색이며, 가지 끝에 원추화서로 달린다.
개화기는 5~6월, 결실기는 9~10월이다

효 능 뿌리 껍질을 저백피(樗白皮)라 하여 약재로 이용한다.
① 청열, 조습 작용이 있으므로 대장에 습열이 있어 발생한 이질과 피가 섞인 변을 볼 때 및 오래도록 낫지 않는 이질설사 등에 좋은 반응을 보인다. ② 수렴성의 지혈 반응으로 자궁 출혈과 습열로 인한 대하에 쓰이며, ③ 살충 작용이 있어서 회충을 제거하고, 피부의 창선을 치료한다.
antibacterial, antioxidant, anti-inflammatory, antiasthma, insecticide

성 분 **shinjulactones, shinjuglycosides, ailantinol, 6α-tigloyloxychaparrinone, luteolin-7-*O*-glucoside, cyanidin 3-sambubioside, 5-caffeoyl quinic acid, cyanidin 3-sambubioside kuromanin**

갈고리층층둥글레(백합과, Liliaceae)

이　　명　낚시둥글레

학　　명　***Polygonatum sibiricum*** **Redour**

분　　포　다년초며 뿌리 줄기는 굵고, 옆으로 뻗으며 마디가 있고 잔뿌리가 난다. 지상부 줄기의 높이는 **60~100cm** 정도다, 잎은 줄기 아래 부분에서는 호생하고 윗부분에서는 **4~6**장이 윤생하며, 피침형으로 길이는 **7~10cm,** 너비 **5~10mm,** 잎 끝이 갈고리 모양이다. 꽃은 흰색이며 **4~5**개의 꽃대가 잎 겨드랑이에서 나오고 **1**개의 꽃대에서 **2~3**송이의 종모양의 화관형 꽃이 달린다. 열매는 장과, 검은색으로 익는다.
개화기 : **5~6**월.

효　　능　**antihyperglycemic effect, antioxidative effects**

성　　분　**neosibiricosides(steroidal saponin), 3-hydroxymethyl-5,6,7,8-tetrahydroindolizin-8-one, 3-ethoxyme-thyl-5,6,7,8-tetrahydroindolizin-8-one (alkaloids)**

갈퀴꼭두서니(꼭두서니과, Rubiaceae)

생 약 명 천초경(茜草莖), 천초근(茜草根)

학　　명 ***Rubia cordifolia*** **Linné var.** ***pratensis*** **Maximowicz**

분　　포 전국의 산이나 들에 흔히 나는 덩굴성 다년초로, 줄기는 네모지고 능선에 밑을 향한 잔가시가 있다. 잎은 **5~10**장으로 자루가 있고 마디에서 윤생하며, 타원형 또는 난형으로 끝은 뾰족하고 밑은 심장형이며, 뒷면에는 가시가 있다. 꽃은 노란색이며 줄기 끝이나 잎겨드랑이에 원추화서로 달린다. 개화기 : **6~7**월.

효　　능 지상부를 천초경(茜草莖), 뿌리를 천초근(천초근)이라 하며 약재로 이용 ① 천초근은 토혈, 자궁, 대장 출혈에 지혈 작용이 현저하다. ② 타박상으로 어혈이 진데 쓰이고, 항암작용이 있으며, ③ 실험성신장과 방광의 결석 형성을 억제시킨다.

free radical scavenging activity, cytotoxic activity, hepatoprotective effects

성　　분 **alizarin, mollugin, triterpenes, rubiasins A-C, bicyclic hexapeptide, rubiatriol**

갈퀴덩굴(꼭두서니과, Rubiaceae)

생 약 명 거거등(鋸鋸藤), 팔선초(八仙草)

학　　명 *Galium spurium* var. *echinospermon* (Wallr.) Hayek

분　　포 전국적으로 분포되어 있고 풀밭이나 응달진 빈터, 길가 등에서 흔하게 볼 수 있는 월년생 식물로 줄기는 길이 50~100cm이며, 네모지고 모서리를 따라 밑을 향한 가시가 있다. 잎은 길이 1~3cm정도로 가장자리에 가시털이 있고 잎자루 없이 6~8장이 줄기에 둘러난다. 꽃은 황록색이며, 가지 끝이나 잎 겨드랑이에 여러 개 모여 달린다. 열매는 분과로 2대가 붙는다. 갈고리 모양의 털이 있어 다른 물체에 잘 붙는다.
개화기는 5~6월이다.

효　　능 약용부위는 전초를 사용
① 임질 치료에 해열, 이뇨, 소염효과를 보임으로써 효력을 얻고, 혈뇨에도 유효하다. ② 맹장 주위염, ③ 타박상으로 인한 동통 및 근육과 골격 동통 증상을 완화 시킨다.

성　　분 iridoid

갈퀴망종화(물레나물과, **Guttiferae**)

학　명 ***Hypericum galioides*** **Lamarck**

분　포 전국에 분포하며, 북아메리카 원산의 소관목 식물로 높이 **1~2m** 정도 자란다. 밑에서부터 가지가 많이 갈라지며, **2**개의 능선이 있다. 잎은 마주 납고 긴 타원형 또는 역피침형이며, 길이 **3~6cm**, 폭 **5~15mm** 정도로 끝이 밑으로 말린다. 가장자리는 밋밋하고, 잎자루는 짧으며, 잎 겨드랑이에 작은 잎이 쌍으로 있다. 꽃은 노란색의 취산화서로 가지 끝에 **4~7** 송이가 달린다. 망종화에 비하여 수술이 발달돼 있다.
개화기는 **7~8**월, 결실기는 **10**월이다.

효　능 갈퀴망종화의 뿌리, 지상부 등을 약재로 이용한 기록은 없다.
antimicrobial property

감국(국화과, **Compositae**)

이　　명　*Indian chrysanthemum*, 들국화

생 약 명　야국화(野菊花)

학　　명　*Chrysanthemum indicum* Linné

분　　포　전국에 분포하며, 주로 산지에서 자라는 다년생 식물로 높이 50~100cm 정도 자란다. 전체에 짧은 털이 있고, 줄기는 붉은색을 띠는 흑색이다. 잎은 어긋나며, 둥근 난형으로 얇고 부드럽다. 보통 다섯 갈래로 갈라지며 일반 국화보다 더 깊이 갈라지고, 결각 모양의 톱니가 있다. 노란색의 꽃은 가지나 줄기 끝에 두상화로 피며, 산방상으로 달린다.
개화기는 9~11월, 결실기는 10~11월이다.

효　　능　감국의 꽃 봉우리를 야국화(野菊花)라 하여 약재로 이용
① 혈열 (血熱)로 인한 종기, 인후염에 내복하거나 외용한다. ② 눈이 충혈되었을 때도 이용하며, ③ 고혈압에도 쓰인다.
anti-inflammatory activity, antimicrobial activity, antioxidant activity

성　　분　**sesquiterpenoid, flavanone glycoside, phenylbutanoid glycoside, germacrane-type sesquiterpenes, kikkanols D, D monoacetate, E, F, and F monoacetate, eudesmane-type sesquiterpenes, kikkanols A, B, and C, indicumenone**

개나리(물푸레나무과, Oleaceae)

생 약 명 연교(連翹)

학 명 ***Forsythia koreana*** **Nakai**

분 포 전국에 분포하는 낙엽 관목이며, 주로 산야와 인가 주변에서 자라는 다년생 식물로 높이 2~4m 정도 자란다. 잎은 마주 나며, 5~10cm 정도의 타원형으로 표면은 짙은 녹색이며, 가장자리는 가는 톱니가 있다. 노란색의 꽃은 암수딴그루며, 잎 겨드랑이에 1~3송이가 달리고, 꽃자루는 짧다. 열매는 삭과며, 난형이다. 개화기는 4~5월, 결실기는 9~10월이다.

효 능 열매를 연교(연교)라 하여 약재로 이용
① 항균 작용이 있어서 대장균, 이질균, 결핵균 등의 성장을 억제하는 효과가 있다. ② 항염증 작용이 있어서 국부 염증에 유리하며, 신체의 방어 기능을 증강시킨다. ③ 간 손상에 치료 반응과 해열, 진토, 이뇨 작용을 보인다.
antibacterial activity, anti-inflammatory activity

성 분 **phylligenin, arctigenin, phenylpropanoid glycosides, forsythoside B**

개느삼(콩과, Leguminosae)

이　　명 개미풀, 느삼나무

생 약 명 고삼(苦蔘)

학　　명 ***Echinosophora koreensis*** **Nakai**

분　　포 우리 나라 중부 이북에 주로 분포하며, 산기슭이나 길가에 자라는 낙엽 관목으로 높이 **100cm** 정도 자란다. 땅속 줄기가 발달하고, 도둑놈의지팡이를 많이 닮았다. 잎은 호생하며 깃꼴겹잎이다. 작은 잎은 **13~31**장으로 긴 타원형이며, 양 끝이 뭉뚝하고 가장자리는 밋밋하다. 꽃은 노란색의 총상화서로 달린다. 개화기는 **5~6**월, 결실기는 **7~9**월이다.

효　　능 개느삼의 뿌리를 고삼(고삼)이라 하여 약재로 이용
① 거담과 천식을 가라앉히는 효과가 있으며, 이뇨, 항염, 항알레르기, 진통작용을 나타낸다. ② 항종양 작용과 면역 기능 억제 작용이 있다.
③ 관상 동맥의 혈류량을 증가시키고, 심장 근육의 허혈 증상을 개선시키며, 혈당치를 낮추는 작용을 한다.
antimicrobial and cytotoxic activity

성　　분 **3-hydroxy-kenusanone B, sophoronol, sophoraisoflavanone A, kenusanone H, flavonostilbenes, oligostilbenes, 2',4',6'-trioxygenated flavanones, 1-eicosanyl caffeate, sophoronol, lupine alkaloids**

개망초(국화과, Compositae)

이 명 넓은잎잔꽃풀, **Daisy fleabane, Sweet scabious, White top**

생 약 명 일년봉(一年蓬)

학 명 ***Erigeron annuus* (L.) Pers.**

분 포 북아메리카 원산으로 높이 **50~130cm** 까지 자라는 월 년생 식물로서 전국적으로 흔히 볼 수 있다. 근생엽은 긴 자루가 있으며, 꽃이 필 때 시들고 전체에 털이 있다. 줄기의 잎은 긴 난형으로 가장자리에 드문드문 톱니가 있다. 줄기의 상부에서 가지가 방사상으로 갈라지며 지름 **2cm**정도의 흰색 꽃이 **5~6**월에 핀다.

효 능 약용부위는 전초를 사용
① 소화불량에 효과가 있고, ② 장염으로 인한 복통, 설사를 치료한다.
③ 전염성 간염, 림프절염, 소변출혈에도 응용된다.

성 분 **γ-pyranone derivatives, cyclopentenone derivatives, sesquiterpenoids, flavonoids, triterpenoids, phenolic derivatives.**

개불알풀(현삼과, Scrophulariaceae)

이　　명　**Grey speedwell**

생 약 명　파파납(婆婆納)

학　　명　***Veronica didyma*** **var.** ***lilacina*** **(H. Hara) T. Yamaz.**

분　　포　유럽 원산으로 우리나라 경작지와 그 주변에 고루 분포하며, 줄기는 땅에서 여러 가지로 갈라져 위로 곧게 자라며 길이는 7~20cm이다. 잎은 짧은 자루가 있어 어긋나며 난형으로 가장자리에 톱니가 2~3개씩 있다. 꽃은 연한 보라색이며 잎 겨드랑이에 1송이씩 붙고 가는 꽃자루는 잎자루와 같이 길이가 2~3mm이다. 열매는 2개의 둥근 알이 붙어 부풀은 모양이고 잔털이 밀생하며 길이 3mm, 폭 5mm정도의 삭과이다.
꽃은 5~6월에 핀다.

효　　능　약용부위는 전초를 사용
큰개불알풀도 약효가 같다.
① 토혈에 지혈 반응보이며, ② 남자의 고환염에 쓰이고, ③ 여자의 백대하(白帶下)를 다스린다.

성　　분　**flavonoid, iridoid glycosides**

개비자나무(개비자나무과, Cephalotaxaceae)

이　　명　좀비자나무, **Plum yew**

생 약 명　토향비(土香榧)

학　　명　***Cephalotaxus harringtonia*** **(Knight) K. Koch**

분　　포　우리 나라 중부 이남에 분포하며, 주로 산골짜기 또는 속 숲에 자라거나, 조경수로 재배되는 상록 관목으로 높이 **2~4m** 정도 자란다. 잎은 선형으로 끝이 뾰족하고, 뒷면에 중맥이 뚜렷하다. 그 양측에 **2**줄의 흰 기공선이 있으며, 길이 **3~4cm**로 비자나무 잎보다 크다. 꽃은 암수딴그루며, 수꽃은 구형이며, 길이는 **5mm** 정도. 한 화축에 **20~30**송이씩 달린다. 암꽃은 구형 또는 타원형으로 길이 **5mm** 정도. **2**송이씩 한 군데에 달리고, **10**여 개의 뾰족한 녹색 포로 싸인다. 열매는 타원형이며 붉은색을 띤다.
개화기는 **3~4**월, 결실기는 **10~**다음 해 **1**월이다.

효　　능　종자를 토향비(土香榧)라 하여 약재로 이용
① 회충과 갈고리촌충에 살충효과가 있고, ② 식적(食積)을 치료하는데 이용한다.
anti-myeloma effect, cytotoxicity, antiplasmodial activity, antifungal activity, antiplatelet effect

성　　분　**cephalotaxus alkaloids, homoharringtonine, cephalezomines G, H, J, K, L, M, cephalocyclidin A, drupangtonine**

개소시랑개비(장미과, **Rosaceae**)

이 명 깃쇠스랑개비, ***P. paradoxa Nuttall***

생 약 명 치자연근(稚子筵根)

학 명 ***Potentilla supine*** **Linné**

분 포 전국의 들이나 산, 밭가에 나는 다년초로, 높이 **50cm** 가량, 줄기는 많이 갈라지고 비스듬히 자란다. 잎은 호생하며, 깃꼴겹잎, 작은 잎은 타원형, 피침형으로 가장자리에 불규칙한 톱니가 있다. 꽃은 노란색으로 **5**수성의 취산화서로 잎 겨드랑이에 드물게 달리고 꽃자루는 가늘고 길다.
개화기 : **5~7**월, 결실기 : **9~10**월.

효 능 지상부를 치자연, 뿌리를 치자연근이라 하여 약재로 이용
① 치자연은 위장의 소화력을 높이고, 산증(疝症)을 치료한다. ② 치자연근은 부인과 출혈, 폐결핵으로 인한 각혈 등 각종 출혈 증상에 지혈 작용을 보인다.

성 분 **3-hydroxy-11-ursen-28,13-olide, 11,12-dehydroursolic acid lactone, 3-*O*-acetyl pomolic acid, betulinic acid, 3-oxo-12-ursen-28-oic acid, ursolic acid, oleanic acid, 2-alpha-hydroxyoleanolic acid, 2-alpha-hydroxyursolic acid, 5,7,4'-trihydroxyflavone, beta-sitosterol, daucostarine**

개쑥부장이(국화과, **Compositae**)

이 명 구계쑥부장이, ***Aster ciliosus*** **Kitamura**

생 약 명 산백국(山白菊)

학 명 ***Heteropappus hispidus*** **(Thunb.) Lessing**

분 포 전국에 분포하며, 주로 산들에서 자라는 월년생 식물로 높이 **50~100cm** 정도 자란다. 전체에 작은 털이 있으며, 줄기는 곧게 서고, 가지를 낸다. 잎은 어긋나며, 아래 잎은 타원형으로 꽃이 필 때면 고사하고, 위 잎은 피침형으로 촘촘히 달린다. 톱니가 불규칙하게 있거나 없으며, 녹색이다. 남자색의 꽃은 두상화로 줄기나 가지 끝에 달린다.
개화기는 **7~10**월, 결실기는 **9~11**월이다.

효 능 지상부를 산백국(山白菊)이라 하여 약재로 이용
① 풍열 (風熱)로 인한 감기로 열이 나는 증상 및 편도선염, 기관지염 등에 진해, 거담 효과를 보인다. ② 여성의 유방염, 종기 등에 유효하며, ③ 뱀에 물린 데에 붙여서 해독시킨다.

성 분 **trans-fatty acid**

개양귀비(양귀비과, **Papaveraceae**)

이 명 애기아편꽃, **Corn poppy, cup rose**

생 약 명 여춘화(麗春花)

학 명 ***Papaver rhoeas*** **Linné**

분 포 유럽원산의 월년생 식물로 높이 **40~80cm** 정도 자란다. 식물체 전체에 털이 많이 나고 잎은 호생하며, 깃 모양으로 갈라지며 끝은 뾰족하고 가장자리에는 톱니가 있다. 꽃은 붉은색과 함께 여러 가지가 있고 가지 끝에 한 송이씩 달린다. 꽃 봉우리가 피기 전에는 아래를 향하다가 꽃이 피면 위를 향하며, 꽃잎은 **4**장이다. 열매는 삭과, 넓은 도란형으로 곧게 선다. 개화기는 **5~6**월, 결실기는 **6~7**월이다

효 능 지상부를 여춘화(麗春花)이라 하여 약재로 이용

① 이질에 싱싱한 지상부 **20~40g**, 꽃은 **2~4g**, 건조시킨 약물은 **12~18g**을 물에 넣고 달여서 **2**회로 나누어 복용하면 효과가 있다.

antiproliferative activity, antioxidant activity, antifungal activity, radical scavenging and iron-chelating activity

성 분 **opium alkaloid, long-chain alkanediol**

개여뀌(마디풀과,여뀌과, **Polygonaceae**)

생 약 명 요(蓼)

학　　명 ***Persicaria longiseta*** **(De Bruyn) Kitagawa**

분　　포 전국적으로 분포하여 들이나 물가에 흔히 나는 **1**년초, 높이 **60~80cm** 정도. 전체에 털이 없고, 줄기는 원통형이며, 적자색이다. 잎은 호생으로 넓은 피침형이며, 길이는 **4~8cm**, 엽초 모양의 턱잎은 통 모양으로 길이 **1cm** 정도, 가장자리에 수염털이 있음. 꽃은 홍자색과 흰색이며, 이삭화서다. 좁은 원기둥 모양으로 길이는 **2~5cm**, 열매는 수과, 세모지고, 암갈색, 광택이 나고 꽃받침에 싸여 있다.

개화기는 **6~9**월, 결실기는 **10~11**월이다.

효　　능 잎을 요(蓼)라 하여 약재로 이용

① 여름철 식중독에 효과가 있고, ② 이뇨 작용이 있어서 전신이 붓고 소변을 잘 보지 못하는 증상과 통증에 쓰인다. ③ 옴, 버짐, 타박상 등에 짓찧어서 환부에 붙인다.

개오동나무(능소화과, Bignoniaceae)

이　　명 향오동, **Japanese catalpa**

생 약 명 재백피(梓白皮)

학　　명 ***Catalpa ovata*** **G. Don**

분　　포 전국에 분포하며, 중국 원산의 낙엽 교목 식물로 높이 **10~15m** 정도 자란다. 가지는 넓게 벌어진다. 잎은 대생 또는 윤생하며, 넓은 난형으로 길이 **10~25cm** 정도, 끝이 뾰족하고, 밑은 심장형이다. 표면은 털이 없고 연한 자주빛이 나는 녹색이며, 가장자리는 밋밋하다. 잎자루의 길이는 **5~15cm** 정도. 꽃은 황백색으로 안쪽에 노란색 선과 자주색 점이 있으며, 가지 끝에 원추화서로 달린다. 개화기는 **6~7**월, 결실기는 **9~10**월이다.

효　　능 뿌리 껍질과 나무 껍질을 재백피(梓白皮)라 하여 약재로 이용
① 청열(淸熱) 작용이 있어 열이 날 때 및 두통과 소아 발열에 해열 효과가 있고, ② 일체의 옴이나 버짐 및 악창(惡瘡), 가려움증에 달인 물로 환부를 세척한다. ③ 신우신염으로 몸이 부었을 때도 옥미수(玉米鬚)와 같이 사용한다.
cytotoxic effect, inhibition of TNF-α, IL-1β, and IL-6 production

성　　분 **iridoids, 9t,11t,13c-conjugated linolenic acid, 4-hydroxybenzoic acid, ovatolactone 7-O-(6'-phydroxybenzoyl)-β-D-glucopyranoside, 1,6-di-*O-p*-hydroxybenzoyl-β-D-glucopyranoside, catalponol, catalponone, catalpalactone, α lapachone, 9-hydroxy-α-lapachone, 4,9-dihydroxy-α-lapachone, 9-methoxy-α-lapachone, 4-oxo-α-lapachone, 9-methoxy-4-oxo-α-lapachone**

개잎갈나무(나무과, Abietaceae)

이 명 히말라야시다, **Deodar**

학 명 ***Cedrus deodara*** **(Roxb.) Loudon**

분 포 우리 나라 중부 이남에 분포하는 히말라야 원산의 상록 침엽 교목 식물로 길이 **15~30m** 길이정도 자란다. 나무껍질은 회갈색이며, 잎은 침형으로 세모지며, 길이 **3~4cm** 정도. 햇가지에 많이 달리고 총생한다. 꽃은 암수한그루며, 수꽃송이는 황갈색이며, 원통형으로 길이 **3cm** 정도. 암꽃송이는 난형이고 열매는 타원형의 구과, 길이는 **7~10cm**, 가지 위에 곧게 섬. 개화기는 **10**월, 결실기는 **9~10**월이다.

효 능 개잎갈나무를 약용 또는 식용으로 이용한 기록은 없다.
apoptosis, anti-inflammatory and analgesic activity, anticancer activity, anti-mosquito properties

성 분 **lignan, terpenoid, dihydroflavonol, diosphenol, limonenecarboxylic acid, oxido-himachalene, deodarone, atlantolone, isohimachalone, β-himachalene**

거북꼬리(쐐기풀과, Urticaceae)

이　　명 ***Duretia tricuspis*** **(Hance) Nakai**

생 약 명 장백저마(長白苧麻)

학　　명 ***Boehmeria tricuspis*** **Makino**

분　　포 우리 나라 중부 이남에 분포하며, 주로 산지의 그늘진 곳에서 자라는 다년생 식물로 높이 **100cm** 정도 자란다. 줄기는 사각형으로 기부에서 다수가 나온다. 잎은 마주 나며, 원형 또는 난형으로 끝이 길게 뾰족하고, 길이 **8~15cm** 정도다. 가장자리에는 큰 톱니가 있으며, 표면과 뒷면 맥에 잔털이 있다. 잎자루는 **3~5cm** 정도며, 붉은색을 띤다. 꽃은 녹색으로 암수 한 그루며, 이삭화서로 잎 겨드랑이에서 암꽃이삭은 줄기 윗부분에, 수꽃이삭은 줄기 밑 부분에 달린다.
개화기는 **7~8**월, 결실기는 **9~10**월이다.

효　　능 뿌리를 장백저마(長白苧麻)라 하여 약재로 이용
① 무명종독 (無名腫毒)에 소염 작용이 있으며, ② 지혈 반응을 보인다.
Rat lens aldose reductase inhibitory activity

성　　분 **flavones, boehmenan**

겹황매화(장미과, Rosaceae)

이　　명　죽도화,

학　　명　***Kerria japonica*** **(L.) De Candolle**

분　　포　일본 원산으로 우리 나라 중부 이남에 관상용으로 재식 되어 자라는 낙엽 관목 식물로 높이 **2~3m** 정도 자란다. 줄기는 녹색으로 땅속에서 분지 되어 여러 개가 나오며, 잎은 호생하고, 난형 및 타원형으로 끝은 뾰족하며, 밑은 밋밋한 심장형이다. 표면은 맥을 따라 주름이 있고, 가장자리는 거친 겹 톱니가 있다. 꽃은 노란색으로 피며, 새로 나온 곁가지 끝에 한송이씩 달리고, 꽃잎이 겹으로 피고 열매는 맺지 않는다.
개화기는 **6~7**월이다.

효　　능　황매화의 꽃은 약재로 이용하지만, 겹 황매화의 꽃은 약재로 이용하지 않고 주로 관상용으로 재식된다.
anti-inflammatory, antipyretic and diuretic effect

성　　분　**lignan, flavonoid, glucoxylan, kerinol, Linariin, isolinariin B**

계요등(꼭두서니과, Rubiaceae)

이 명 구렁내덩굴

생약명 계요등

학 명 ***Paederia scandens*** **(Lour.) Merrill**

분 포 야산의 양지나 골짜기에 나는 낙엽 덩굴나무. 높이 **5~7m** 내외. 냄새가 나고 잎은 대생이며, 난형, 난상의 피침형으로 끝이 뾰족하고 밑이 둥글거나 심장형이다. 길이 **5~11cm**, 너비 **2~7cm**, 가장자리는 톱니가 없고, 잎자루가 길다. 꽃은 흰색이며, 화관통 안쪽은 자주색으로, 지름 **5mm** 내외, 길이 **1.5mm**내외. 줄기 끝이나 잎 겨드랑이에 운추화서, 취산화서로 달린다.
개화기 **7~8**월, 결실기 **9~10**월.

효 능 지상부와 뿌리를 약재로 이용
① 장내 기생충을 제거하고, ② 이질에도 쓰인다. ③ 약물 달인 물은 진통작용이 현저하고, 관절염을 억제하는 작용이 있다.
antinociceptive activity, xanthine oxidase inhibitory activity, antioxidant activity, hepatitis C viral polymerase inhibitior

성 분 **paederosidic acid methylester, paederia lactone, iridoid glucoside, flavonol glycoside**

고광나무(범의귀과, Saxifragaceae)

이 명 오이순, 쇠영꽃나무

생 약 명 동북산매화(東北山梅花)

학 명 ***Philadelphus schrenckii*** **Ruprecht**

분 포 한국 전역에 분포하며, 산골짜기에 나는 낙엽 관목으로 높이 **2~4m** 정도 자란다. 잎은 대생이며, 난형 또는 난상 타원형으로 끝이 뾰족하다. 가장자리에 희미한 톱니가 있고, 표면은 털이 거의 없으며, 뒷면은 연한 녹색으로 맥에 잔털이 있다.꽃은 흰색으로 총상화서를 이루고, 꽃자루와 꽃받침통에 털이 있다. 개화기는 **4~5**월, 결실기는 **9~10**월이다.

효 능 뿌리를 동북산매화(東北山梅花)라 하여 약재로 이용
① 염증이 심한 치질에 물을 넣고 달여서 복용하고, ② 허리와 등이 결리면서 아픈 증상에 활용된다.
sterol biosynthesis inhibitor

고려엉겅퀴(국화과, Compositae)

생 약 명 대계(大薊)

학　　명 *Cirsium setidens* Nakai

분　　포 전국의 산이나 들에 자라는 다년생 식물로 높이 **100cm** 정도 자란다. 뿌리는 곧게 자라고 줄기에는 가지가 많다. 잎은 호생하며, 난형 또는 타원상 피침형으로 끝이 뾰족하고 표면에 약간의 털이 있다. 가장자리는 밋밋하거나 톱니가 있고 위 잎일수록 작다. 꽃은 두상화서로 줄기나 가지 끝에 **1**개씩 달린다.
개화기는 지역에 따라 **8～10**월이다.

효　　능 뿌리를 대계(大薊)라 하여 약재로 이용, 고려엉겅퀴는 어린잎은 식용으로만 이용한다.
anti-inflammatory effect, hepatic protective effect, antioxidant activity, cytotoxicity

성　　분 **pectolinarin, pectolinarigenin, α-tocopherol, 25-hydroperoxycycloart-23-en-3β-ol, 24-hydroperoxy-cycloart-25-en-3β-ol, mokko lactone, transphytol, 9,12,15-octadecatrienoic acid, 9,12-octadeca-dienoic acid, hexadecanoic acid, acylglycosyl β-sitosterol, (2R)-1,2-O-(9z,12z,15z-dioctadeca- trienoyl)-3- O-β-D-galactopyranosyl glycerol, β-sitosterol glucoside**

고마리(마디풀과, **Polygonaceae**)

이　　명　고만잇대

생 약 명　고교맥(苦蕎麥)

학　　명　***Persicaria thunbergii*** **(Siebold & Zucc.) H. Gross ex Nakai**

분　　포　전국의 들이나 물가에 흔히 나는 **1**년초로, 군생한다. 높이 **50 ~ 100cm,** 줄기는 모가 지고, 갈고리 모양의 가시가 있다. 잎은 호생으로 창모양의 삼각형이다. 길이는 **4 ~ 10cm** 잎자루에 날개가 있다. 꽃은 연분홍색과 흰색이 있고, 가지 끝에 **10**여송이가 둥글게 뭉쳐 두상화서를 이룬다.
개화기 **: 8 ~ 9**월, 결실기 **: 10 ~ 11**월.

효　　능　종자(고교맥)와 전초를 수마료(水麻蓼)라 하여 약재로 이용
① 종자는 시력을 향상시키고, ② 이질에도 쓰인다. ③ 전초는 류머티즘 및 지혈제로 사용한다.
anti-proliferation effects, apoptosis, inhibitory activity on Farnesyl Protein Transferase (FPTase)

성　　분　**isorhamnetin**

고본(산형과, Umbelliferae)

이　　명 *Angelica tenuissima* Nakai

생 약 명 고본(藁本)

학　　명 *Ligusticum tenuissimum* (Nak.) Kitagawa

분　　포 전국에 분포하며, 주로 깊은 산의 산록에 나는 다년생 식물로 높이 30~80cm 정도 자란다. 전체에 털이 없고, 향기는 강하다. 잎은 어긋나며, 근생엽과 줄기 아래 쪽의 잎은 잎자루가 길고, 3회 깃꼴겹잎으로 갈래는 선형이다. 엽초가 있다. 꽃은 흰색의 겹산형화서, 작은 산형화서는 15~20개 정도. 개화기는 8~9월, 결실기는 10~11월이다.

효　　능 뿌리줄기를 고본(藁本)이라 하여 약재로 이용
① 매운 맛은 발산 작용이 강하여 외감성으로 인한 두통, 발열, 해수, 가래, 콧물에 쓰이고, ② 풍한습으로 인한 사지마비관절동통에 쓰인다.
improvement of learning and memory, sedative, digestive, analgesic, diuretic, antifungal agent

성　　분 **3-butylidenephthalide, 3-butylidene-4,5-dihydrophthalide, ligustilide, 3-butylidene phthalide, pulegone, allyl phenoxyacetate, linanyl acetate, spathulenol, iso-spathulenol, menthol, elemol, caryophyllene oxide**

골담초(콩과, Leguminosae)

이　　명　*C. chmalagu Lamarck*, Chinese pea tree

생 약 명　금작근(金雀根)

학　　명　***Caragana sinica*** **(Buchoz) Rehder**

분　　포　중국 원산의 낙엽 관목으로 전국에 분포하며, 주로 산지와 마을 주변에서 자라는 다년생 식물로 높이 1~2m 정도 자란다. 줄기에는 가시가 있고, 잎은 마주 나며, 깃꼴 겹잎, 작은 잎은 2쌍이다. 넓은 타원형 및 난형으로 끝이 보통 움푹 들어갔거나 밋밋하다. 가장자리에 톱니가 없다. 노란색의 꽃은 잎 겨드랑이에서 1송이씩 붙어서 밑을 향해 핀다.
개화기는 5월, 결실기는 8~9월이다.

효　　능　뿌리를 금작근(金雀根)이라 하여 약재로 이용
① 신체 허약으로 인하여 미열이 나면서 기침을 할 때 쓰고, ② 신비(腎脾)기능 허약으로 인한 백대하, 생리불순에 활용되며, ③ 활혈시키므로 관절염, 타박상, 통풍, 요통, 신경통에 쓰이고, 고혈압에도 유효하다.
anti-cancer, anti-inflammatory, phytoestrogenic, immunostimulant and immuno suppressant activity

성　　분　**kobophenol A, carasinol B, hypaphorine, (+)-α-viniferin, (+)-tenophyllol B, 4-hydroxybenzoic acid, odoratin, resveratrol, cararosinol A, leachinol C, carasinaurone**

골풀(골풀과, **Juncaceae**)

생 약 명 등심초(燈心草)

학　　명 ***Juncus effusus*** **Linné var.** ***decipiens*** **Buchenau**

분　　포 전국에 분포하며, 주로 들의 습지에서 자라는 다년생 식물로 높이 **80~100cm** 정도 자란다. 땅속줄기는 옆으로 뻗고, 마디 사이가 짧다. 줄기는 원기둥 모양으로 매끄럽고 속은 연결된 별 모양의 세포로 되어 있다. 잎은 없고 줄기 밑에 비늘조각 모양의 짙은 갈색 엽초가 있다. 꽃은 녹갈색으로 취산화서를 이루며, 줄기 끝부분에 붙는다. 열매는 세모진 난형으로 개화기는 **5~6**월, 결실기는 **7~8**월이다.

효　　능 골속을 등심초(燈心草)라 하여 약재로 이용
① 열이 있으면서 소변을 못 보고 소변 색깔이 붉은 증상에 유효하며, 신우신염으로 몸이 부었을 때 부기를 빼준다. ② 가슴이 답답하고 잠을 못 자는 증상과 어린이의 야제증에 효과가 있다. ③ 폐열로 인후가 붓고 아픈 증상에도 이용한다.

성　　분 ***p*-coumaroyl glycerides, 9,10-dihydrophenanthrene glucosides, juncoside I, stepholidine, effusol, 7-carboxy-2-hydroxy-1-methyl-5-vinyl-9,10-dihydrophenanthrene, 2,3-isopylidene-1-O-ferulic acid glyceride, (2S)-2,3-isopylidene-1-*O*-*p*-coumaroyl glyceride, dehydroeffusal, *p*-hydroxybenzaldehyde luteolin-5,3'-dimethylether**

곰취(국화과, **Compositae**)

이 명 웅소(熊蔬)

학 명 ***Ligularia fisheri*** **(Ledeb.) Turczaninov**

분 포 대한민국 각지 및 일본, 중국, 동부 시베리아 등지의 산에 나는 여러해살이 식물이다

효 능 **antioxidants, antihepatotoxic effects, cytotoxicity, anti-ulcerogenic effect, analgesic and anti-inflammatory effects**

성 분 **norsesquiterpene, intermedeol, spiciformisins, 3,4-dicaffeoylquinic acid, ligulactones, 1-β,10-β-poxy-6-β-isobutyryloxy-9-oxo-furanoeremophilane, 1-β-hydroxy-6-α-isobutyryloxy-9-noreremo-phil-7(11),8(10)-dien-8(12)-olide, 1-β-acetoxy-6-α-isobutyryloxy-9-noreremophil-7(11),8(10)-dien-8(12)-olide, ligularate, 4-oxoplatyphyllide, platyphyllide, 1-hydroxyplatyphyllide, 1-α-chloro-6-β-isobutyryloxy-9-oxo-10-β-hydroxyfuranoeremophilane, 1-α-chloro-6-β-angeloyloxy-9-oxo-10-β-hydroxyfuranoeremophilane, 3,7,11,15-tetramethyl-1,3(20)-hexadecadiene, 3,7,11,15-tetramethyl-1,3,6,10,14-hexadecapentaene, [3,8,12,16,16-pentamethyl-(3,7,11,15-hexadecatetraenyl)]-3,3,5-trimethyl-1-cyclohexene, (+)-intermedeol**

광나무(물푸레나무과, 목서과, **Oleaceae**)

이 명 여정목

생 약 명 여정자

학 명 ***Ligustrum japonicum*** **Thunberg**

분 포 한국 남해안 일대와 일본, 타이완 등에 분포하는 상록관목으로 높이는 **3-5m**에 이르며, 가지는 회색을 띠고 털이 없다. 넓은 달걀 모양을 한 잎은 마주나며 두껍고 광택이 난다. 꽃은 새로 나온 가지 끝에서 **7-8**월에 총상꽃차례로 무리지어 핀다. 통꽃인 꽃부리는 흰색을 띠며, 끝이 네 갈래로 갈라져 있다. 열매는 핵과로 쥐똥처럼 생겼고 **10**월에 익는다.

효 능 열매를 여정자라 하여 약재로 이용
간과 신의 음을 보하고 허리와 무릎을 튼튼하게 하며 눈을 밝게 한다.
antibiotic resistance inhibitor, neuroprotective effect, antimicrobial activity, antifungal activity, antioxidant activity

성 분 **secoiridoid, (8E)-nuezhenide, (8Z)-nuezhenide, oleonuezhenide, osmanthuside B, osmanthuside D, oleonuezhenide, isonuezhenide**

광대수염(꿀풀과, Labiatae)

이 명 **White dead nettle**

생 약 명 야지마(野芝麻)

학 명 ***Lamium album*** **Linné var.** ***barbatum*** **(Sieb. Et Zucc.) FR. et SAV.**

분 포 전국적으로 산지의 그늘진 곳에서 자라는 다년생 식물이다. 높이 **30 ~ 70cm**, 줄기는 네모지고, 털이 약간 있다. 잎은 대생이며 잎자루가 있고, 긴 난형 또는 난형으로 끝이 뾰족하며, 밑은 둥글거나 심장형으로 가장자리에 톱니가 있다. 꽃은 흰색이며 잎 겨드랑이에 **6 ~ 10**송이씩 달린다. 개화기 : **5 ~ 6**월, 결실기 : **7 ~ 8**월.

효 능 지상부를 야지마(野芝麻)라 하여 약재로 이용
① 폐열(肺熱)로 기침과 각혈이 있을 때 유효하다. ② 부인의 생리불순, 백대하(白帶下)에도 효력이 있다. ③ 타박상이나 염좌상에는 짓찧어 환부에 붙인다.
Hepatitis C virus entry inhibitors, cytotoxic activity, antioxidant activity, free radical scavenging activity, anti-inflammatory activity

성 분 **lamiridosins A and B, phenylpropanoid ester, hemialboside, loganin, loganic acid, geniposide, verbenalin, eurostoside, picroside II, trans-tiliroside, acteoside, lamalboside**

괴불나무(인동과, Caprifoliaceae)

이　　명　아귀꽃나무, **Amur honeysuckle**

생 약 명　금은인동(金銀忍冬)

학　　명　***Lonicera maackii*** **Maximowicz**

분　　포　전국에 분포하는 낙엽 관목이며, 주로 산록과 골짜기 사이에서 자라는 다년생 식물로 높이 **4~5m** 정도 자란다. 잎은 마주 나고, 난상의 타원형, 긴 도랑형으로 끝이 뾰족하다. 길이 **5~10cm**, 너비 **2~4cm**로 가장자리에는 톱니가 없고 잎자루는 짧다. 꽃은 흰색에서 노란색으로 변하고, 향기가 나며, 잎 겨드랑이에 보통 **2**송이씩 달린다. 꽃자루는 짧고, 꽃잎이 깊게 **5**갈래로 파인다.
개화기는 **5~6**월, 결실기는 **9~10**월이다.

효　　능　꽃을 금은인동(金銀忍冬)이라 하여 약재로 이용
① 열을 내리는 청열(淸熱) 작용이 있어서 일체의 염증성 질환에 소염, 해열 작용을 일으킨다. ② 종기와 악창에 배농, 소염효과를 나타낸다.
chitin synthase II inhibitors

성　　분　**flavonoid**

굴피나무(가래나무과, **Juglandaceae**)

생 약 명 화향수엽(化香樹葉)

학 명 ***Platycarya strobilacea*** **Siebold et Zuccarini**

분 포 우리 나라 중부 이남에 주로 분포하며, 산지에 자라는 낙엽 소교목이다. 높이 **3m~5m** 정도 자라며, 잎은 깃꼴겹잎으로 길이 **15~30cm,** 작은 잎은 **4~10cm**이며, **7~19**장의 타원상 피침형 또는 난상 피침형 잎으로 가장자리에 겹 톱니가 있다. 꽃은 암수한그루. 수꽃이삭은 유이화서, 원통형. 암꽃이삭은 솔방울 모양의 타원형으로 화피가 없고, 포는 떨어지지 않으며, 피침형. 개화기는 **5~7**월, 결실기는 **9~10**월이다.

효 능 잎을 화향수엽(化香樹葉)이라 하여 약재로 이용
① 골수염에 짓찧어서 농이 나오는 부위에 붙이고, ② 잘 치유되지 않는 피부염에 짓찧어서 환부에 붙인다. ③ 독성이 강해 내복으로는 사용하지 않는다.
antibacterial activity, antifungal activity

성 분 **flavonoid, diarylheptanoid, ellagic acid derivatives, (3S,4S)-4-β-D-glucopyranosyloxy-3-methyloctanoic acid**

금계국(국화과, Compositae)

생 약 명 전엽금계국(錢葉金鷄菊)

학 명 ***Coreopsis drummondii*** **Torr. & Gray**

분 포 북아메리카 원산으로 전국에 분포하며 도로주변이나 광범위 화단 조성지에서 흔히 볼 수 있는 다년생 식물이다. 높이는 40~80cm까지 자라며, 근생엽은 밀생하고 경생엽은 대생이다. 꽃은 진한 노란색이고 꽃자루 끝에 한 송이씩 달리며 5~7월에 핀다. 꽃잎은 8장이며, 꽃잎마다 2줄의 연한 선이 있고 꽃잎 끝에 불규칙한 톱니가 있다.

효 능 약용부위는 전초를 사용

① 소종(消腫)작용이 있어서 종기를 제거하며, 외상에는 짓찧어 붙인다.

금낭화(양귀비과, **Papaveraceae**)

생 약 명 하포목단근(荷包牧丹根)

학 명 ***Dicentra spectabilis*** **(L.) Lemaire**

분 포 우리 나라 산지의 계곡 주변, 또는 가정의 정원 및 조경용으로 심겨지는 다년초로써 높이 **40~60cm**, 전체가 연한 녹색을 띠며, 줄기는 연하고 가지가 생기고, 잎은 호생하며 잎자루가 길다. **3**회 깃 모양으로 갈라지며 끝이 뾰족하고 가장자리에는 이 모양의 톱니가 있다. 꽃은 연한 붉은색이며, 총상화서로 줄기 끝에 한줄로 길게 달린다.
개화기 : **5~7**월, 결실기 : **9~10**월.

효 능 뿌리줄기를 하포목단근(荷包牧丹根)이라 하여 약재로 이용
① 외상에 즙을 내어 술에 타서 마신다.
apoptosis-inducing activity, fungicide activity

성 분 **butenolides, menisdaurilide, aquilegiolide, alkaloid, benzophenanthridine, protopine alkaloid,**

금불초(국화과, Compositae)

생 약 명 선복화(旋覆花)

학　　명 ***Inula Britannica*** **Linné ssp.** ***japonica*** **Kitamuraum**

분　　포 전국의 산과 들 주변에서 자라나는 다년초로써 높이 **30~80cm** 정도 자라며, 근경으로 번식한다. 전체에 털이 있지만 없는 것도 있다. 잎은 호생하며 피침형과 긴 타원상 피침형, 긴 타원형 등이 있다. 꽃은 노란색의 두상화서로 가지와 줄기끝에 달린다. 개화기 : **7~9**월, 결실기 : **10**월.

효　　능 꽃을 선복화(旋覆花), 뿌리를 선복화근(旋覆花根)이라 한다.
① 선복화는 한담(寒痰)이 가슴에 쌓여서 해수, 천식 및 끈끈한 가래가 나오는 증상이 있을 때 쓰고 ② 기를 내리는 힘이 있다. ③ 선복화근은 외상이나 타박상에 짓찧어 붙이거나 달여서 내복한다.
anti-tumor activity, antibacterial activity, cytotoxic and apoptotic effects

성　　분 **eupatolide, sesquiterpene lactones, acetylbritannilactone, ergolide, flavonoids, germacranolide**

기린초(꿩의비름과, Crassulaceae)

생 약 명 비채(費菜)

학 명 ***Sedum kamtschaticum*** **Fischer**

분 포 전국에 분포하며, 주로 산야의 바위와 사질토양 주변에 자라는 다년생 식물로 높이 **10~40cm** 정도 자란다. 뿌리는 비대하고 줄기가 모여나며, 잎은 어긋나고 도란형 또는 넓은 피침형으로 끝이 뾰족하며 다육질이다. 털과 잎자루는 없으며, 가장자리에 둔한 톱니가 있다. 노란색의 꽃이 원줄기 끝에 산방상 취산화서로 달린다.

개화기는 **6~7**월, 결실기는 **8~9**월이다.

효 능 지상부를 비채(費菜)라 하여 약재로 이용

① 활혈(活血) 작용이 있어서 타박상에 약물 달인 물을 술에 타서 복용하고, ② 폐결핵으로 인한 각혈, 대장출혈, 외상출혈에 생것을 물에 넣고 달여서 복용한다. ③ 심계 항진과 가슴이 답답한 증상이 심하고, 얼굴이 붉어지며 혈압이 상승하는 증상에도 생것을 쓴다.

anti-inflammatory activity

성 분

긴병꽃풀(꿀풀과, Labiatae)

생 약 명 금전초(金錢草)

학　　명 ***Glechoma hederacea*** **Linné var.** ***longituba*** **Nakai**

분　　포 전국적으로 산이나 들의 습한 양지에 나는 다년초로, 높이 10~20cm, 줄기는 모가지고 곧게 자라거나 약간 비스듬히 자라고, 잎은 대생이며 신장상의 원형으로 밑은 심장형이다. 가장 자리에 둔한 톱니가 있다. 꽃은 연한 자주빛을 띈다. 잎 겨드랑이에 1~3송이씩 달리고 꽃잎 안쪽에 짙은 자주색 반점이 있다. 열매는 타원형으로 꽃받침 속에 들어 있다.
개화기 : 4~5월.

효　　능 지상부를 금전초(金錢草)라 하여 약재로 이용
① 급성 간염으로 인한 황달을 치료하고, ② 방광결석을 용해시키며, 소변을 잘 못 보는 증상에도 효력이 있다. ③ 폐결핵으로 해수가 심한 것을 다스리며, 종기와 습진에도 효력을 보인다.
antioxidant effects, anti-trichophyton activity, colorectal cancer cells growth inhibitor

성　　분 **hydrosol, hederacine A, hederacine B, nepetoidins A and B, rosmarinic acid**

긴산꼬리풀(현삼과, Scrophulariaceae)

생 약 명 마미파파납(馬尾婆婆納)

학 명 ***Pseudolysimachion kiusianum*** **(Furumi) Holub var.** ***japonicum*** **(Miq.) Yamazaki**

분 포 전국에 분포하며, 주로 산과 들의 습지 주변에서 자라는 다년생 식물로 높이 **80~100cm** 정도 자란다. 전체에 털이 없거나 짧은 털이 있고, 줄기는 곧게 자란다. 잎은 마주 나거나 **3~4**장씩 돌려나며, 길이는 **10cm** 정도로 긴 타원형 또는 피침형 모양이다. 잎자루는 짧고 잎 가장자리에는 톱니가 있다. 꽃은 벽자색으로 줄기와 가지 끝에서 촘촘한 총상화서를 이룬다. 개화기는 **6~8**월, 결실기는 **9~10**월이다.

효 능 지상부를 마미파파납(馬尾婆婆納)이라 하여 약재로 이용
① 풍습성(風濕性)으로 인하여 허리와 대퇴부의 통증이 심할 때 쓰고,
② 복통, 설사를 그치게 하여 지사제로 사용한다.

성 분 **acylated flavone glycosides**

까마귀밥여름나무(범의귀과, Saxifragaceae)

생 약 명 등롱과(燈籠果)

학 명 ***Ribes fasciculatum*** **Sieboldet Zuccarini var.** ***chinense*** **Maximowicz**

분 포 산기슭 및 산골짜기 숲 속에 나는 낙엽관목. 높이 **1~1.5m.** 잎은 호생하며 둥근모양이나 잎 끝이 둔하게 **3~5** 갈래 갈라지며, 둔한 톱니가 있다. 표면에 털이 없고 잎자루와 함께 짧은 털이 밀생한다. 꽃은 암수딴그루, 잎겨드랑이에 **2~5**개씩 달림. 열매는 장과, 둥근모양이며, 붉게 익으며, 쓴맛이 난다.
개화기 : **4~5**월, 결실기 :**9~10**월.

효 능 뿌리와 열매를 약용으로 사용
① 뿌리는 부인의 허열(虛熱)을 내리고, ② 생리불순, 생리통 등에 유효하다. ③ 열매는 열을 내리고 갈증을 제거시키며, 진액의 생성을 촉진시킨다.

성 분 **butan-2-O-β-D-glucopyranoside, catechin, gallocatechin, sarmentosin, quercitrin, glucosyl *p*-coumarate ester, octadecanyl 3-(4-hydroxy-3-methoxy-phenyl)-acrylate ester, 1,2-dimethoxy-4-(1-cis-propenyl)-benzene, lupenyl acetate**

까마중(가지과, Solanaceae)

생 약 명 용규(龍葵)

학　　명 ***Solanum nigrum*** **Linné**

분　　포 전국에 분포하며, 주로 밭이나 길가 및 인가 주변에서 흔히 자라는 다년생 식물로 높이 **40~100cm** 정도 자란다. 가지가 옆으로 많이 퍼지고, 원줄기에는 약간의 능선이 나타난다. 잎은 어긋나고, 난형 또는 타원형으로 길이 **6~12cm,** 너비 **4~8cm** 정도며, 가장자리에는 톱니가 없고 약간의 물결 모양이 있다. 꽃은 흰색의 별 모양으로 피며, 취산화서가 산형으로 **3~8**송이씩 달린다. 개화기는 **5~10**월, 결실기는 **8~11**월이다.

효　　능 까마중의 지상부를 용규(용규)라 하여 약재로 이용
① 항염증 작용과 더불어 항체 형성을 촉진시키며, ② 혈당치를 하강시키고, ③ 진해, 거담 작용과 심장 흥분 작용이 있다.
hepatocarcinogenesis inhibition activity, antinociceptive, anti-inflammatory, antipyretic effects, hepatoprotective and antioxidant effects, apoptotic effect, antilipidemic effect, antitumor effects

성　　분 **saponins, alkaloid, β-D-thevetopyranosyl-(1→4)-β-D-oleandropyranoside, ethyl β-D-theveto pyranosyl-(1→4)-α-D-oleandropyranoside, 6-methoy-hydroxycoumarin, syringaresinol-4-O-β-D-glucopyranoside, pinoresinol-4-O-β-D-glucopyranoside, 3,4-dihydroxhbenzoic acid, *p*-hydroxy benzoic acid, 3-methoxy-4-hydroxyienzoic acid**

까치수영(앵초과, Primulaceae)

생 약 명 낭미파화(狼尾巴花)

학　　명 ***Lysimachia barystachys*** **Bunge**

분　　포 전국에 분포하며, 주로 산지에 자라는 다년생 식물로 높이 **50~100cm** 정도 자란다. 전체에 짧은 털이 있고, 땅속줄기는 옆으로 뻗으며 번식한다. 줄기는 원기둥 모양이다. 잎은 어긋나지만 밀생하는 것 같고, 긴 타원형에 가장자리는 밋밋하며 잎자루는 거의 없다. 꽃은 흰색으로 원줄기 끝에 여러 송이가 총상화서로 달리고, 꼬리처럼 휘어진다.
개화기는 **6~8**월, 결실기는 **8~10**월이다.

효　　능 까치수영의 전초를 낭미파화(狼尾巴花)라 하여 약재로 이용
① 부인의 생리통, 생리불순 기능성 자궁 출혈에 유효하며,
② 감기로 인한 발열과 두통, 인후염에 쓰인다.
③ 요통과 관절염, 타박상, 골절상에도 활용된다.

성　　분 **naringenin, eriodrctyol, dihydrokaempferol, (+)-catechin, gallocatechin, quercetin, kaempferol-7-O-d-glucoside, lysimachiagenoside E, lysimachiagenoside F, 3β,16β-12-oleanene-3,16,23,28-tetrol, heterogenosides A, B, C, and D**

꼬리조팝나무(장미과, **Rosaceae**)

학 명 ***Spiraea salicifolia*** **Linné**

분 포 우리 나라 내륙에 분포하며, 주로 산골짜기의 경사면에 자라거나, 조경수로 재배되는 낙엽 관목으로 높이 **100~150cm** 정도 자란다. 잎은 호생하며, 넓은 피침형이고, 끝이 뾰족하다. 길이는 **4~8cm**, 너비는 **1.5~2cm**, 뒷면에는 털이 있고 가장자리에는 예리한 톱니가 있다. 꽃은 연분홍색의 큰 원추화서로 줄기나 가지 끝에 달린다. 개화기는 **6~8**월, 결실기는 **9~10**월이다.

효 능 주로 관상용으로 식재되며, 어린잎은 식용으로도 이용하나 약용으로는 이용하지 않는다

성 분 **cinnamic acid, *p*-hydroxycinnamic acid, *p*-methoxycinnamic acid, 1-O-coumaroyl-beta-D-glucopyranosse, hyperoside, quercetin, 1-octacosanol, beta-sitosterol**

꼬리풀(현삼과, Scrophulariaceae)

생 약 명 세엽파파납(細葉婆婆納)

학 명 ***Pseudolysimachion linariaefolium*** **(Pall.) Holub**

분 포 우리 나라 전역에 분포하며, 주로 산들에 자라는 다년생 식물로 높이 **70 ~ 100cm** 정도 자란다. 줄기는 곧게 자라고, 가지를 낸다. 잎은 마주 나거나 어긋나며, 피침형 또는 선상 피침형으로 양 끝이 좁고, 길이가 **4 ~ 8cm**, 너비 **5 ~ 8mm** 정도, 잎자루는 없고, 잎 가장자리에는 가는 톱니가 있다. 꽃은 벽자색으로 줄기나 가지 끝에 촘촘히 총상화서로 아래부터 개화하여 위로 피어 올라 간다. 개화기는 **7 ~ 8**월, 결실기는 **9 ~ 10**월이다.

효 능 꼬리풀의 지상부를 세엽파파납(細葉婆婆納)이라 하여 약재로 이용
① 만성 기관지염과 폐화농증에 기침을 가라 앉히고, ② 농혈을 토해 내게 하는 데 이 약물 **6 ~ 12g**을 물에 넣고 달여서 복용한다.
anti-inflammatory, anticancer, antinociceptic and immunostimulant activities, asthma

성 분 **verproside, isovanilloylcatalpol**

꽃다지(십자화과, Cruciferae)

생 약 명 정력자(葶藶子)

학　　명 ***Drada nemorosa*** **Linné var.** ***hebecarpa*** **Ledebour**

분　　포 전국적으로 분포하며, 햇볕이 잘 드는 곳에서 자라는 월년생 식물이다. 높이 20~30cm 정도 자라며, 전체에 별 모양의 털이 밀생한다. 근생엽은 총생하며 주걱모양이다. 가장자리에 약한 톱니가 있다. 꽃은 노란색이고 꽃받침은 4장이다. 꽃대 아래쪽부터 순차적으로 꽃이 핀다.
개화기는 4~5월, 결실기는 5~6월이다.

효　　능 꽃다지의 종자를 정력자(葶藶子)라 하여 약재로 이용
① 폐실즌(肺實症)으로인한 해수와 천식, 가래가 많고 가슴이 막혀서 눕지 못하는 증상 및 폐결핵, 폐농양으로 해수와 상기가 심할 때 유효하다. ② 삼출성흉막염에 일정한 효과가 있다. ③ 소변을 잘 보지 못하는 증상 등에 많이 응용된다.
antioxidant, lipoxygenase inhibitor

성　　분 **polyphenol glycoside**

꽃마리(지치과, **Boraginaceae**)

생 약 명 부지채(附地菜)

학 명 ***Trigonotis peduncularis*** **(Trevir.) Bentham**

분 포 전국의 산이나 들, 밭이나 길가에 흔히 나는 월년생 식물로써, 높이는 **10~30cm.** 전초에 섬모가 있고, 지부에서 줄기가 총생한다. 근생엽은 잎자루가 길고 둥근 난형이다. 경생엽은 호생하며, 긴 난형이다. 꽃은 연한 자주색 또는 연한 하늘색으로 총상화서의 끝이 말리고, 순차적으로 꽃을 피우며, 화관의 지름은 **2mm** 정도이다.
개화기 : **4~7**월, 결실기 : **6~8**월.

효 능 꽃마리의 지상부를 전초를 부지채(附地菜)라 하여 약재로 이용
① 소변을 자주 보는 증상에 쓰고, 종자는 시력을 향상시키고, ② 소아의 적백이질(赤白痢疾)에즙을 내어 꿀에 타서 복용한다.

성 분 **acyclic diterpene, aryldihydronaphthalene-type lignan, trigonotins A-C**

꽃무릇(수선화과, Amaryllidaceae)

생 약 명 석산(石蒜)

학　　명 ***Lycoris radiate*** **(L'Heritier) Herbet**

분　　포 전국적으로 자라며 산기슭이나 습기가 있는 그늘진 곳에 잘 자라는 다년생 식물이다. 비늘줄기는 넓은 난형이며, 잎은 넓은 선형으로 짙은 녹색을 띠며, 꽃이 지고 난 후 가을에 잎이 지면에서 나와 겨울을 난다. 꽃은 붉은색으로 꽃대의 길이는 **30～50cm** 정도이며, 꽃자루 끝에 산형화서로 달리며, 여름이 지나면서 꽃을 피운다.
개화기는 **9～10**월, 결실기는 **11**월이다.

효　　능 꽃무릇의 비늘줄기를 석산(石蒜)이라 하여 약재로 이용
① 인후 또는 편도선이 붓는 증상, 림프절염, 종기, 악창에 내복 또는 외용한다. ② 복막염, 흉막염에 최토제(催吐劑)로 활용하며, ③ 치루와 자궁탈수에 물을 넣고 달여서 환부를 세척한다.
allelopathic effects

성　　분 **alkaloid, galanthamine, lycoramine**

꽃범의꼬리(꿀풀과, **Labiatae**)

학　　명 ***Physostegia virginiana***

분　　포 북아메리카 원산으로 화단이나 공원 등에 관상용으로 재배되는 다년초다. 종자로도 번식하며, 배수가 잘 되는 사질양토에서 잘 자라며 건조에 약하다. 높이는 **80cm**내외며, 줄기는 사각형, 잎은 대생이며 피침형으로 가장자리에 톱니가 있다.

꽃은 총상화서, 개화기는 **7~9**월, 결실기는 **9~10**월, 절화용으로 이용된다.

성　　분 **betaine, allenic fatty acid, iridoid, bisdeoxydihydromonotropein**

꽃창포(붓꽃과, **Iridaceae**)

생 약 명 옥선화(玉蟬花)

학 명 ***Iris ensata*** **Thunberg var.** ***espontanea*** **(Mak.) Nakai**

이 명 전국의 산과 들의 물가에 흔히 나는 다년생 식물로 군생한다. 높이 **60~90cm,** 잎은 창 모양으로 두 줄로 늘어서고 중맥이 뚜렷하다. 길이는 **20~60cm,** 너비**10~15mm,** 꽃은 붉은 자주색과 자주색을 띤다.
개화기 **: 6~7**월**,** 결실기 **: 8~9**월**.**

효 능 뿌리와 줄기를 옥선화(玉蟬花)라 하여 약재로 이용
① 장기간 소화가 안 되어 일어난 복부팽만증과 복통에 효력을 얻고,
② 이뇨 작용이 있어서 전신이 붓는 증상을 해소시킨다.
③ 민간에서는 타박상에 짓찧어 붙인다.
acetylcholinesterase inhibitory activity, anti-tumor activity, acetylcholinesterase inhibitory activity

성 분 **flavone, anthocyanin, xanthone glycoside**

꽈리(가지과, **Solanaceae**)

생 약 명 산장(酸漿)

학 명 ***Physalis alkekengi*** **Linné var.** ***franchetii*** **(Masters) Hortorum**

분 포 전국에 분포하며, 주로 인가 주변에서 자라는 다년생 식물로 높이 **40~100cm** 정도 자란다. 땅속줄기는 희고 털이 없다. 잎은 호생하며, 잎 겨드랑이에서 연한 황백색의 꽃이 한 송이씩 핀다. 꽃이 핀 뒤 꽃받침은 자라서 주머니 모양으로 되고, 열매를 완전히 감싸게 된다. 열매는 둥근 모양으로 붉게 익는다. 개화기는 **6~7**월, 결실기는 **9~10**월이다.

효 능 지상부를 산장(酸漿)이라 하여 약재로 이용
① 폐열(肺熱)로 인한 해수, 인후염에 쓰이고, ② 황달을 치료하고, 이뇨 효과가 있으며, ③ 단독(丹毒), 악창, 종기, 외상에 짓찧어 환부에 붙인다.
antioxidant activity

성 분 **physalin, (25S)-25,27-dihydrophysalin A, 3α-methoxy-2,3-dihydro-4,7-didehydrophysalin B, 3β-methoxy-2,3-dihydro-4,7-didehydrophysalin B, physanosides A and B, (6S,9R)-roseoside, (6S,9S)-roseoside, (6R,9S)-3-oxo-α-ionol β-D-glucopyranoside, citroside A**

꽝꽝나무(감탕나무과, Aquifoliaceae)

생 약 명 파연동청(波緣冬青)

학 명 ***Ilex crenata*** **Thunberg**

분 포 우리 나라 중부 이남에 분포하며, 산기슭이나 관상용으로 자라는 상록 관목 식물로 높이 **2~3m** 정도 자란다. 전체에 가지와 잎이 무성하다. 잎은 어긋나고 촘촘히 달리며, 타원형 또는 긴 타원형이다. 길이 **1.5~3cm** 정도. 표면은 짙은 녹색으로 광택이 난다. 뒷면은 연녹색이며, 작은 선점이 있고 가장자리에는 가는 톱니가 있다. 꽃은 백녹색의 암수딴그루며, 수꽃은 짧은 총상이나 겹총상화서에 **3~7**송이씩 달린다. 암꽃은 잎겨드랑이에 **1**송이씩 달리고 씨방은 **4**실. 열매는 둥근모양의 검은색 핵과.
개화기는 **6~7**월, 결실기는 **10~11**월이다.

효 능 껍질 점액을 파연동청(波緣冬青)이라 하여 약재로 이용
① 끈끈한 점액질을 해충을 잡는데 사용하거나 접착제로 이용한다.
anti-allergic activity

성 분 **ilexosides A - I, ilexosides XV - XIX from the barks**

꿀풀(꿀풀과, Labiatae)

생 약 명 하고초(夏枯草)

학 명 ***Prunella vulgaris*** **Linné var.** ***asiatica*** **(Nak.) Hara**

이 명 우리나라 전 지역의 들이나 산기슭 양지에 나는 다년초로 군생, 높이 **20~40cm,** 전체에 짧은 털이 있고 줄기는 네모지며 모여나고, 가지가 갈라진다. 잎은 대생이며 잎자루가 있고 난형, 타원형의 피침형으로 끝이 끝이 뾰족하다. 꽃은 선홍색을 띠는 보라색이며, 줄기 위에 조밀하게 모여 원기둥 모양을 이루며 길이는 **3~8cm**이다.
개화기 : **5~8**월, 결실기 : **9**월.

효 능 지상부를 하고초(夏枯草)라 하여 약재로 이용
① 간화로 인하여 눈이 충혈되고 아프면서 어지럼증에 유효하다.
② 결핵성림프선염, 종기의 초기에 단방, 현삼, 모려등과 배합하여 치료한다.③ 고혈압에 유효성을 나타낸다
anti-inflammatory activity, antibacterial activity antifungal activity, antioxidant, cytotoxic activity

성 분 **rosmarinic acid, prunellin, triterpenoic acid, phenylpropanoid, triterpenoid, vulgarsaponin A**

나도송이풀(현삼과, Scrophulariaceae)

생 약 명 송호(松蒿)

학　　명 ***Phtheirospermum japonicum*** **(Tjunb.) Kanitz**

분　　포 전국의 산이나 들의 양지에 나는 반기생 **1**년초로, 높이 **30~60cm,** 전체에 끈끈한 선모가 있고 가지가 많이 갈라진다. 잎은 대생으로 잎자루가 있고 난형이다. 길이는 **3~5cm,** 너비**2~4cm**의 깃 모양으로 깊게 갈라진다. 잎 겨드랑이에서 분홍색 꽃이 나오며 화관은 통 모양으로 끝은 입술 모양이다.

개화기 **: 8~9**월, 결실기 **: 10**월.

효　　능 지상부를 송호(松蒿)라 하여 약재로 이용한다.

① 습열로 인한 황달이나 전신이 붓는 증상에 유효하다.

② 감기에는 생강을 넣고 달여서 복용한다.

성　　분 **phenolic glycoside**

나래미역취(국화과, Compositae)

이 명 울릉미역취

생 약 명 일지황화(一枝黃花)

학 명 ***Solidago virgaurea* Linneé ssp. *gigantean* (Nak.) Kitamura**

분 포 다년초. 높이 **60~100cm.** 줄기는 윗부분이 갈라지고 잔털이 있음. 경생엽은 호생, 긴타원형, 난형, 끝이 뾰족하고, 길이 **10~15cm,** 너비 **1.5~4cm,** 잎 가장자리에 톱니가 있다. 두상화서, 지름**10~15cm,** 잎 겨드랑이에 원추상으로 달림. 개화기는 **8~10**월이며, 우리나라와 일본에 분포한다.

효 능 지상부를 약용으로 사용
① 감기로 인한 두통과 인후염, 편도선염에 효력을 나타내고, ② 황달에도 유효하며, ③ 타박상, 종기 초기에 물을 넣고 달여서 환부를 세척하거나 즙액을 붙인다
pancreatic lipase inhibition, antioxidant and antimicrobial activity, analgesic, immunobiological activity, antimycotic activity

성 분 **diterpene, caffeoylquinic acid, virgaureasaponin, virgaureosid A**

나무수국(범의귀과, Saxifragaceae)

학　　명 ***Hydrangea paniculata*** **Siebold**

분　　포 일본 원산의 낙엽 관목으로 높이 **2~3m** 내외. 잎은 대생이나 때로는 **3**장씩 윤생하기도 한다. 타원형 및 난형으로 끝이 뾰족하고 길이 **5~12cm,** 너비 **7~10cm,** 잎 가장자리에 예리한 톱니가 있다. 꽃은 중성화, 양성화, 흰색이며 붉은 빛이 돌기도 한다. 가지 끝에 대형의 원추화서로 달린다. 개화기는 **7~8**월. 결실기는 **9~10**월이다.

성　　분 **paniculatan**

낙지다리(꿩의비름과, Crassulaceae)

생 약 명 수택란(水澤蘭)

학　　명 *Penthorum chinense* Pursh

분　　포 전국에 분포하며, 주로 산야의 습한 곳에서 자라는 다년생 식물로 높이 **70~100cm** 정도 자란다. 줄기는 원기둥 모양으로 곧게 자라고, 잎은 어긋나며 좁은 피침형으로 잎자루가 거의 없고, 잎 가장자리에는 가는 톱니가 있다. 꽃은 유백색으로 총상화서를 이루고, 꽃잎은 없다. 줄기 윗부분에 열매 달린 모양이 낙지다리와 닮았다.
개화기는 **6~7**월, 결실기는 **9~10**월이다.

효　　능 지상부를 수택란(水澤蘭)이라 하여 약재로 이용
① 급성전염성 간염으로 황달이 생기고 소변을 잘 못보는 증상에 쓰고,
② 타박상으로 인한 어혈동통을 치료한다.

성　　분 **gallic acid, flavonoid, quercetin, quercetin-3-O-rhamnoside, quercitrin pinocembrin-7-O-[3''-O-galloyl-4'',6''-hexahydroxydiphenoyl]-beta-glucose, pinocembrin-7-O-beta-glucoside**

남천(매자나무과, Berberidaceae)

생 약 명 남천죽자(南天竹子), 남천죽엽(南天竹葉), 남천죽근 (南天竹根)

학 명 *Nandina domestica* Thunberg

분 포 전국에 분포하며, 주로 관상용 또는 약용으로 재배되는 상록 관목 식물이다. 높이 1~3m 정도 자란다. 잎은 약간 두껍고 질기며, 3회 깃꼴겹잎이며, 잎 줄기에 마디가 있다. 작은 잎은 잎자루가 없고, 타원상의 피침형이다. 가장자리는 밋밋하다. 꽃은 흰색으로 가지 끝에 원추화서로 달리며, 열매는 둥근 모양에 붉은색 또는 노란색으로 익는다.
개화기는 6~7월, 결실기는 10~11월이다.

효 능 열매를 남천죽자(南天竹子), 잎을 남천죽엽(南天竹葉), 뿌리를 남천죽근(南天竹根)이라 하여 약재로 이용
열매는 ① 오래 된 해수, 천식, 백일해, 감기로 인한 해수 등에 쓰이고, ② 급성전염성간염, 급성위장염에 효력을 나타낸다. 잎은 ① 감기, 기침, 백일해에 쓰고, ② 안구충혈에도 유효하다. 뿌리는 ① 감기로 인한 발열, 두통을 치료하고, ② 폐열(肺熱)해수에 유효하다.
antimicrobial activity, serotonergic receptor antagonist, antifungal activity

성 분 **(+)-nantenine, (-)-episyringaresinol, nandazurine, sinoacutine, 1-indolizino carbazole, methyl 24-methylene-3-oxocycloartan-18-oate, 2-pentanone, mono phenol, aziridine, methylcarbinol, ethanone, furfural, 3,5-dimethylpyrazole, 2(5*H*)-furanone**

낭아초(콩과, Leguminosae)

생 약 명 일미약(一味藥)

학 명 *Indigofera pseudo-tinctoria* Matsum

분 포 우리나라 중부 이남의 낮은 지대, 해안 산지에 잘 자라는 낙엽관목이다. 전체의 수형은 초본같이 보이며, 기부에서 많은 가지가 갈라져 비스듬히 땅을 기며 높이는 50 ~ 100cm 정도 자란다. 잎은 7 ~ 13개의 작은 잎으로 홀수 복엽이며, 길이는 8 ~ 20mm 정도이다. 꽃은 분홍색으로 길이는 5mm 정도이고, 잎 겨드랑이에서 나오고 길이가 4 ~ 12cm 정도의 총상화서를 이룬다. 꼬투리는 원추형이고 길이는 약 3cm, 녹황색 종자가 있다. 개화기는 6 ~ 7월이다.

효 능 전초를 사용
① 경부림프절염에 하수오와 같이 달여서 복용한다. ② 소아의 소화불량에도 효과를 보인다. ③ 이수(利水), 소창(消脹)의 효능이 있다.

성 분 rutin, caffeic acid, kaempferol-3-O-rutinoside and myricetin-3-O-rutinoside

냉이(십자화과, Cruciferae)

생 약 명 제채(薺菜)

학 명 *Capsella bursa-pastoris* (L.) Medicus

분 포 전국의 들과 밭에 나는 2년생 식물로 높이 10~50cm 정도 자란다. 뿌리는 곧게 뻗고 근생엽은 밀생하여 지면에 퍼지며, 깃 모양으로 갈라진다. 경생엽은 호생하며 피침형으로 밑이 귓불 모양이며, 원줄기를 반정도 감싸고 있다. 위쪽으로 올라 갈수록 날카로운 모양이다. 꽃은 흰색으로 총상화서를 이루고 십자모양이다.
개화기는 4~5월, 결실기는 5~6월이다

효 능 전초를 제채(薺菜)라 하고, 종자를 제채자(薺菜子)라 하여 약재로 이용
① 이질에 효력이 있고, ② 토혈, 대변출혈, 자궁출혈 및 생리의 양이 많은 증상에 지혈반응을 보인다. ③ 눈이 충혈되고 아픈 증상을 다스리며, 해산 후 나타나는 전신부종을 치료하는데도 쓰인다.
antioxidant activity, hepatoprotective effect, cytotoxicity, anti-cancer, diuretic, anti-inflammatory and anti-ulcer action

성 분 **flavonoid, sulforaphane, erucin**

냉초(현삼과, Scrophulariaceae)

생 약 명 참룡검(斬龍劍)

학 명 *Veronicastrum sibiricum* (Linné) Pennell

이 명 전국에 분포하며, 주로 산지에서 자라는 다년생 식물로 높이 **50~100cm** 정도 자란다. 줄기에는 털이 있다. **4~8**장의 잎이 줄기에 층층이 돌려나며, 긴 타원형으로 끝이 뾰족하다. 잎 자루는 없고 가장자리에 톱니가 있다. 꽃은 홍자색으로 총상화서로 아래서부터 피어 올라가며 피침형이다. 개화기는 **6~7**월, 결실기는 **8~10**월이다.

효 능 지상부를 참룡검(斬龍劍)이라 하여 약재로 이용

① 감기에 해열 작용이 있고, ② 풍습성 요통과 관절염, 근육통, 방광염에 유효하며, ③ 폐결핵에도 활용되고, 외상출혈과 뱀독 제거에 외용한다.

immunosuppressive effect, anti-inflammatory and analgesic activity

성 분 **sibiriquinone A, and B, tanshinone I, dihydrotanshinone, tanshinone IIA, cryptotanshinone, isoferulic acid, veronicastroside**

노간주나무(측백나무과, Scrophulariaceae)

생 약 명 두송실(杜松實)

학 명 *Juniperus rigida* Siebold & Zuccarini

분 포 전국에 분포하며, 주로 양지바른 산기슭이나 석회암 지대에 자라는 상록 침엽 교목 식물로 높이 4~8m 정도 자란다. 잎은 침형으로 윤생하고 세모지며, 길이 10~20mm 정도. 표면에 흰색 기공선이 있으며, 횡단면은 삼각형이다. 열매는 타원형의 구과로 지름 5~8mm로 흑자색으로 익는다. 개화기는 5~6월, 결실기는 다음해 10~12월이다.

효 능 열매를 두송실(杜松實)이라 하여 약제로 이용
① 거풍 제습 작용이 있어 풍습성(風濕性)으로 인한 관절염에 짓찧어서 환부에 붙이고, ② 이뇨작용이 있어서 전신이 부었을 때 및 통풍(痛風), 생식기 질환에 쓰인다. ③ 심장병이나 간장 질환으로 인한 부종에도 활용된다.

성 분 diterpene, sesquiterpene hydrocarbons, cadinenol, diterpene aldehyde

노랑꽃창포(붓꽃과, Iridaceae)

생 약 명 옥선화(玉蟬花)

학 명 ***Iris pseudoacorus*** **Linné**

분 포 전국의 산과 들의 물가에 흔히 나는 다년생 식물로 군생한다.
높이 **60~90cm,** 잎은 창 모양으로 두 줄로 늘어서고 중맥이 뚜렷하다.
길이는 **20~60cm,** 너비**10~15mm,** 꽃은 붉은 자주색과 자주색을 띤다.
개화기 **: 6~7**월, 결실기 **: 8~9**월.

효 능 뿌리와 줄기를 옥선화(옥선화)라 하여 약재로 이용
① 청열 (淸熱) 작용이 있어서 대엽성폐렴에 효력을 얻고,
② 고혈압에 이 약물 **20g**을 물에 달여서 복용하면 혈압이 내린다.
③ 치질에도 유효하고, 종기에는 짓찧어 붙인다.

노랑투구꽃(미나리아재비과, Ranunculaceae)

학　명 ***Lycoctonum sibiricum* (Poir.) Nakai**

분　포 우리 나라 중부 이북에 분포하며, 주로 산지에서 자라는 다년생 식물로 높이 **80～120cm** 정도 자란다. 전체에 거친 털이 퍼져 나며, 뿌리는 비대하다. 근생엽은 잎자루가 길고, 길이가 **25～35cm** 정도의 잎은 깃 모양으로 **3～5** 갈래 갈라지며, 경생엽은 근생엽 보다 **3～4**배 작으며, 갈래가 현저하다. 노란색의 꽃은 줄기와 곁가지의 끝에 총상화서를 이룬다. 꽃자루는 짧고 꽃받침은 **5**장이며, 화관은 아래로 향한다. 유독 식물로 알려져 있으며, 개화기는 **7～8**월, 결실기는 **9～10**월이다.

효　능 노랑투구꽃의 지상부나 뿌리를 이용하여 약재로 사용한 기록이 없다.

성　분 **tuguaconitine, gigactonine, lycoctonine**

노루발풀(노루발과, **Pyrolaceae**)

생 약 명 녹수초(鹿壽草)

학 명 ***Pyrola japonica*** **Kienze ex Aiefeld**

분 포 전국에 분포하며, 주로 산야의 그늘진 곳에 나는 상록 다년생 식물로 높이 **20~30cm** 정도 자란다. 잎은 밑동에서 모여나고, 넓은 타원형의 둥근 모양이다. 끝은 뭉뚝하고, 표면은 녹색이며, 뒷면은 약간의 자주색을 띤다. 꽃줄기는 곧게 서고, 꽃은 황백색의 총상화서를 이룬다. 꽃자루는 짧으며, 밑을 향해 숙여진다. 씨방은 납작하고, 둥근 모양이며, 열매는 삭과. 개화기는 **6~7**월, 결실기는 **8~9**월이다.

효 능 지상부를 녹수초(鹿壽草)라 하여 약재로 이용
① 풍습성(風濕性)으로 인한 사지마비통과 다리가 차고 무력한 증상에 두충과 함께 사용한다. ② 오래된 해수나 헛기침 등에도 이용하며, ③ 지혈 작용이 있어서 토혈, 코피, 자궁출혈 등과 외상 출혈에도 유효하다.

성 분 **pirolatin, 5,8-dihydro-2,7-dimethyl-[1,4]naphthoquinone, 2-β-D-glucopyranosyloxy-5-hydroxyphenylacetic acid methylester, 4-hydroxy-2-[(*E*)-4-hydroxy-3-methyl-2-butenyl]-5-methylphenyl β-D-glucopyranoside, 4-hydroxy-2-[(2*E*,6*Z*)-8-β-D-glucopyranosyloxy-3,7-dimethylocta-2,6-dien-1-yl]-5-methylphenyl β-D-glucopyranoside, (-)-syringaresinol glucoside, homoarbutin, pirolatin, hyperin, monotropein and chimaphilin.**

노루오줌(범의귀과, Saxifragaceae)

생 약 명 낙신부(落新婦)

학　　명 ***Astilbe chinensis*** **(Maxim.) Franchet et Savatier var.** ***chinensis***

분　　포 전국의 산에 나는 다년초 식물이다. 높이 **50~100cm,** 줄기는 곧게 자라고 갈색의 긴 털이 있다. 잎은 호생하며 잎자루가 길고 **2~3**회 **3**출겹잎이다. 가장자리에 톱니가 있다. 꽃은 분홍색을 띠며, 줄기 끝에 원추화서를 이룬다. 화서의 길이는 **20~30cm** 정도다.
개화기 **: 6~7**월, 결실기 **: 9~10**월.

효　　능 지상부와 뿌리를 낙신부(落新婦)라 하여 약재로 이용
① 감기로 인한 발열, 두통 및 목덜미가 뻣뻣하고 전신통이 있는 증상을 치료하며, 해수에도 진해 작용을 보인다. ② 폐결핵으로 각혈이 있고 식은 땀이 나는 것을 치료한다.
cytotoxic, antioxidant, apoptosis, antiinflammatory activity

성　　분 **astilbic acid, 3β-hydroxy-12-oleanen-27-oic acid, 3β,6β-dihydroxyurs-12-en-27-oic acid, 3β,6β,24- trihydroxyurs-12-en-27-oic acid, 3β,6β,7alpha-trihydroxyurs-12-en-27-oic acid, 3β-acetoxy-6β-hydroxyurs-12-en-27-oic acid, 3β,6β,24-trihydroxyolean-12-en-27-oic acid, 3β,6β,7α-trihydroxy olean-12-en-27-oic acid, astilbotriterpenic acid**

노박덩굴(노박덩굴과, Celastraceae)

생 약 명 남사등(南蛇藤)

학 명 *Celastrus orbiculatus* **Thunberg.**

분 포 전국에 분포하며, 산과 들의 술 속에 나는 낙엽 덩굴성 식물로 길이 10m 정도 까지 자란다. 잎은 호생하며, 둥근 모양의 타원형으로 끝이 뾰족하고, 잎자루가 있다. 털은 없고 가장자리에 둔한 톱니가 있다. 꽃은 암수딴그루며, 취산화서다. 열매는 둥근 모양으로 익으면 노란껍질 속에 빨간 씨가 3개로 갈라진다. 개화기는 5~6월, 결실기는 9~10월이다.

효 능 줄기를 남사등(南蛇藤)이라 하여 약재로 이용
① 풍습(風濕)을 제거하므로 근육과 골격의 동통, 사지마비를 치료하고, ② 소아의 만경풍(慢驚風)과 이질에 효력을 나타낸다. ③ 종자의 기름은 정신 안정과 진정 작용 및 혈압 강하 작용이 있다.
cytotoxic, antiinflammatory, cyclooxygenase-1 inhibitor, antifeedant, multi-drug resistance activity

성 분 **1-acetoxy-9-cinnamoyloxy-dihydroagarofuran, 2,6-triacetoxy-9-benzloxy-dihydroagarofuran, 2-diacet oxy-6-benzoyloxy-9-cinnamoyloxy--dihydro-agarofuran, 13-diacetoxy-1,8,9-tribenzoyloxydihydro agarofuran, (-)-epiafzelechin, 3-oxo-4-benzyl-3,4-dihydro-1*H*-pyrrolo[2,1-c] oxazine-6-methylal**

누린내풀(마편초과, Verbenaceae)

생 약 명 차지획(叉枝獲)

학 명 *Caryopteris divaricata* **(Sieb. & Zucc.) Maximowicz**

이 명 전국에 분포하며, 주로 산이나 들에서 자라는 다년생 식물로 높이 **100~150cm** 정도 자란다. 전체에 짧은 털이 있으며, 냄새가 심하게 난다. 줄기는 네모지고, 가지를 많이 낸다. 잎은 마주 나며, 끝이 뾰족하다. 잎자루가 있고, 넓은 난형으로 가장자리에는 톱니가 있다. 자주색의 꽃은 취산화서로 드물게 핀다. 꽃잎 안쪽에 짙은 자주색의 반점이 있다.
개화기는 **7~8**월, 결실기는 **9~10**월이다.

효 능 지상부를 차지획(叉枝獲)이라 하여 약재로 이용
① 감기로 열이 나고 오한 두통이 있는 증상에 쓰인다. ② 풍습성 관절염에 소염 작용을 보이고, ③ 종기에 내복하거나 짓찧어 붙인다.
antifeeding activity

성 분 **caryoptin and 3-epicaryoptin, diterpene**

능소화나무(능소화과, **Bignoniaceae**)

생 약 명 능소화(凌霄花)

학　　명 ***Campsis grandifolia*** **(Thunb.) K. Schum.**

분　　포 중국이 원산으로 우리 나라 중부 이남의 사찰이나 주택에 흔히 심는 관상용낙엽 덩굴나무 식물이다. 키는 **10m** 정도 자라며 가지에 흡판 같은 것이 있어 벽이나 나무 줄기를 타고 올라간다. 잎은 대생이고 작은 잎은 **7~9**장으로 난형의 난상 피침형, 길이는 **3~6cm** 정도 가장자리에 톱니와 털이 있고 양 면에는 털이 없다. 꽃은 속이 주황색이나 겉은 적황색이며, 나팔모양으로 지름이 **6~8cm** 정도 되는 꽃송이가 **5~15**개 정도씩 달리며 원추화서를 이룬다. 꽃은 **7~8**월에 피며 **10**월에 결실한다.

효　　능 꽃을 약용부위로 사용
① 어혈(瘀血)로 인하여 여자의 생리가 없는 증상과 ② 산후의 유방염에 쓴다. ③ 혈열(血熱)로 피부가 가려울 때 물을 넣고 달여서 복용한다.
※ 주의사항 : 임신 중에는 사용을 금한다
insulin-mimetic and insulin-sensitizing activity, hepatitis C viral polymerase inhibitor, anti-platelet, antioxidative and acute anti-inflammatory effect

성　　분 **non-glycosidic iridoid, cyclohexylethanoid**

다닥냉이(십자화과, 겨자과, Cruciferae)

생 약 명 정력자(葶藶子)

학　　명 ***Lepidium apetalum*** **Willd.**

분　　포 북아메리카 원산으로 전국의 산과 들의 경작지 주변에 흔히 자라는 월년초이다. 줄기의 높이는 30~100cm 까지 생육환경에 따라 다양하며, 근생엽은 잎자루가 길고, 밀생, 경생엽은 호생으로 밑에서부터 위로 올라갈수록 좁아져 선형으로 되고 잎 가장자리에 톱니가 있다. 꽃은 흰색으로 총상화서이며, 열매는 끝이 오목하게 패인 원판상이고, 가장자리에 막질의 날개가 있다. 꽃은 5~6월에 핀다.

효　　능 종자를 사용
① 폐실증(肺實症)으로 인한 해수와 천식, 가래가 많고 가슴이 가득 막혀서 자리에 눕지 못하는 증상 및 폐결핵, 폐농양으로 해수와 상기(上氣)가 심할 때 유효하다. ② 삼출성 흉막염에 일정한 효과가 있다. ③ 폐의 기운을 내리면서 이뇨작용을 보이므로 몸이 붓고 소변을 잘 보지 못하는 증상에 유효하다. 우리나라에서는 꽃다지의 종자를 대신 사용한다.
inhibition of skin pigmentation

성　　분 **evomonoside**

닥나무(뽕나무과, **Moraceae**)

생 약 명 구피마(構皮麻)

학　　명 ***Broussonetia kazinoki*** **Siebold**

분　　포 전국에 분포하며, 주로 산록이나 마을 주변에서 자라는 낙엽 관목의 다년생 식물로 높이 **3~4m** 정도 자란다. 잎은 어긋나며, 난형 또는 긴 난형으로 끝이 뾰족하고 가장자리에 톱니가 있다. 대개 **2~3**개의 결각이 있으며, 표면은 거칠다. 꽃은 암수한그루며 잎과 함께 핀다. 수꽃 이삭은 타원형, 암꽃 이삭은 둥근 모양이다. 열매는 핵과로 둥근 모양이며 모여서 덩어리를 이루며, 붉은색으로 익는다 개화기는 **4~5**월, 결실기는 **7~8**월이다.

효　　능 어린 가지를 구피마(構皮麻)라 하여 약재로 이용
① 풍습(風濕)으로 인한 사지마비동통과 타박상에 유효하며, ② 신체가 허약해서 몸이 붓거나 피부염이 있을 때에도 쓰인다.
antihyperglycemic effect, tyrosinase inhibitory effect, inhibition of nitric oxide production

성　　분 **kazinol B, broussonetines Y, Z, broussonetines A-V, isoprenylated flavonol, diprenylated flavonol**

담쟁이덩굴(포도과, Vitaceae)

생 약 명 지금(地錦)

학　　명 *Parthenocissus tricuspidata* (Siebold & Zucc.) Planch

분　　포 어디서나 흔히 볼 수 있는 낙엽 덩굴나무로 돌담이나 울타리 및 조경관목의 밑에서 잘 자란다. 길이는 10m이상이며 덩굴손은 잎과 대생이고 갈라진 끝이 둥근 부착근을 이루며 바위나 담벽, 나무 등을 기어오른다. 잎은 호생이며 밑쪽은 심장형이고 끝은 세 갈래로 갈라져 뾰족하다. 가장자리는 불규칙한 톱니가 있다.

효　　능 뿌리와 줄기 껍질을 사용
① 활혈작용이 있어서 산후 어혈, 어혈복통을 제거하고, ② 거풍효과로 관절과 근육의 통증을 완화시키므로 관절염과 근육통에 활용된다.
antimalarial activity, tyrosinase inhibitory effect, antiplasmodial activity

성　　분 **stilbene glycoside, parthenostilbenins A and B, caffeic acid derivatives, flavonol glycosides, resveratrol dimer**

당매자나무(매자나무과, **Berberidaceae**)

생 약 명 삼과침(三顆針)

학　　명 ***Berberis poiretii*** **Schneider**

분　　포 전국에 분포하며, 주로 산과 들에 자라는 낙엽 활엽 관목으로 높이 **1~2m** 정도 자라는 다년생 식물이다. 가지에는 바늘과 같은 가시가 있다. 잎은 도피침형으로 끝은 둥글거나 둔하고 밑은 가늘어지면서 가지에 붙는다. 가장자리에는 톱니가 없다. 꽃은 노란색으로 잎 겨드랑이에 총상화서로 달리며, 밑을 향해 늘어진다. 꽃잎은 **6**장이고 열매는 타원형으로 붉은색이다. 개화기는 **4~5**월, 결실기는 **9~10**월이다.

효　　능 뿌리를 삼과침(三顆針)이라 하여 약재로 이용

① 청열조습 (淸熱燥濕) 작용이 있어서 이질과 장염에 효력을 얻고,

② 급성간염으로 인한 황달이나 감염으로 후두염이 있을 때 사용하며,

③ 안구충열을 제거하기도 한다.

더위지기(국화과, Compositae)

생 약 명 한인진(韓茵蔯)

학 명 ***Artemisia iwayomogi*** **Kitamura**

분 포 전국에 분포하며, 주로 산과 들에 나는 초본형 낙엽 관목 식물로 높이 **100cm** 정도 자란다. 줄기는 표면에서 모여나고, 목질화 된다. 잎은 어긋나며, 난형으로 **2**회 깃 모양으로 깊게 갈라진다. 갈래는 선형, 끝이 뾰족하고, 보통 가장자리에 톱니가 있다. 꽃은 노란색의 두상화서. 잎겨드랑이에 총상으로 달리며, 둥근 모양으로 늘어진다.
개화기는 **7～8**월, 결실기는 **9～11**월이다.

효 능 지상부를 한인진(韓茵蔯)이라 하여 약재로 이용
① 습열(濕熱)이 원인이 되어 일어난 급성간염으로 전신과 눈에 황달이 생기는 것을 치료한다. ② 소변을 잘 못 보는 증상과 피부가 가렵고 창진이 있을 때에 효험을 보인다. ③ 만성간염 등 간질환에 사용한다
antibacterial effects, cytoprotective activity, hepatoprotective effect, anti-allegic effect

성 분 **vulgarone B, chlorogenic acid, camphor, 1,8-cineole, borneol, camphene, beta-caryophyllene**

도깨비바늘(국화과, **Compositae**)

생 약 명 귀침초(鬼針草)

학　　명 ***Bidens bipinnata*** **Linneé**

분　　포 황무지나 습지 주변에 나는 **1**년초. 높이 **30～100cm** 정도. 줄기는 네모지며, 잎은 대생으로 가운데 잎의 길이가 **10～20cm. 2**회 깃 모양으로 갈라진다. 잎 가장자리는 톱니가 있고 잎자루는 **4cm**내외. 꽃은 두상화서로 가지나 줄기 끝에 달리고열매는 수과, 선형이다.
개화기 **: 8～9**월이다.

효　　능 지상부를 약재로 이용
① 열을 내리고 어혈을 풀면서 부기를 빼준다. ② 위장염, 이질, 복통, 설사에 쓰이며, ③ 간염에도 효험이 있고, 충수염에도 치료 반응을 보인다.
hepatoprotective effect

성　　분 **bidenoside F, bidenoside G, iso-okanin 7-O-(4'',6''-diacetyl)-beta-D-glucopyranoside, bidenoside C, bidenoside D**

도꼬마리(국화과, Compositae)

생 약 명 창이자(蒼耳子)

학 명 ***Xanthium strumarium*** **Linné**

분 포 전국에 분포하며, 들이나 길가, 밭 주변에 자라는 일년생 식물로 높이 **150cm** 정도 자란다. 전체에 털이 있고 줄기는 곧게 선다. 잎자루는 길고, 잎은 넓은 삼각형이나 끝은 뾰족하고 밑은 심장형이며, 얕게 **3~5**갈래로 갈라지며, 가장자리에 거친 톱니가 있다. 꽃은 노란색으로 수꽃의 두상화서는 다소 둥근 모양으로 가지끝에 달린다. 열매는 타원형이며, 전체에 가시가 있고, 가시끝이 갈고리 모양이다.
개화기는 **8~9**월, 결실기는 **10~11**월이다.

효 능 열매를 창이자(蒼耳子)라 하여 약재로 이용
① 축농증으로 코가 막히고 호흡이 불편하며 두통이 있으면서 냄새를 못 맡고 때로는 콧물을 흘리는 증상에 유효하다. ② 풍습성으로 인한 사지 동통마비와 굴신이 자유스럽지 못할 때 쓴다. ③ 피부가려움증에는 백질려, 백선피, 형개와 함께 사용하고, 중이염에도 활용된다.
antiprotozoal activity, antitumour activity, anti-inflammatory activity, analgesic activity

성 분 **xanthanolide, 3,4-dihydroxybenzaldehyde, (-)-xanthienopyran, caffeic acid**

도둑놈의지팡이(콩과, Leguminosae)

생 약 명 고삼(苦蔘)

학 명 *Sophora flavescens* Aiton

분 포 전국에 분포하며, 주로 산과 들에서 자라는 다년생 식물로 높이 80~150cm 정도 자란다. 전체에 짧은 노란색 털이 있다. 뿌리는 비대하고, 길게 뻗으며 매우 쓴맛이 난다. 줄기는 곧게 자라며, 속이 비어 있다. 잎은 어긋나고, 깃꼴겹잎이다. 작은 잎은 10쌍으로 긴 타원형으로 가장자리가 밋밋하다. 꽃은 연한 노란색으로 줄기 끝에 총상화서를 이룬다.
개화기는 6~7월, 결실기는 9~10월이다.

효 능 지상부를 고삼(苦蔘)이라 하여 약재로 이용
① 백혈구감소증 치료 및 항방사능 작용이 나타난다.
② 관상 동맥의 혈류량을 증가시키고, 심장 근육의 허혈 증상을 개선시키며, 혈당치를 낮추는 작용을 한다. 거담과 천식을 가라앉히는 효과가 있고, 이뇨, 항염, 항알레르기, 진통작용을 나타낸다.
neuroprotective effect, antiarrhythmic property, antibacterial activity, anti-inflammatory and anti proliferative activity, hepatoprotective and anti-hepatocarcinogenic effect, BACE-1 inhibitory effect

성 분 **matrine, oxymatrine, trifolirhizin, lavandulyl flavanones, prenylated flavonoid**

독미나리(산형과,미나리과,Umbelliferae, Apiaceae)

생 약 명 독근근(毒芹根)

학　　명 *Cicuta virosa* Linné

분　　포 습지나 물가에서 자라는 다년생 식물로 높이 100cm 정도 자란다. 전체에 털이 없고 뿌리줄기는 녹색을 띤다. 마디가 있고 속은 비었으며 근생엽과 줄기 밑부분의 잎은 잎자루가 길다. 꽃은 흰색으로 겹산형화서다. 작은 산형화서의 꽃은 약 20개 정도다. 유독식물이다.
개화기는 6~8월이다.

효　　능 뿌리줄기를 독근근(毒芹根)이라 하여 약재로 이용
① 외용으로 독성 물질을 제거하기 위해 쓰며, ② 화농성 골수염에도 짓찧어서 환부에 붙인다. ③ 어혈(瘀血)을 제거하기도 한다.
antitumor activity, neurotoxin

성　　분 virol A-C, cicutoxin

돌나물(꿩의비름과, Crassulaceae)

생 약 명 수분초(白屈菜)

학 명 ***Sedum sarmentosum*** **Bunge**

분 포 우리 나라 전역에 분포하며, 주로 산지와 들, 인가 주변의 다습한 곳에서 잘 자라는 다년생 식물로 높이 **10~20cm** 정도 자란다. 줄기의 각 마디에서 뿌리가 나고 꽃줄기는 곧게 선다. 긴 타원형의 잎은 보통 **3**장씩 돌려나며 잎자루와 가장자리의 톱니는 없다. 꽃은 노란색의 취산화서로 꽃자루가 없으며, 꽃잎은 **5**장이다.
개화기는 **5~6**월, 결실기는 **8**월이다.

효 능 지상부를 수분초(垂盆草)이라 하여 약재로 이용
① 청열소종 (淸熱消腫) 작용이 있어 인후염에 효력을 얻고, ② 만성간염에도 유의성이 나타내며, 열이 있으면서 소변을 못 볼 때 쓰인다.
③ 종기, 독충에 물렸을 때에도 짓찧어 환부에 붙인다.
antitumor activity, estrogenic effects, anti-inflammatory, anti-angiogenic and anti-nociceptive activity, antiproliferative effect, immunosuppressive activity, hepatoprotective activity

성 분 **alkaloid, megastigmane, sedumosides A4, A5, A6, H, and I, flavonol bisdesmosides, sarmenosides I, II, III, and IV, sedumosides E1, E2, E3, F1, F2, and G**

돌단풍(범의귀과, Saxifragaceae)

학 명 ***Aceriphyllum rossii*** **Engler**

분 포 우리 나라 산야의 물가 바위틈 등에 자라는 다년생 식물이다. 높이 **30~40cm** 정도며, 뿌리줄기는 짧고 비대하며, 옆으로 자란다. 줄기는 곧게 자라며, 끝에 원추형의 취산화서를 형성한다. 잎은 총생하며, 잎자루는 길고 손바닥 모양으로 깊게 **5~7** 갈래로 갈라진다. 꽃은 보통 흰색에 엷은 붉은색이 감돈다. 개화기 : **8~9**월, 결실기 : **10~11**월

효 능 약용으로 사용된 자료는 없으나 어린잎은 식용으로 사용한다.
anticariogenic activity, anticomplementary activity

성 분 **aceriphyllic acid A, 3-oxoolean-12-en-27-oic acid, 3-α-hydroxyolean-12-en-23,29-dioic acid, 3β-hydroxyolean-12-en-23,29-dioic acid, 3β,23-dihydroxyolean-12-en-29-oic acid, 3α-*O*-acetylolean-12-en-23,27-dioic acid, 3α-*O*-caffeoylolean-12-en-27-oic acid, 3-α-*O*-acetylolean-12-en-23,29-dioic acid, 3-α-hydroxy olean-12-en-23-al-27-oic acid, astragalin, isoquercitrin, kaempferol 3-*O*-α-L-rhamnopyranosyl (1→6)-β-D-glucopyranoside, rutin, kaempferol 3-*O*-[α-L-rhamnopyranosyl (1→4)-α-L-rhamnopyranosyl (1→6)-β-D-glucopyranoside], quercetin 3-*O*-[α-L-rhamnopyranosyl (1→4)-α-L-rhamnopyranosyl (1→6)-β-D-glucopyranoside**

돼지감자(국화과, **Compositae**)

생 약 명 국우(菊芋)

학　　명 ***Helianthus tuberosus*** **Linné**

이　　명 한국 전역에 분포하며, 북아메리카 원산의 다년생 식물로 높이 **100~200cm** 정도 자란다. 전체에 털이 있고 괴경이 발달하며, 줄기 윗부분에서 가지가 많이 갈라진다. 아래 잎은 대생, 위 잎은 호생한다. 타원형으로 끝이 뾰족하고 가장자리에 톱니가 있다. 꽃은 노란색으로 가지 끝에 두상화서가 **1**개씩 달린다. 개화기는 **8~10**월이다.

효　　능 뿌리를 국우(菊芋)라 하여 약재로 이용
① 열병에 해열작용을 하고, 대량출혈을 그치게 한다. ② 잎과 줄기는 타박상과 골절상에 쓰인다

성　　분 **germacrene A**

두충(두충과, **Eucommiaceae**)

생 약 명 두충(杜沖)

학 명 ***Eucommia ulmoides*** **Oliver**

분 포 중국 원산의 낙엽 교목으로 전국에 분포하며, 주로 산지나 마을 주변에서 자라는 다년생 식물로 높이 **6~10m** 정도 자란다. 잎은 어긋나며, 타원형으로 끝이 뾰족하고, 길이는 **5~15cm** 정도며, 가장자리는 예리한 톱니가 있다. 잎을 찢으면 많은 섬유질이 있다. 꽃은 암수딴그루며, 암꽃은 새로 나온 가지 밑에서 짧은 꽃자루에 달린다. 열매는 납작하고, 긴 타원형이다. 개화기는 **4~5**월, 결실기는 **9~10**월이다.

효 능 나무 껍질을 두충(杜沖)이라 하여 약재로 이용
① 혈압 강하 작용이 있어서 고혈압에 유효하다. ② 항 노화 작용이 있으며, 진정, 진통작용 및 신체 면역 기능을 조절하여 세포 면역의 억제와 증강 작용을 보인다. ③ 골다공증에 효력을 보이며, 성장촉진에 탁월한 반응을 보인다.
antioxidant effect, antihypertensive effect, ameliorative effect, antiinflamatory effect

성 분 **geniposidic acid, epicatechin, and chlorogenic acid, acid, gallic acid, protocatechuic acid and vanillic acid, quercetin 3-O-α-L-arabinopyranosyl-(1→2) -β-D-glucopyranoside, astragalin, isoquercitrin, eucommidiol, 1,4α,5,7α-tetra hydro-7-hydroxymethyl-cyclopenta[c]pyran-4-carboxylic methylester**

둑새풀(화본과, **Gramineae**)

생 약 명 간맥낭(看麥娘)

학 명 ***Alopecurus aequalis*** **SOBOL.**

분 포 우리 나라 전역의 논과 밭둑 등에 나는 월년초로 높이 **20~30cm** 정도로 자란다. 잎의 길이는 **3~10cm** 정도이며, 너비는 **2~6mm** 정도다. 원기둥 모양의 원추화서는 **3~7cm** 정도다.
개화기 : **4~5**월, 결실기 : **6**월.

효 능 지상부를 간맥낭(看麥娘)이라 하여 약재로 이용
① 전신부종을 내리고, ② 소아의 수두(水痘)에도 효력을 얻으며, ③ 소아의 복통설사에도 활용된다. ④ 종자는 짓찧어 뱀에 물린데 외용한다.

때죽나무(때죽나무과, Styracaceae)

생 약 명 매마등(買麻藤)

학 명 ***Styrax japonica*** **Sieb. Et Zucc.**

분 포 전국에 분포하고, 산간지역의 양지에 자라는 낙엽 교목 식물로 높이는 **10m** 정도 자란다. 잎은 호생하며, 어렸을 때는 별 모양의 털이 밀생하고, 난형 또는 타원형이며, 끝이 뾰족하다. 가장자리는 밋밋하고 표면은 녹색, 뒷면은 연두색이다. 꽃은 흰색이며, 잎겨드랑이에 **2~5**송이씩 총상화서로 달리고, 열매는 난형, 타원형이며, 회백색으로 익는다.
개화기는 **5~6**월, 결실기는 **9~10**월이다.

효 능 꽃을 매마등(매마등)이라 하여 약재로 이용
① 풍습성관절염, 타박상, 사지신경통, 골절상 등에 효력이 있다. ② 청화(清火)작용이 있어서 인후염, 치통에 유효하다. ③ 뱀에 물린 데에는 짓찧어 붙인다. 뿌리는 통풍 (痛風)에 유효하다. 단독(丹毒), 악창, 종기, 외상에 짓찧어 환부에 붙인다.
antifungal activity, PTP 1B inhibitory activity

성 분 **styraxlignolide A, styraxoside B, styraxlignolides C–E, (−)-pinoresinol glucoside, arctiin, matairesinoside, methylsyringin, 3-acetoxy-28-hydroxyolean-12-ene, 3-acetoxyolean-12-en-28-acid, 3-acetoxyolean-12-en-28-aldehyde, 3-acetoxy-17-hydroxy-28-norolean-12-ene, taraxerol, egonol, stigmasterol, pinoresinol-4-O-beta-D-glucopyranoside, syringin,erythrodiol-3-acetate**

떡쑥(국화과, **Compositae**)

생 약 명 서국초(鼠麴草)

학 명 ***Gnaphalium affine*** **D. Don**

분 포 우리 나라 전역에 분포하여 들과 밭에 자라는 월년생 식물이다. 높이 **20 ~ 50cm** 정도 자란다. 전체에 흰 솜털이 있고 줄기는 밑에서 갈라지며, 곧게 선다. 잎은 호생이고 주걱모양의 피침형이다. 꽃은 두상화서, 황백색 또는 황록색으로 줄기 끝에 달린다.

개화기는 **5 ~ 7**월이다.

효 능 지상부를 서국초(鼠麴草)라 하여 약재로 이용

① 해수, 가래, 천식, 기관지염과 감기로 인해 춥고 열이 나는 증상을 치료한다. ② 근육통, 요통, 관절염에도 활용되며, 타박상에도 물을 넣고 달여서 복용한다. ③ 피부가려움증, 비전염성궤양 및 창상에 내복하며, 위궤양 치료에 쓰이고 혈압강하 작용도 나타난다.

성 분 **5-hydroxy-3,6,7,8,4'-heptamethoxyflavone, 5-hydroxy-3,6,7,8-tetramethoxy-flavone, 5,6-dihydroxy- 3,7-dimethoxyflavone, 4,4',6'-trihydroxy-2'-methoxy-chalcone**

매듭풀(콩과, Leguminosae)

생 약 명 계안초(鷄眼草)

학　　명 ***Kummerowia striata*** **Schindler**

분　　포 전국의 산이나 들의 길가에 흔히 나는 1년생 식물로 군생한다. 높이 10~30cm, 밑에서 가지가 많이 갈라지고 줄기에 잔털이 아래를 향해 있다. 잎은 호생이며, 3출겹잎이다. 꽃은 연한 붉은색으로 잎 겨드랑이에 1~2송이씩 달리고, 꽃자루는 짧다.

개화기 : 8~9월, 결실기 : 10월.

효　　능 지상부를 를 계안초(鷄眼草)라 하여 약재로 이용

① 만성간염 치료와 위장염에 효과가 있고, ② 이질에도 쓰이며, ③ 야맹증에도 효과가 있다.

성　　분 **luteolin 4'-*O*-glucoside, apigenin-7-*O*-β-D-glucopyranoside**

매실나무(장미과, Rosaceae)

생 약 명 오매(烏梅)

학　　명 ***Prunus mume*** **Siebold et Zuccarini**

분　　포 우리 나라 중부 이남에 분포하는 중국 원산의 낙엽 교목 식물로 길이 **5m** 정도 까지 자란다. 잎은 어긋나며 난형으로 끝이 길게 뾰족하다. 길이는 **5~10cm.** 양면에 잔털이 있고, 가장자리에는 예리한 작은 톱니가 있다. 꽃은 연한 녹색을 띠며, 잎보다 먼저 핀다. 향기가 강하며, 꽃자루는 거의 없다. 열매는 둥근 모양의 핵과. 신맛이 나며, 노란색으로 익는다. 개화기는 **2~4**월, 결실기는 **6~7**월이다.

성　　분 덜 익은 열매를 가공하여 오매(烏梅)라 하고 약재로 이용
① 신체 면역 기능을 증강시키며, ② 이질과 지사효과가 있고, 소아의 복통, 설사에 효과가 있다.
helicobacter pylori-related chronic gastritis inhibitory effects, immune enhancing effect, memory-improving effect

성　　분 **benzaldehyde, isolongifololyl acetate, palmitic acid, linalool, butyl acetate, benzoic acid, isorhamnetin, isoquercitrin, hypericin, quercetin, kaempferol-3-*O*-beta-D-galactopyranoside, isorhamnetin-3-*O*-beta-D-glucopyranoside, rutin, prunate, 2''-*O*-acetylrutin, prunoses I and II 2''-*O*-acetyl-3'-*O*-methylrutin.**

맥문동(백합과, Liliaceae)

생 약 명 맥문동(麥門冬)

학　　명 *Liriope platyphylla* WangetTang

분　　포 우리 나라 중부 이남에 분포하며 산지의 나무 그늘 등지에 자라는 다년생 식물로 높이 20~40cm 정도 자란다. 땅속줄기는 짧고, 포복지는 옆으로 뻗으며, 수염뿌리는 군데군데 있다. 잎은 총생하며 납작하다. 꽃은 연한 분홍색으로 총상화서로 한 마디에 여러 송이의 꽃이 핀다. 열매는 장과, 둥근 모양으로 검은색으로 익는다.
개화기는 6~8월, 결실기는 10~11월이다.

효　　능 덩이뿌리를 약재로 이용
① 항산화 작용이 있고, ② 관상 동맥의 혈류량 촉진과 심장 근육의 결혈증에 보호 작용이 현저하며, 또한 심장 근육의 수축력을 개선하고, 진정 작용을 나타낸다 ③ 면역 증강 작용이 있고, 혈당을 내리며, 백색포도상구균, 대장균, 인플루엔자균에 억제작용을 보인다.
neurite outgrowth induce, insulin sensitizing effect

성　　분 **spicatoside A, lupenone, lupeol, ursolic acid, beta-sitosterol, diosgenin**

머루(포도과, **Vitaceae**)

생 약 명 산등등앙(山藤藤秧)

학 명 ***Vitis coignetiae*** **Pulliat**

분 포 전국에 분포하며, 주로 산기슭이나 산골짜기의 숲 속에 나는 낙엽 덩굴 식물로 길이 **10m** 정도 자란다. 잎은 호생하며, 심장상 원형으로 끝이 뾰족하며 짧다. 표면은 털이 없고, 뒷면은 털이 없거나 맥 위에 털이 있으며, 가장자리에 잔 톱니가 있다. 꽃은 암수딴그루며, 잎과 대생으로 원추화서를 이룬다. 열매는 포도송이 모양이지만 크기가 작게 달리고, 밑으로 처져 검은색으로 익는다.

개화기는 **5~6**월, 결실기는 **9~10**월이다.

효 능 뿌리와 줄기를 산등등앙(山藤藤秧)이라 하여 약재로 이용

① 외상 동통을 치료하고, ② 위장관의 동통과 신경성 두통을 치료한다.

③ 수술 후 동통을 완화시키기 위하여 이 약물을 달여서 복용한다.

neuroprotective effects, antiviral activity (HBV), antimicrobial activity and cytotoxicity

성 분 **resveratrol, (Z)-3-(2,5-dimethoxyphenyl)-2-(4-methoxyphenyl)acrylonitrile, kurarinone, sophora-flavone G, 1,2,3,4,6-penta-O-galloyl-β-D-glucose, deoxytopsentin, bromodeoxytopsentin, bromo-topsentin, 4,5-dihydro-6-deoxybromotopsentin, hamacanthin A, trans-4,5-dihydrohamacanthin A, hamacanthin B, 6-debromohamacanthin A, 6-debromohamacanthin B**

머위(국화과, **Compositae**)

생 약 명 관동화(款冬花)

학 명 ***Petasites japonicus*** **(Sieb. Et Zucc.) Maximowicz**

분 포 전국에 분포하며, 주로 인가 주변과 산지의 습기가 많은 곳에서 자라는 다년생 식물로 높이 **10~50cm** 정도 자란다. 땅속줄기가 사방으로 뻗어 번식하고, 잎은 땅속 줄기에서 나오며, 신장모양의 원형으로 지름 **15~30cm** 정도, 가장자리에 불규칙한 톱니가 있다. 꽃은 암수딴그루며, 두상화서가 산방상으로 꽃줄기 끝에 밀생한다.
개화기는 **4**월, 결실기는 **6**월이다.

효 능 꽃을 관동화(款冬花) 대신 약재로 이용
① 윤폐(潤肺)작용이 있어서 진해, 거담 하는 특징이 있다. 폐허로 기침이 나고 가래에 피가 섞일 때 및 폐결핵, 폐농양에 유효하다. ② 외감성으로 인한 해수, 천식, 상기도감염증에 널리 응용된다.
antimutagenic and anticarcinogenic effect, antioxidant activity and cytotoxicity, antioxidant and antiseizure activities, neuroprotective effects

성 분 **petasiphenol, petaslignolide A, fukinolic acid, fukinotoxin, 2α-(4'-hydroxy-3'-methoxy phenyl)-6α-(4''-hydroxy-3''-methoxyphenyl)-8α-hydroxy-3,7-dioxabicyclo[3,3,octane 4'-O-(β-D-glucopyranoside)]**

메꽃(메꽃과, **Convolvulaceae**)

생 약 명 구구앙(狗狗秧)

학 명 ***Calystegia japonica*** **Choisy**

분 포 전국에 분포하며, 주로 밭이나 길가 주변에서 자라는 덩굴성 다년생 식물로 땅속줄기는 흰색이며, 마디에서 새순이 나와 사방으로 증식한다. 잎은 어긋나며 잎자루가 길고, 긴 타원상 피침형이고 밑부분은 귀뿔 모양이다. 꽃은 연한 분홍색으로 잎 겨드랑이에 한 송이씩 달리고 꽃자루는 길다. 꽃받침은 5갈래, 화관은 나팔 모양이다.
개화기는 6~8월, 결실기는 9~10월이다.

효 능 지상부와 뿌리줄기를 구구앙(狗狗秧)이라 하여 약재로 이용
① 이뇨 작용이 있어서 소변을 잘 못 보는 증상에 쓰인다. ② 자음(滋陰)시키면서 혈압을 내린다. ③ 뿌리줄기는 소화불량에 쓰이고, 건위(健胃)와 혈당 강화와 아울러 골절의 유합을 촉진시킨다.

성 분 **flavonic glycosides**

명아주(명아주과, Chenopodiaceae)

생 약 명 여(藜)

학 명 ***Chenopodium album*** **Linné var.** ***centrorubrum*** **Makino**

분 포 우리 나라 전역에 분포하며, 주로 길가나 밭에 잘 자라는 일년생 식물로 높이는 약 **100cm** 정도 자란다. 줄기는 곧게 자라며, 털이 없다. 잎은 호생하며, 삼각상의 난형이고 가장자리는 물결모양의 톱니가 있다. 어린 잎에는 홍자색의 가루가 붙어 있다. 꽃은 황록색으로 많이 모여 원추화서가 되고, 개화기는 **6~7**월, 결실기는 **8~9**월이다.

효 능 어린잎과 줄기를 여(藜)라 하여 약재로 이용
① 이질과 복통, 설사에 쓰고, ② 습(濕)이 많아서 일어나는 창진(瘡疹)과 가려움증에 활용되며, ③ 독충에 물렸을 때에 외용한다

성 분 **ecdysteroid, chenoalbicin, cinnamic acid, 4-hydroxy-cinnamic acid, ferulic acid, methyl ferulate, sinapic acid, methyl 3-(4-hydroxy-3-methoxyphenyl)propanoate, 4-(1-hydroxyethyl)-2-methoxy phenol, vanillyl alcohol, 4-(hydroxymethyl)-2-methoxyphenol, 4-hydroxy-3-methoxybenzoic acid, 4-vinylphenol, 4-methyl-benzaldehyde, pinoresinol, syringaresinol, lariciresinol, 5,5'-dimethoxy- laricir-esinol, N-[2-(1*H*-indol-3-yl)ethyl]acetamide, threo-guaiacylglycerol-3-β-4-syrin garesinol ether esquilignans, threo-syringylglycerol-α-*O*-methyl-β-*O*-4-syringar-esinol ether**

모감주나무(무환자나무과, Sapindaceae)

생 약 명 난화(난華)

학 명 ***Koelreuteria paniculata*** **Laxmann**

분 포 한국, 중국, 일본에 분포하며, 해변과 그 인근 마을과 사찰 부근에 심는 낙엽 교목으로 잎은 호생. 작은 잎은 7~15장, 난형 난상 긴 타원형, 길이 3~10cm, 너비 3~5cm, 잎 가장자리는 불규칙하고 둔한 톱니가 있다. 꽃은 노란색의 원추화서로 지름 1cm, 길이 25~35cm로 가지 끝에 붙음. 꽃자루는 짧고 4장의 꽃잎은 뒤로 젖혀지고 밑동에는 2개의 붉은 부수체가 있다. 열매는 삭과, 꽈리 모양, 길이4~5cm, 3개로 갈라지고 그 속에 단단하고 둥근 모양으로 검은 광택이 나는 씨가 3개 있다.

효 능 전초
잎에 함유되어 있는 **methyl gallate**는 여러 종류의 세균 및 진균에 억제 작용을 나타낸다.

성 분 **paniculata saponin, ethyl *p*-trigallate, 3''-*O*-galloyl-4'-*O*-galloyl-4-*O*-galloyl-gallic acid, 3''-galloyl quercitrin, ethyl *p*-heptagallate, catechin, galloylepicatechin, isorhamnetin, kaempferol-3-*O*-arabinopyranoside, quercetin-3'-*O*-beta-D-arabinopyranoside, quercitrin, methyl *p*-digallate, methyl *m*-digallate, *p*-digalloyl acid, *m*-digalloyl acid, hyperin, kaempferol-3-*O*-alpha-L-rhamnoside, 6,8-dihydroxy afzelin, afzelin 3''-*O*-gallate, beta-(2-furoyl)-L-alanine**

무궁화(아욱과, Malvaceae)

생 약 명 목근피(木槿皮), 목근화, 목근자

학 명 *Hibiscus syriacus* Linneé

분 포 중국과 인도 원산의 낙엽 관목으로 높이 3~4m 내외. 가지는 회백색, 잎은 호생이며, 난형, 마름모꼴 난형이며, 길이 4~10cm, 너비 3~5cm, 위쪽이 세갈래로 갈라지며, 가장자리에 거친 톱니가 있다. 꽃은 보통 흰색과 분홍색이고, 안쪽이 진하고 꽃자루는 짧으며, 잎 겨드랑이에 한 송이씩 달린다.

개화기 : 6~9월, 결실기 : 10월. 관상용이며, 우리나라 국화(國花)이다

효 능 뿌리와 가지의 껍질을 목근피, 꽃은 목근화, 종자는 목근자라 하여 약재로 이용

① 열을 내리고 살충 작용이 있어 옴, 버짐 및 가려움증에 중탕하여 환부에 붙인다. ② 습열로 인한 이질설사 및 장출혈에도 효능이 있다.

③ 목근화는 대장에 열이 축적되어 일어나는 출혈과 이질 및 부인의 백대하에도 활용된다.

성 분 **hibiscuside, (+)-pinoresinol 4-O-[β-glucopyranosyl (1→2)-α-rhamnoside], syringaresinol, 6''-*O*-acetyldaidzin, 6''-*O*-acetylgenistin, 3-hydroxydaidzein, 3β,23,28-trihydroxy-12-oleanene 23-caffeate, 3β,23,28-trihydroxy-12-oleanene 3β-caffeate, 2,7-dihydroxy-6-methyl-8-methoxy-1-naphthalenecarbaldehyde, 2-hydroxy-6-hydroxymethyl-7,8-dimethoxy-1-naphthalenecarbaldehyde, 1-carboxy-2,8-dihydroxy-6-methyl-7-methoxynaphthalenecarbolactone(1→8), nonanedioic acid, suberic acid, 1,22-docosanediol, betulin**

물달개비(물옥잠과, **Pontederiaceae**)

생 약 명 곡초(蔛草)

학 명 ***Monochoria vaginalis*** **(L) Presl var.**

분 포 전국의 논이나 물가에 흔히 나는 **1**년생 식물이다. 높이 **20~30cm** 정도며, 줄기는 기부에서 **5~6**개가 총생한다. 근생엽은 **3~4**장, 경생엽은 **1~2**장으로 잎자루가 길며, 심장형이다. 줄기와 잎자루의 마디부분에서 꽃줄기가 나온다. 꽃은 청자색으로 총상화서를 이루고 꽃이 핀 뒤에 꽃자루가 구부러져서 삭과가 밑을 향해 달린다.
개화기 **: 8~9**월, 결실기 **: 10~11**월.

효 능 지상부를 곡초(蔛草)라 하여 약재로 이용
① 고열, 해수, 천식 및 기침할 때 가래에 피가 섞이는 증상을 치료하고, ② 뱀에 물린 데에도 쓰이며, ③ 종기에도 쓰인다.

성 분 **alkenylphenol, steroids, cerebrosides, acylglycosyl sterol**

물레나물(물레나물과, Guttiferae)

생 약 명 홍한련(洪旱蓮)

학 명 *Hypericum ascyron* Linné

분 포 전국에 분포하며, 주로 산지에서 자라는 다년생 식물로 높이 50~100cm 정도 자란다. 줄기는 곧게 서고 전체에 털이 없다. 잎은 마주 나고 피침형으로 잎자루 없이 밑이 줄기를 감싸고 있다. 꽃은 노란색으로 줄기나 가지 끝에 달리고, 5장의 꽃잎이 풍차모양으로 핀다.
개화기는 6~7월, 결실기는 9~10월이다.

효 능 지상부를 홍한련(洪旱蓮)이라 하여 약재로 이용
평간(平肝), 지혈(止血), 소종(消腫)작용이 있다.
① 간 기능 장애로 인한 두통과 고혈압에 쓰고, ② 지혈 작용이 있어서 토혈, 각혈, 자궁출혈, 외상출혈, 코피에 유효하다. ③ 종기, 악창에 짓찧어서 환부에 바른다.
cytotoxicity

성 분 tomoeones A-H, prenylated xanthones

물봉선(봉선화과, Balsaminaceae)

생 약 명 야봉선화(野鳳仙花)

학　　명 ***Impatiens textori*** **Miquel**

분　　포 전국에 분포하며, 주로 산이나 들의 습지에 자라는 일년생 식물이다. 높이는 **40~80cm** 정도 자라며, 전체에 털이 없고 부드럽고 연하다. 줄기는 물기가 많고 매끄러우며 붉은색을 띤다. 가지가 갈라지는 마디는 볼록하게 나온다. 잎은 호생하며, 난형 또는 피침형으로 가장자리에 톱니가 있다. 꽃은 홍자색으로 총상화서를 이룬다.
개화기는 **8~9**월, 결실기는 **10**월이다.

효　　능 지상부를 야봉선화(野鳳仙花)라 하여 약재로 이용
① 악창(惡瘡)과 피부궤양에 짓찧어 붙인다.
effects on blood pressure decrease, allergy-preventive effects

성　　분 **acylated malvidin 3-glucoside**

물싸리(장미과, **Rosaceae**)

학　　명　***Potentilla fruticosa*** **Linné**

분　　포　우리 나라 전역에 분포하며, 주로 고산의 비탈 또는 바위틈 등에 자라는 낙엽 관목 식물로 높이 **1~1.5m** 정도 자란다. 잎은 어긋나며 깃꼴겹잎이다. 작은 잎은 **3~7**장으로 타원형 또는 긴 타원형. 길이 **1~2cm.** 끝이 뾰족하고 가장자리와 뒷면에 잔털이 나고 회록색이다. 꽃은 노란색으로 햇가지 끝이나 잎겨드랑이에 **2~3**송이씩 달린다. 지름 **3cm** 정도. 개화기는 **6~8**월, 결실기는 **10~11**월이다.

효　　능　물싸리의 가지나 잎을 약용 또는 식용으로 이용한 기록은 없다.
antioxidant activity, hepatoprotective property, antimicrobial activity

물칭개나물(현삼과, Scrophulariaceae)

학　명 ***Veronica undulate*** **Wallich**

분　포 전국에 분포하며, 주로 저지대 강가나 냇가 등의 습지에 자라는 2년생 식물로 높이 40~80cm 정도 자란다. 전체에 털이 없고 줄기는 곧게 선다. 잎은 대생하며, 윗부분의 잎은 긴 타원상의 피침형이다. 끝은 뾰족하고 가는 톱니가 있으며, 잎자루는 없고 줄기를 둘러싼다. 꽃은 잎 겨드랑이에서 꽃자루가 나와 총상화서로 달리고, 아래부터 개화하여 순차로 올라간다. 개화기는 5~6월, 결실기는 7~8월이다.

효　능 어린순은 식용으로도 이용하지만 약용으로는 사용하지 않는다.

성　분 **phenylethanoid glycoside**

미국미역취(국화과, Compositae)

학　명 ***Solidago serotina*** **Aiton**

분　포 북아메리카 원산으로 우리 나라 중·남부에 분포하는 다년생 식물로 높이 **100cm** 이상 자란다. 줄기의 윗부분에서 가지가 많이 갈라지고, 미세한 털이 잎과 잎자루에 있다. 잎은 촘촘이 달리며 호생하며, 피침형으로 톱니가 있다. 꽃은 노란색으로 두상화서가 줄기나 가지 끝에 총상으로 밀생한다. 개화기는 **7～9**월이다.

성　분 **alpha-spinasterol and 2-beta-hydroxy-6-deoxy-solidagolactone IV-18, 19-olide, flavonol, quercitrin, solidagoic acids A and B**

미국자리공(자리공과, Phytolaccaceae)

생 약 명 미상륙(美商陸)

학 명 ***Phytolacca americana*** **Linné**

분 포 한국에 귀화하여 전국에 분포하는 북아메리카 원산의 다년초 식물로 높이 **1~1.5m** 정도 자란다. 줄기는 붉은색과 적자색을 띠고 전체에 털이 없다. 잎은 어긋나며, 난상 타원형 또는 긴 타원형이다. 길이 **10~30cm** 정도. 잎자루가 있고 가장자리는 톱니가 없다. 꽃은 흰색의 총상화서, 열매는 장과 납작한 구형으로 적자색으로 익는다.
개화기는 **6~9**월, 결실기는 **9~10**월이다.

효 능 뿌리를 미상륙(美商陸)이라 하여 약재로 이용
① 독성이 있고, 강력한 이뇨제로 인하여 전신이 부었을 때와 ② 만성신우신염, 복수가 찼을 때 및 늑막염과 심장성 부종에 효과가 있다. ③ 종기 및 피부진균병에 짓찧어 붙인다. ④ 잎은 해열 작용을 나타낸다.

성 분 **betalains, phytolaccasaponins, α-spinasterol americanoic acid methylester, iso-americanoic acid A methylester, 9'-*O*-methylamericanol A**

미나리(산형과,[미나리과], **Umbelliferae, [Apiaceae]**)

생 약 명 수근(水芹)

학 명 ***Oenanthe javanica*** **(Blume) De Candolle**

분 포 전국에 분포하며, 주로 물기가 있는 인가 주변이나 냇가 또는 논밭에서 재배하는 다년생 식물로 높이 **50~80cm** 정도 자란다. 전체에 털이 없고 줄기에 능각이 있으며, 포복지 마디에서 뿌리를 내려 번식 한다. 잎은 호생, 잎자루가 길고 삼각형을 이루고, **1~2**회 깃꼴겹잎이며, 가장자리에 톱니가 있다. 꽃은 흰색이며, 겹산형화서이다.
개화기는 **7~8**월, 결실기는 **9~10**월이다.

효 능 지상부를 수근(水芹)이라 하여 약재로 이용
① 고열이 나면서 가슴이 답답하고 갈증이 심한 증상을 치료하고, ② 이뇨 작용이 있어서 전신이 부었을 때 부기를 빼 준다. ③ 장기간 복용하면 기운이 나고, 독극물의 해독 작용을 한다.
antibacterial effect, hepatoprotective effect, antidiabetic effect, antiarrhythmic effect

성 분 **phenylpropanoid glucoside, isorhamnetin sulphate, 2,3-methylenedioxy-5-allyl phenyl β-D-glucopyranoside, eugenyl β-D-glucopyranoside, pinoresinol β-D-glucopyranoside**

박주가리(박주가리과, Asclepiadaceae)

생 약 명 라마(蘿藦)

학 명 ***Metaplexis japonica*** **(Thunb.) Makino**

분 포 전국의 들이나 길가에 나는 덩굴성 다년초며, 길이는 **3m** 이상 자람. 잎은 대생, 심장형이며, 길이 **5~10cm,** 너비 **3~6cm,** 표면은 짙은 녹색이고 약간 두꺼움. 잎과 줄기에 유액이 있다. 꽃은 연한 자주색, 흰색이며, 잎겨드랑이에 총상화서를 이룬다. 열매는 표주박 모양으로 길이 **10cm** 정도며, 사마귀 모양의 돌기가 있다. 개화기 **: 7~8**월, 결실기 **: 10~11**월.

효 능 지상부와 뿌리를 약재로 이용
① 신체 허약으로 인한 발기부전에 음양곽, 선모 등과 배합해서 쓰고, ② 허약성대하, 유즙 분비 부족에도 활용된다. ③ 단독, 종기, 뱀에 물린 데에도 짓찧어 환부에 붙인다.

성 분 **6'-hydroxy-Justicidin B, benzoylramanone, steroidal glycosides**

박태기나무(콩과, Leguminosae)

생 약 명 자형피(刺荊皮)

학 명 ***Cercis chinensis*** **Bunge**

분 포 우리 나라 전역에 분포하며, 도로변 또는 정원 등에서 흔히 볼 수 있는 중국 원산의 낙엽 관목 식물로 높이 **2~4m** 정도 자란다. 잎은 어긋나고 둥근 심장형으로 지름 **6~15cm** 정도. 가장자리에는 톱니가 없고, 표면은 매끄러우며 광택이 나고, 짙은 녹색의 가죽질이다. 꽃은 자홍색으로 잎눈 겨드랑이에 여러 송이가 달리며, 길이 **1~2cm.** 꽃자루는 적갈색이고 마디가 있다. 개화기는 **4~5**월, 결실기는 **9~10**월이다.

효 능 나무 껍질을 자형피(刺荊皮)라 하여 약재로 이용
① 풍한습(風寒濕)으로 인한 사지마비동통, 관절염, 반신불수 등에 활용되고, ② 여성의 생리가 없는 증상 및 혈액 순환을 왕성하게 하여 타박상을 치료한다. ③ 종기에도 이용하며, 곤충에 물린 데에도 쓰인다.

성 분 **6-methoxy-7-methyl-8-hydroxydibenz[b,f]oxepin, 1,8-dimethoxy-6-hydroxy-7-methyldibenz[b, f]oxepin, 1-hydroxy-6,8-dimethoxy-7-methyldibenz[b,f]oxepin, dibenz[b,f]oxepins pacharin, bauhiniastatin, rutin, quercetin, kaempferol, 3-*O*-methylquercetin, quercetin, (2R,3R)-3,5,7,3',5'-pentahydroxyflavan, 3',5,5',7-tetrahydroxyflavanone, [+]-taxifolin, (2R)-naringenin, friedelin, beta-sitosterol, daucosterin**

발풀고사리(풀고사리과, Gleicheniaceae)

학 명 *Dicranopteris linearis* **(Burm. F.) Underwood**

분 포 우리 나라 남부 이남에 양지바르고 건조한 곳에 자라는 상록 다년생 식물로 높이 **30~80cm** 정도 자란다. 땅속줄기는 길게 뻗는다. 잎자루는 단단하며, 자갈색 윤채가 있고 털이 있으며, 잎은 긴 타원상 피침형으로 두껍고 잎자루에서 깃골로 깊게 갈라진다. 가장자리는 밋밋하다. 뒷면에 포자낭군이 형성되며, 포자기는 **6~9**월이다.

효 능 약용으로는 사용되지 않으며 관상용으로 재배된다.
antinociceptive, anti-inflammatory, and antipyretic propert

성 분 **(6S,13S)-6-[6-O-acetyl-β-D-glucopyranosyl-(1→4)-α-L-rhamnopy-ranosyloxy]-13-[α-L-rhamno pyranosyl-(1→4)-β-D-fucopyranosyloxy]-cleroda-3,14-diene, afzelin, astragarin quercitrin, isoquercitrin**

배롱나무(부처꽃과, 배롱나무과, **Lythraceae**)

이　　명 백일홍나무

생 약 명 자미화(刺微花)

학　　명 ***Lagerstroemia indica*** **Linneé**

분　　포 중국 원산의 낙엽교목. 높이 **4~8m** 정도. 가지는 연한 홍자색이며 매끄럽다. 잎은 대부분 대생이며, 타원형 또는 둥근 모양이다. 잎 가장자리에는 톱니가 없고 표면은 짙은 녹색으로 광택이 나며, 잎자루는 거의 없다. 꽃은 붉은색 외 몇 가지가 있으며 원추화서는 가지 끝에 붙는다.
길이 **10~20cm**, 지름 **5cm** 내외로 개화기는 **7~9**월, 결실기는 **10**월이다.

효　　능 꽃과 뿌리를 용으로 사용
① 자미화는 해산 후 출혈이 그치지 않을 때 쓰고, ② 옴, 버짐, 악창에도 유효하다. ③ 자미근은 종기, 악창, 옴, 버짐, 이질에 내복한다.

성　　분 **anthocyanins, 3,3',4-tri-O-methylellagic acid, lythraceae alkaloid, biphenylquinolizidine alkaloids**

배암차즈기(꿀풀과, Labiatae)

생 약 명 여지초(荔枝草)

학 명 ***Salvia plebeian*** **R. Brown**

분 포 전국에 분포하며, 물가나 습기 있는 경작지 주변에서 자라는 2년생 식물로 높이 30~80cm 정도 자란다. 가을에 발아하여 겨울에는 근생엽이 자라다가 봄에 줄기가 올라오고 꽃이 필 때면 없어진다. 잎은 장타원형으로 올록볼록하고 가장자리는 불규칙한 톱니가 있으며, 줄기는 네모지고, 잔털이 있다. 마디마다 가지가 나며, 경생엽은 난상의 장타원형이다. 꽃은 연한 보라색으로 줄기나 가지끝에 총상화서로 달린다.
개화기는 5~7월, 결실기는 7~8월이다.

효 능 전초를 여지초(荔枝草)라 하여 약재로 이용
① 양혈(凉血), 이수(利水), 해독, 살충의 효능이 있고, ② 해혈, 토혈, 혈뇨, 복수, 인후종통 등을 치료한다.
hepaprotective effect, antioxidant activity, cytotoxicity

성 분 **5-ethylhentriacontane, nonacosane, epoxysalviacoccin, secoisolariciresinol branched fatty diester, salvitin, phenylbutanone glucoside**

배초향(꿀풀과, Labiatae)

생 약 명 곽향(藿香)

학 명 ***Agastache rugosa* (Fisch. et Mey.) O. Kuntze**

이 명 전국에 분포하며, 주로 양지의 자갈밭이나 척박한 토양에서 자라는 다년생 식물로 높이 **40~100cm** 정도 자란다. 전체에 털이 거의 없고, 줄기는 네모지고 곧게 서며, 위에서 가지가 많이 갈라진다. 잎은 대생으로 난상 또는 심장형이며 끝이 뾰족하고 가장자리에는 둔한 톱니가 있다. 꽃은 자주색으로 줄기나 가지의 끝에 많은 꽃이 밀집하여 달린다.
개화기는 **7~9**월, 결실기는 **9~10**월이다.

효 능 지상부를 곽향(藿香)이라 하여 약재로 이용
① 습(濕)이 비위 (脾胃)에 정체된 것을 치료하므로 복부창만, 식욕부진, 메스꺼움, 구토, 설사기 있는 증상을 다스린다. ② 특히 소화 장애가 따르는 감기로 가슴이 답답하고 메스꺼운 증상 및 발열, 두통, 구토, 설사 증상에 유효하다. ③ 입 안에서 구취가 날 때에는 약물 달인 물로 양치질을 하면 제거된다.
cytotoxicity, HIV-1 protease inhibition, antimicrobial activity

성 분 **agastaquinone, agastinol and agastenol, isoagastachoside, agastachin**

배풍등(가지과, Solanaceae)

생 약 명 백모등(白毛藤)

학 명 ***Solanum lyratum*** **Thunberg**

이 명 우리 나라 중부 이남에 분포하며, 주로 낮은 산지의 자갈밭 등에서 자라는 다년생 식물로 높이 **2~4m** 정도 자란다. 줄기 끝이 덩굴 모양이며, 줄기와 잎에 선모가 밀생한다. 잎은 어긋나며, 난형, 긴 타원형으로 끝이 뾰족하고, 밑은 심장형이며, 밑에서 **1~2**쌍의 갈래로 갈라진다. 꽃은 흰색으로 잎과 마주하여 달리는 원추상 취산화서다. 열매는 둥근 모양으로 붉은색 또는 노란색으로 익는다. 개화기는 **8~9**월, 결실기는 **10~11**월이다.

효 능 지상부를 백모등(白毛藤)이라 하여 약재로 이용
① 습열(濕熱)로 인한 황달, 몸이 부었을 때, 간경화 초기 등에 활용된다. ② 풍습성 관절염에 귀전우와 같이 복용하다. ③ 옴, 버짐, 악창, 옻나무독 등에 활용된다. ④ 항종양 작용이 있어서 복수암, 자궁경부암에 억제 작용이 높다.
hepatoprotective activity, cytotoxicity, apoptosis, immunomodulatory activity

성 분 **lyratin A, lyratin B, lyratin C, lyratol, blumenol A, dehydrovomifoliol 4,7,2'-trihydroxy-4'-methoxyisoflavan, diosgenin, tigogenin, tigogenone, diosgenin 3-*O*-alpha-L-rhamnopyranosyl-(1→2)-beta-D-glucuroniduronic acid methylester, 4-methyl-cholesta-7-ene-3beta-ol, acacetin 7-*O*-rutinoside, 1,5-dihydroxy-3-methoxy-7-methy-anthraquinone, 1,3,5-trihydroxy-7-methylan thracenedione, physcion-8-*O*-β-D-glucopyranoside, soya-cerebroside I, docosylferulate**

백당나무(인동과, Caprifoliaceae)

생 약 명 계수조(鷄樹條)

학　　명 *Viburnum sargentii* Koehne

분　　포 전국에 분포하며, 산록의 그늘진 곳이나 골짜기에 자라는 낙엽 관목으로 높이 300cm 정도 자란다. 잎은 대생이며, 3갈래로 갈라지고, 양쪽이 밖으로 벌어진다. 끝은 뾰족하고, 뒷면에 짧은 털이 있다. 꽃은 새로 나는 가지 끝에 취산화서로 달리며, 가장자리의 것은 중성화, 황백색이다. 열매는 둥글고 붉은색으로 익는다. 개화기는 5~6월, 결실기는 9~10월이다.

효　　능 어린가지와 잎을 계수조(鷄樹條)라 하여 약재로 이용
① 거풍 작용이 있어서 허리와 다리가 아픈 증상을 치료하며, 관절염에도 치유 반응을 나타낸다. ② 악창, 옴, 버짐, 가려움증 등에도 효력을 보인다.

성　　분 anthocyanin, iridoid glucosides

백량금(자금우과, Myrsinaceae)

생 약 명 주사근(朱砂根)

학 명 ***Ardisia crenata*** **Sims**

분 포 우리 나라 남부 지역의 숲속 또는 음지에 나는 상록관목으로 높이 **100cm** 정도 자란다. 잎은 호생이며, 긴 타원형으로 두껍고 가장자리가 잔 물결모양의 톱니가 있다. 꽃은 흰색으로 가지 끝에 산형 또는 산방상으로 달린다. 열매는 둥글고 붉은색의 핵과로 익는다.
개화기는 **6~8**월, 결실기는 **9**~다음해 **2**월이다.

효 능 뿌리를 주사근(朱砂根)이라 하여 약재로 이용
① 호흡기 감염증으로 인한 해수, 편도선염, 급성인후염의 증상에 쓰인다. ② 풍습성 관절염과 타박상에 유효하다. ③ 단독(丹毒), 림프절염에 치료효과를 나타낸다.
pro-apoptotic and microtubule-disassembly effects, antithrombin activity

성 분 **ardisiacrenoside A-I, 11-*o*-syringylbergenin**

뱀딸기(장미과, **Rosaceae**)

생 약 명 사매(蛇莓)

학　　명 ***Duchesnea indica*** **(Andr.) Focke**

분　　포 전국에 분포하며, 들과 산의 풀밭 또는 논두렁 등에 자라는 다년생 식물로 높이 **10~20cm** 정도 자란다. 전체에 가는 털이 있고, 줄기는 지표면을 포복하며 자라 마디에서 뿌리를 내어 번식한다. 잎은 마디에서 잎자루가 길게 나와 끝에 **3**장의 작은 잎으로 된 겹잎을 내고, 작은 잎은 난형으로 가장자리에 겹 톱니가 있다. 꽃은 노란색으로 **5**장의 꽃잎이 있으며, 열매는 둥글고 붉은색으로 익는다.
개화기는 **4~5**월, 결실기는 **5~6**월이다.

효　　능 지상부를 사매(蛇莓)라 하여 약재로 이용
① 청열(清熱) 작용이 있어서 열로 인한 구내염, 인후염, 종기, 디프테리아, 습진, 화상, 유방염, 타박상 및 뱀이나 독충에 물렸을 때에 달여서 복용하고, 신선한 것은 짓찧어 환부에 붙인다. ② 최근에는 위암, 자궁경부암, 비암, 인후암 등의 암종에 용규와 같이 사용하여 유효한 반응을 얻고 있다. ③ 지혈 작용이 있어서 코피, 토혈, 각혈, 자궁 출혈에 활용된다.

성　　분 **cyanidin 3-*O*-rutinoside, peonidin 3-*O*-rutinoside, petunidin 3-*O*-rutinoside, 3'-*O*-methyl-ellagic acid-4-*O*-β-D-xylopyranoside, 3'-*O*-methyl-ellagic acid -4-*O*-α-L-arabinofuranoside, 3β-hydroxy lurs-12-en-28-oic acid), 2α,3β,19α-trihydroxy lurs-12-en-28-oic acid, 2α,3β,19α-trihydroxylurs-12-en-28-oic acid 28-*O*-β-D-glucopyranoside, 2α,3α,19α-trihydroxylurs-12-en-28-oic acid 28-*O*-β-D-glucopyranoside**

버즘나무(플라타너스과, **Platanaceae**)

생 약 명 법국오동(法國梧桐)

학　　명 ***Platanus orientalis*** **Linné**

분　　포 전국에 분포하며, 유럽, 아시아 서부지역 원산의 낙엽 교목 식물로 높이 **10~20m** 정도 자란다. 나무 껍질은 큰 조각으로 떨어지고, 암회색 또는 회백색으로 얼룩진다. 잎은 어긋나며, 넓은 난상 원형으로 끝이 뾰족하고, 너비 **15~30cm, 5~7**갈래 깊게 갈라짐. 잎자루가 길고 잎 밑동은 겨울눈을 감싸며, 가장자리에는 굵은 톱니가 있다. 꽃은 암수한그루, 두상화서. 수꽃은 잎겨드랑이에, 암꽃은 가지 끝에 달린다. 열매는 소견과가 모여 둥글다. 긴 자루가 있고 **3~4**개씩 달린다.
개화기는 **4~5**월, 결실기는 **10~11**월이다.

효　　능 나무껍질을 법국오동(法國梧桐)이라 하여 약재로 이용
① 복통과 설사, 이질에 유효하다. ② 치통을 그치게 한다.
cytotoxic activity

성　　분 **platanoside and tiliroside, cyclophilin, acylated flavonol glycosides**

벌개미취(국화과, **Compositae**)

생 약 명 자원

학　　명 ***Aster koraiensis*** **Nakai**

이　　명 전국에 분포하며, 주로 들의 물기 있는 곳이나 산기슭에서 잘 자라는 다년생 식물로 높이 **50~80cm** 정도 자란다. 줄기에는 홈과 줄이 있으며, 근생엽은 꽃이 필 때 없어진다. 경생엽은 어긋나며, 피침형으로 길이 **12~20cm**, 너비 **1.5~3cm** 정도. 끝은 뾰족하고 밑은 좁아져 잎자루처럼 되며, 가장자리에 작은 톱니가 있고, 양 면에 털이 없으며, 위로 올라가면서 작아진다. 연한 자주색과 보라색을 띠는 꽃은 줄기나 가지 끝에 **1**개씩 달려 두상화를 이룬다.
개화기는 **7~9**월, 결실기는 **10~11**월이다.

효　　능 뿌리를 자원이라 하여 약재로 이용
① 가래, 천식, 진해, 거담 작용이 있다. ② 인후가 건조하고, 아픈 것을 다스리고, 급.만성호흡기 감염증에 활용된다. ③ 백일해와 폐렴에도 효과가 있다.

범부채(붓꽃과, Iridaceae)

생 약 명 사간(射干)

학　　명 ***Belamcanda chinensis*** **(L.) De Candolle**

분　　포 전국의 산지에 자라는 다년생 식물로 높이 **60～100cm** 정도 자라며, 근경이 발달되어 있고, 잎은 호생하며 두 줄로 늘어서고 칼 모양이다. 꽃은 여러 송이가 취산화서로 달리며 순차로 피어난다. 꽃잎은 **6**장으로 황적색이며 중심부에 적색 반점이 선명하다.
개화기는 **7～8**월, 결실기는 **9～10**월이다.

효　　능 뿌리줄기를 사간(射干)이라 하여 약재로 이용
① 열을 내리면서 인후염을 치료한다. ② 폐열(肺熱)로 인하여 기침을 하고 천식을 일으키는 증상에 유효하다. ③ 결핵성 림프선염 초기에 해열, 소염작용을 나타낸다.
inhibition of prostaglandin E2 production, antifungal activity, anti-angiogenic and anti-tumor activity, antioxidant activity

성　　분 **shegansu B, iridals, isoflavonoid, belamcandols A and B, belamcandones A-D**

벚나무(장미과, Rosaceae)

생 약 명 야앵화(野櫻花)

학 명 ***Prunus serrulata*** **Lindley var.** ***spontanea*** **(Maxim.) Wilson**

이 명 전국에 분포하고, 산이나 마을 인근에 나는 낙엽 교목 식물로 높이는 **5~8m** 정도 자란다. 나무 껍질은 암자색, 잎은 어긋나며, 난상 또는 난상피침형이다. 털이 없으며 끝이 뾰족하고 길이는 **6~12cm**, 가장자리에는 톱니가 있다. 꽃은 연한 붉은색 또는 흰색이며, 산방화서로 **2~5**송이씩 달린다. 열매는 핵과, 둥근 모양이며, 붉게 물들면서 검은색으로 익는다.
개화기는 **4~5**월, 결실기는 **6~7**월이다.

효 능 열매를 야앵화(野櫻花)라 하여 약재로 이용
① 폐열(肺熱)을 내리므로 해수와 천식에 유효하다. ② 홍역에도 쓰인다.
antioxidative and anticancer activity

성 분 **orobol 7-omicron-glucoside, 1β,2α,3α,24-tetrahydroxy-urs-12-en-28-oic acid, chlorogenic acid, pursargentoside, 2α,3α,24-trihydroxyurs-12-en-28-oic acid-28-*O*-β-D-glucopyranosyl ester, 2α-hydroxyursolic acid, 2α,3α,24-trihydroyurs-12-en-28-oic acid, 2α,3α,19α,24-tetrahydroxyurs- 12-en-28-oic acid-28-*O*-β-D-glucopyranosyl ester**

벼룩나물(석죽과, Caryophyllaceae)

생 약 명 천봉초(天蓬草)

학 명 ***Stellaria alsine*** **Grimm var.** ***undulate*** **(Thunb.) Ohwi**

이 명 전국에 분포하며, 주로 논둑이나 밭에 자라는 2년생 식물로 높이 10~20cm 정도 자란다. 전체에 털이 없고, 밑에서 가지가 많이 나온다. 잎은 대생하며 긴 타원형에 잎자루는 없고 가장자리는 밋밋하다. 꽃은 흰색의 취산화서로 꽃받침은 5장이다.
개화기는 4~5월, 결실기는 6~7월이다.

효 능 지상부를 천봉초(天蓬草)라 하여 약재로 이용
① 감기에 유효하며, 치질에도 효력을 나타낸다. ② 찬 음식을 섭취하고 이질설사를 할 때도 효과가 있다. ③ 타박상으로 어혈(瘀血)이 진 것을 풀어 주기도 한다.

벽오동나무(벽오동과, Sterculiaceae)

생 약 명 종자를 오동자(梧桐子), 잎을 오동엽(梧桐葉), 뿌리를 오동근(梧桐根)

학 명 ***Firmiana simplex*** **(L.) W. F. Wight**

분 포 중국 원산의 낙엽 교목으로 전국에 분포하며, 주로 인가 주변에서 자라는 다년생 식물로 높이 **10~15m** 정도 자란다. 잎은 어긋나며, 길이 **15~25cm** 난형으로 밑은 심장형이고, 끝은 **3~5**갈래로 갈라진다. 가장자리는 톱니가 없고 잎자루가 잎보다 길다. 꽃은 암수한그루의 원추화서를 이룬다.
개화기는 **6~7**월, 결실기는 **9~10**월이다.

효 능 오동자는 불결한 음식을 먹고 일어난 복통 설사에 사용하며, 오동엽은 풍습성으로 인한 사지 동통 마비를 풀어주고, 종기와 악창에도 유효하며 외상 출혈과 고혈압에도 효과가 있다.
antipsychotic effect

성 분 **firmianones A, B, and C, scopoletin, syrigaresinol, aquillochin, nitidanin, tamarixetin 3-rhamnoside, quercitrin.**

복수초(미나리아재비과, **Ranunculaceae**)

생 약 명 복수초(福壽草)

학　　명 ***Adonis amurensis*** **Regel et Radde**

분　　포 전국에 분포하며, 주로 산지에서 자라는 다년생 식물로 높이 **20~40cm** 정도 자란다. 암갈색의 중심뿌리에 수염뿌리가 난다. 줄기가 나와 꽃을 피우고 이후 잎이 발달하여 긴 깃꼴겹잎을 이룬다. 잎 가장자리는 깊은 톱니가 있다. 꽃은 가지 끝에 달리고 꽃잎은 노란색, 꽃받침은 옅은 보라색이다. 개화기는 **3~4**월, 결실기는 **5**월이다.

효　　능 전초를 복수초(福壽草)라 하여 약재로 이용
① 강심 작용이 있고, 유효 성분의 흡수 축적력이 있다. ② 중추 신경을 안정시켜 진통 효과를 나타내므로 신경통에 유효하다. ③ 식물 제제는 이뇨 작용을 보인다.

성　　분 **amurensiosides A-K, fukujusonorone**

복자기나무(단풍나무과, **Aceraceae**)

생 약 명 삼화축

학 명 ***Acer triflorum*** **Komarov**

분 포 전국에 분포하며, 주로 숲 속에 나는 낙엽 교목 식물로 높이 **3~8m** 정도 자란다. 잎은 마주 나고, 표면에는 털이 드물게 있으며, 가을에는 선홍색으로 단풍이 든다. **3**출 겹잎으로 작은 잎은 타원상 도란형 또는 타원상 피침형이다. 끝이 뾰족하고 양쪽의 잎은 일그러진 모양이며, **2~4**개의 큰 톱니가 잎 끝부분에 있다. 꽃은 잡성화로 가지 끝에 **3**송이씩 산방화서로 달린다. 열매는 시과. 강모가 있으며, 딱딱하다.
개화기는 **5~6**월, 결실기는 **9~10**월이다.

효 능 복자기나무의 수액을 삼화축(三花槭)이라 하여 약재로 이용한다. 수액의 효능은 해수와 천식, 가래가 나올 때 신선한 수액을 적당량 섭취한다.

성 분 **methyl gallate, saponin, diarylheptanoid glycoside**

부들(부들과, Typhaceae)

생 약 명 포황(蒲黃)

학 명 ***Typha latifolia*** **Linné**

이 명 전국에 분포하며, 주로 연못이나 강가에 자라는 다년생 식물로 높이 **150 ~200cm** 정도 자란다. 땅속줄기는 옆으로 길게 뻗으며, 줄기는 단단하다. 잎은 연녹색으로 납작하고 밋밋하며, 두껍다. 꽃은 이삭화서가 줄기 끝에 달리고 원기둥 모양이다. 수꽃이삭이 암꽃이삭 위에 달리고 서로 접해 있다.

개화기는 **7~8**월, 결실기는 **10~11**월이다.

효 능 꽃가루를 포황(蒲黃)이라 하여 약재로 이용

① 수렴. 지혈 작용이 있어서 각혈, 토혈, 코피, 소변 출혈, 자궁 출혈에 활용된다. ② 혈액 순환 개선으로 심복부의 동통, 산후의 어혈로 인한 동통, 생리통 등에 쓰인다.

성 분 **stigmasterol, flavonol glucoside,**

(20S)-4α-Methyl-24-methylenecholest-7-en-3β-ol

부용(아욱과, **Malvaceae**)

생 약 명 목부용화(木芙蓉花)

학 명 ***Hibiscus mutabilis*** **Linné**

분 포 중국 원산으로 전국에 분포하며, 낙엽 반관목 식물로 높이 **100~200cm** 정도 자란다. 가지에는 별 모양의 털이 있다. 잎은 호생하며, 둥근 모양이지만 얕게 **3~7**갈래로 갈라지고, 끝이 뾰족하고 밑은 심장형이다. 가장자리에 둔한 톱니가 있다. 꽃은 연한 붉은색으로 윗 부분의 잎 겨드랑이에서 **1**송이씩 달린다. 개화기는 **8~10**월, 결실기는 **10~11**월이다.

효 능 꽃을 목부용화(木芙蓉花), 잎은 목부용엽(木芙蓉葉)이라 하여 약재로 이용 ① 양혈, 해독 작용이 있어 종기의 염증을 가라앉혀 통증을 그치게 하며, 외용으로 환부에 붙이면 즉시 효과가 있다. ② 가벼운 타박상에 이 약물의 가루나 신선한 잎을 환부에 붙여 다스린다.
allergy-preventive effect

성 분 **flavonol glycosides, galactonic acid-binding hexameric lectin, diterpenoid**

부처꽃(부처꽃과, Lythraceae)

생 약 명 천굴채(千屈菜)

학 명 ***Lythrum anceps*** **(Koehne) Makino**

분 포 우리 나라 전역에 분포하며, 주로 산과 들의 반 그늘에서 자라는 다년생 식물로 높이 100cm 정도 자란다. 전체에 털은 거의 없으며 잎은 대생이고 잎자루는 없다. 피침형으로 밑과 끝이 뾰족하다. 꽃은 홍자색으로 잎겨드랑이에 취산화서를 이루고 꽃받침통은 원기둥을 모양이다.
개화기는 5~8월, 결실기는 9월이다.

효 능 지상부를 천굴채(千屈菜)라 하여 약재로 이용
① 청열(淸熱) 살균 작용이 있어서 세균성이질에 효력을 나타낸다. ② 피부궤양에는 가루를 내어 바른다. ③ 자궁 출혈에 지혈 반응을 보인다.

성 분 **lythranine, lythranidine, lythramine**

부처손(부처손과, Selaginellaceae)

생 약 명 권백(卷柏)

학 명 *Selaginella tamariscina* **(P.Beauv.) Spring**

분 포 우리 나라 전역에 분포하며, 산지의 암벽에 나는 상록 다년초 식물로 높이 10 ~ 20cm 정도 자란다. 많은 뿌리가 엉켜 줄기처럼 형성된 끝에서 가지가 사방으로 퍼진다. 가지는 평면으로 갈라지고, 건조할 때는 안쪽으로 말린다. 잎은 4줄로 밀생하고 난형이며, 길이 1.5 ~ 2 cm 정도이다.
포자기는 7 ~ 9월이다.

효 능 부처손을 권백(卷柏)이라 하여 약재로 이용
① 볶아서 쓰면 각종 출혈 증상을 치료하므로 토혈, 대변출혈, 자궁출혈에 유효하다. ② 생것으로 쓰면 혈액순환을 활성화시켜 생리불순에 효과가 있다. ③ 각종 종양에도 치료효과가 나타난다.
antitumor, vasorelaxation, apoptosis, antibacterial, synergistic, antibacterial, synergistic activity

성 분 **amentoflavone, selaginellin, 6-(2-hydroxy-5-carboxyphenyl)-apigenin, 3-(4-hydroxy phenyl)-6,7-dihydroxy coumarin, 3β,16α-dihydroxy-5-α,17-β-cholestan-21-carboxylic acid, 3β-acetoxy-16α-hydroxy-5α,17β-cholestan-21-carboxylic acid, 3β-(3-hydroxybutyroxy)-16α-hydroxy-5α,17β-cholestan-21-carboxylic acid, 1-methoxy-3-methylanthraquinone, isocryptomerin, amentoflavone, hinokiflavone**

붉은병꽃나무(인동과, **Caprifoliaceae**)

학　명　***Weigela florida*** **(Bunge) De Candolle**

분　포　전국에 분포하는 낙엽 관목으로 높이 **1~3m** 정도. 가지에는 **2**줄의 털이 있다. 잎은 호생하며, 타원형 또는 난형으로, 길이 **4~10cm,** 너비 **3~5cm,** 끝이 뾰족하고 가장자리에 톱니가 있다. 꽃은 붉은색으로 줄기의 잎 겨드랑이에 취산화서로 달린다. 화관은 **5**갈래며, 열매는 선형의 삭과며 단단하다. 개화기 **6~9**월, 결실기 **10**월, 관상수로 많이 이용된다.

효　능　**protect cells fromoxidative stress**

성　분　**fraxin, fraxidin methyl ether, prenyletin, methoxsalen, diffratic acid, rutoside, xanthyletin, kuhlmannin**

붉은토끼풀(콩과, Leguminosae)

생 약 명 홍차축초(紅車軸草)

학 명 *Trifolium pratense* Linné

분 포 유럽이 원산이며 우리 나라에 귀화된 식물로 전국에 분포하며, 주로 길가나 풀밭에서 자라는 다년생 식물로 높이 30~70cm 정도 자란다. 줄기는 위로 자라며, 전체에 털이 있다. 뿌리는 직근으로 땅속 깊게 뻗는다. 잎은 어긋나고, 3개로 갈라진 겹잎이며, 작은 잎은 긴 타원형으로 끝이 둥글거나 파인다. 가장자리에는 가는 톱니가 있다. 작은 잎의 가운데 부분에 흰 무늬가 있다. 꽃은 붉은색의 자주색을 띠고 가지나 줄기 끝에 달린다. 개화기는 6~7월, 결실기는 9~10월이다.

효 능 지상부를 홍차축초(紅車軸草)라 하여 약재로 이용
① 해수, 기관지염에 쓰인다.
α-amylase activity, inhibition of angiogenesis and inflammation

성 분 isoflavones

비비추(백합과, **Liliaceae**)

생 약 명 옥잠화(玉簪花)

학 명 ***Hosta longipes*** **(Franch. et Sav.) Matsumura**

분 포 전국에 분포하며, 야생은 주로 산 골짜기에서 자라지만 조경용으로 화단에서 흔히 자라는 다년생 식물로 높이 **30~40cm** 정도 자란다. 땅속줄기는 짧고 단단한 털의 섬유가 남아 있으며, 잎은 모두 근생엽으로 자라고, 심장형 또는 난상의 넓은 타원형이다. 육질은 질기고, 암록색을 띠며, 길이가 **5~15cm** 정도다. 잎자루의 길이는 **20cm** 정도 된다. 꽃대는 곧게 자라고, 꽃은 연한 보라색으로 총상화서를 이룬다. 씨는 검은색으로 납작하다. 개화기는 **7~8**월, 결실기는 **9~10**월이다.

효 능 전초를 옥잠화(옥잠화)라 하여 약재로 이용
① 꽃은 인후염과 열이 있으면서 소변불통 증상에 쓰인다. ② 잎은 종기와 창진, 뱀에 물린데 짓찧어 붙인다. ③ 뿌리는 종기와 림프절염, 인후염에 활용한다

성 분 **gitogenin, gitogenin, tigogenin**

비수리(콩과, Leguminosae)

생 약 명 야관문(夜關門)

학　　명 *Lespedeza cuneata* G. Don

분　　포 전국에 분포하며, 주로 들이나 길가, 야산 등에 흔히 볼 수 있는 다년생 식물로 높이 80~120cm 정도 자란다. 전체에 털이 나고, 줄기는 곧게 선다. 잎은 어긋 나며, 3장의 작은 잎으로 된 겹잎이며, 작은 잎은 보통 긴 타원형 및 피침형으로 끝이 오목하게 들어가고, 길이는 1~3cm 정도. 가장자리는 밋밋하다. 꽃은 황백색으로 잎 겨드랑이에 모여 달리고, 기판 가운데에 자주색 줄이 있다. 개화기는 8~9월, 결실기는 9~10월이다.

효　　능 지상부를 야관문(夜關門)이라 하여 약재로 이용
① 간신(肝腎)의 기능을 보(補)해 주므로 유정(遺精), 유뇨(遺尿)와 소변 색깔이 흰빛인 것을 치료하고, 여자의 백대하에 쓰인다. ② 폐음을 강화시키므로 해수, 천식에 유효하다. ③ 유방염과 종기에도 활용되며, 시력 강화 작용도 있다.

성　　분 6,8,3',4'-tetrahydroxy-2'-methoxy-7-methylisoflavanone, 6,8,3',4'-tetrahydroxy-2'-methoxy-6'-(1,1-dimethylallyl)-isoflavone, betulinic acid, hexacosanoic acid 2, 3-dihydroxy-propylester

빈카(협죽도과, Apocynaceae)

생 약 명 소만장춘화(小蔓長春花)

학 명 *Vinca major* Linné

분 포 전국에 분포하며, 프랑스, 남부 유럽, 북아프리카 원산의 덩굴성 상록 다년생 식물이다. 꽃이 피는 줄기는 길이 20~40cm 정도 자라며, 꽃이 피지 않은 줄기는 길이 40~100cm 정도 자란다. 잎은 줄기의 마디에서 마주 나며, 잎자루가 짧고 난형, 긴 심장형 또는 도란형으로 끝이 뾰족하다. 보라색의 꽃은 곧게 선 줄기 상부의 잎 겨드랑이에서 1송이씩 핀다. 개화기는 3~7월이다.

효 능 잎과 줄기를 소만장춘화(小蔓長春花)라 하여 약재로 이용
뇌 혈관의 혈액 순환과 대사를 활성화 시키므로 중풍 예방에 효과가 있다.
anti-tumour activity

성 분 lochvinerine, majvinine, 1-methoxytetrahydroalstonine

뻐꾹채(국화과, Compositae)

생 약 명 누로(漏蘆)

학 명 *Rhaponticum uniflorum* DC.

분 포 전국에 분포하며, 산이나 들의 건조한 양지에 자라는 다년생 식물이다. 높이는 100cm 정도 자란다. 전체에 솜털이 밀생하고 가지는 없다. 잎은 긴 타원형을 이루지만 깃 모양으로 6~8쌍이 깊게 갈라지며, 서로 떨어져 있고 가장자리는 거친 톱니가 있다. 꽃은 두상화서의 홍자색으로 줄기 끝에 1개씩 달린다. 개화기는 6~9월, 결실기는 9~10월이다.

효 능 뿌리를 누로(漏蘆)라 하여 약재로 이용
① 열독(熱毒)으로 인한 종기와 창양에 소염, 진통, 해열 작용을 나타낸다. ② 소염, 배농 작용이 있어서 유방염 초기 증상에 포공영과 같이 쓰고, 유즙 분비 촉진작용이 있어서 유즙 분비부족에 활용된다. ③ 지혈 효과가 있어서 코피, 소변출혈, 치질출혈에 유효하다.
PPARgamma antagonist

성 분 **3-oxo-19α-hydroxyurs-12-en-28-oic acid, pomolic acid, arjunic acid, tormentic acid, 2β,3β,11α,14α,20xi,22xi-hexahydroxy-stigma-7,24(28)-dien-6-oxo-28,25-carbolactone, 7-chloroarctinone-b**

뽀리뱅이(국화과, Compositae)

생 약 명 황암채(黃鵪菜)

학　　명 ***Youngia denticulate*** **(Houtt.) Kitamura**

분　　포 전국에 분포하며, 주로 길가나 경작지주변에서 자라는 2년생 식물로 높이 20 ~100cm 정도 자란다. 전체에 가는 털이 있고, 근생엽은 밀생하며 로제트형으로 퍼진다. 양 면에 털이 있고 밑은 좁아지며, 가장 자리는 깃 모양이다. 끝의 갈래는 삼각상 난형이고 가장자리에 불규칙한 톱니가 있다. 경생엽은 위로 갈수록 작아진다. 꽃은 노란색이며, 줄기나 가지 끝에 산방상 원추화서를 이룬다. 개화기는 5~6월, 결실기는 6월이다.

효　　능 전초를 황암채(黃鵪菜)이라 하여 약재로 이용
① 감기로 인해 열이 나고, 인후염이 있을 때 쓴다. ② 소종(消腫)작용이 있어서 유선염, 결막염, 종기에 활용된다. ③ 간경화로 복수(腹水)가 찼을 때 효력을 나타낸다. 그 외 요로감염증과 백대하, 풍습성 관절염에도 간접적인 효과가 있다.

성　　분 **sesquiterpene glycosides, triterpenoids**

사철나무(노박덩굴과, 화살나무과, Celastraceae)

생 약 명 조경초(調經草), 화두충(和杜沖)

학 명 *Euonymus japonicus* Thunb.

분 포 우리 나라 중부 이남의 산기슭 및 인가 부근에서 재배하는 상록관목으로 키는 3m 정도 자라며, 잎은 대생이며 표면은 가죽질로 타원형이다. 길이는 3~7cm 정도, 표면은 짙은 녹색으로 광택이 나며 가장자리에 무딘 톱니가 있고 잎자루가 짧다. 꽃은 4수성, 푸른색을 띤 흰색으로 6~7월에 핀다.

효 능 뿌리와 줄기 껍질을 사용
① 부인의 생리불순, 생리통에 이 약물 40g을 물에 넣고 달여서 복용하면 유효하다. ② 줄기 껍질은 두충대용 보양약으로도 사용한다

성 분 ejaponine A, ejaponine B, dulcitol

산괴불주머니(양귀비과, **Papaveraceae**)

생 약 명 황근(黃菫)

학　　명 ***Corydalis speciosa*** **Maximowicz**

분　　포 한국 전역에 분포하며, 산지의 습한 곳에서 나는 2년초 식물로 높이 40~70m 정도 자란다. 줄기는 곧게 서고, 속은 비어있다. 잎은 어긋나며, 2회 깃 꼴겹잎으로 길이 10~20cm, 갈래는 난상, 최종 갈래는 선상의 긴 타원형이며, 끝이 뾰족하다. 꽃은 노란색의 총상화서, 열매는 삭과.
개화기는 4~6월, 결실기는 7~9월이다.

효　　능 지상부를 황근(黃菫)이라 하여 약재로 이용
① 옴이나 버짐, 종기에 이용한다. ② 이질과 복통에도 내복한다. ③ 뱀 등의 독충에 물린 데 짓찧어 환부에 붙인다. ④ 폐결핵으로 인한 각혈을 그치게 한다.
acetylcholinesterase inhibitor

성　　분 **corynoxidine, protopine, palmatine, berberine**

산국(국화과, **Compositae**)

생 약 명 야국화(野菊花)

학 명 ***Chrysanthemum boreale*** **(Mak.) Makino**

분 포 우리 나라 전역에 분포하며, 주로 산지에서 나는 다년생 식물로 높이 **1~1.5m** 정도 자란다. 들국화의 일종으로 가지가 많이 갈라진다. 잎은 어긋나며, 타원상 난형이다. 깃 모양으로 감국보다 더 깊이 갈라지고 톱니가 있다. 꽃은 노란색으로 지름이 **1cm**내외다. 두상화서는 줄기나 가지 끝에 산방상으로 달린다. 개화기는 **9~10**월, 결실기는 **10~11**월이다.

효 능 꽃 봉우리를 야국화(野菊花)라 하여 약재로 이용
① 혈열 (血熱)로 인한 종기, 인후염에 내복하거나 외용한다. ② 눈이 충혈되었을 때도 이용한다. ③ 고혈압에도 쓰인다
cytotoxic activity, antibacterial activity, apoptosis inhibitor

성 분 **8-acetoxy-4,10-dihydroxy-2,11(13)-guaiadiene-12,6-olide, 8-acetoxy-2-methoxy-10-hydroxy-3,11(13)-guaiaden-12,6-olide, 8,10-diacetoxy-2-methoxy-3,11(13)-guaiadiene-12,6-olide, 8-*O*-acetyl-3, 10-dihydroxy-4(15),11(13)-guaiadien-12,6-olide, cumambrin B, cis-chrysanthenol, 1,8-cineole, α-pinene, caryophyllene, α-thujone**

산복사(장미과, **Rosaceae**)

생 약 명 도인(桃仁)

학 명 ***Prunus davidiana*** **(Carr.) Franchet**

분 포 전국에 분포하며, 주로 산기슭이나 산골짜기 또는 마을 주변에 나는 낙엽 소교목식물로 높이 4 ~ 6m 정도 자란다. 잎은 어긋나며 좁은 난상 피침형으로 끝이 뾰족하다. 길이는7 ~ 14cm 정도, 가장자리에 가는 톱니가 있다. 꽃은 연한 붉은색으로 잎보다 먼저 피고, 꽃자루는 짧다. 열매는 핵과, 둥글고 잔털이 많으며, 연한 노란색으로 익는다.
개화기는 4 ~ 5월, 결실기는 7 ~ 8월이다.

효 능 열매의 종자를 도인(桃仁)이라 하여 약재로 이용하며, 가지도 이용
① 어혈로 인한 하복통, 월경폐색, 월경불순 등에 활용된다. ② 타박상에도 응용된다. ③ 변비에 유효하고, 피부가려움증에도 유효하다. ④ 가지는 복부통증을 완화시킨다.
antioxidant activity, improvement of hyperglycemia and hyperlipemia

성 분 **populosides A-C, populoside, grandidentatin, salireposide, coumaroyl-β-D-glucoside**

산비장이(국화과, Compositae)

학　　명 ***Serratula coronata*** **Linné ssp.** ***Insularis*** **Kitamura**

분　　포 전국에 분포하며, 주로 산지에서 자라는 다년생 식물로 높이 **50~150cm** 정도 자란다. 근생엽은 난상의 긴 타원형으로 끝이 뾰족하고, **6~7**쌍의 깃 모양으로 완전히 갈라지며, 가장자리에는 불규칙한 톱니 모양이다. 표면은 녹색이며, 뒷면은 회색으로 양면에 흰 털이 있다. 꽃은 연한 홍자색으로 줄기나 가지 끝에 두상화로 달리고, 지름은 **3~4cm**다. 총포는 종 모양이며, 황록색이다. 개화기는 **8~9**월, 결실기는 **9~10**월이다.

효　　능 산비장이의 어린 순을 식용으로는 이용하지만, 지상부나 뿌리 등을 약재로 사용한 기록은 없다.
antimicrobial activity, antioxidant activity

성　　분 **α-ecdysone, polypodine B, integristerone, pterosterone, ecdysterone, ajugasterone C, viticosterone E, 2-desoxyecdysterone, polypodine B, integristerone, 26-hydroxyecdysterone**

삼백초(삼백초과, Saururaceae)

생 약 명 삼백초(三白草)

학 명 ***Saururus chinensis*** **Baillon**

분 포 전국에 분포하며, 주로 습지에서 잘 자라는 다년생 식물로 높이 50~100cm 정도 자란다. 뿌리줄기는 흰색으로 옆으로 뻗으며 자란다. 잎은 어긋나며, 긴 난상 타원형으로 끝이 뾰족하고 가장자리는 밋밋하다. 표면은 연한 녹색, 윗부분에 달린 2~3장은 흰색이다. 꽃은 흰색으로 이삭화서, 열매는 둥근모양이다. 개화기는 6~8월, 결실기는 8~10월이다.

효 능 지상부를 삼백초(三白草)라 하여 약재로 이용
① 전신이 붓고 소변이 잘 나오지 않을 때 쓰인다. ② 황달에도 유효하다. ③ 종기와 악창에 짓찧어 붙인다. ④ 부인의 백대하에도 활용된다.
HIV-1 protease and cytopathic effect inhibitory, human ACAT-1 and -2 inhibitory activity, antifibrotic activity, cardiovascular effect

성 분 **lignan, sesquilignans, dilignans, saucerneol A-E, manassantin A and B, sauchinone**

삼잎국화(국화과, Compositae)

학　　명 ***Rudbeckia laciniata*** **L.**

분　　포 북아메리카 원산으로 다년생 식물이다. 산기슭의 풀밭이나 강가, 철도변 등에서 무리로 자라며 울타리 등의 조경으로 사용되기도 한다. 줄기의 높이는 **1m**내외로 잎의 겨드랑이에서 곁가지가 갈라지며 전체에 털이 있다. 잎은 중맥이 뚜렸하며 좌우에도 선이 하나씩 더 있고 불규칙한 톱니가 있다. 지름 **6~7cm**의 꽃이 위를 향해 달리나 두화 둘레의 설상화가 뒤로 젖히므로 화상이 튀어 나온 것 같이 보인다. 개화기는 **5~ 7**월이다.

성　　분 **tricyclic sesquiterpenes, prelacinan-7-ol**

삼지구엽초(매자나무과, **Berberidaceae**)

생 약 명 음양곽(淫羊藿)

학　　명 ***Epimedium koreanum*** **Nakai**

분　　포 우리 나라 중부 이북에 분포하며, 주로 숲의 그늘진 곳에서 자라는 다년생 식물로 높이 30 ~ 50cm 정도 자란다. 가지에 털이 있다. 뿌리줄기는 단단하고 옆으로 번식하며, 잔뿌리가 많다. 근생엽은 잎자루가 길고, 경생엽은 약간 짧다. 잎은 대부분 2회 3출겹잎으로 난형이며, 끝은 뾰족하고, 밑은 심장형이며, 가장자리에는 가시모양의 톱니가 있다. 꽃은 유백색의 겹총상화서로 성기게 붙고 아래를 향해 달리며, 꽃자루가 길다.
개화기는 5 ~ 6월, 결실기는 8 ~ 9월이다.

효　　능 지상부를 음양곽(淫羊藿)이라 하여 약재로 이용
① 신양(腎陽) 이 허약해서 나타나는 발기부전, 유정, 허리, 무릎연약 및 무력증과 여성의 자궁냉증으로 임신이 안 되는 증상을 다스린다. ② 풍한습이 침입해서 일어나는 사지냉증, 피부마비, 구안와사, 반신불수에도 활용된다.

성　　분 **prenyl flavonoid glycoside, phenolic acids, breviflavone, 5-hydroxyl-4'-methoxy-8-(γ-hydroxyl-γ,γ-dimethyl)-propyl-3-*O*-α-L-rhamnopyranosyl-flavonol-7-*O*-β-D-glucopyranoside, 5-hydroxyl-4'-methoxy-8-(g-methoxy-γ,γ-dimethyl)-propyl-3-*O*-β-D-gluco-pyranosyl(1→3)-α-L-rhamnopyranosyl-flavonol-7-*O*-β-D-glucopyranoside**

새깃유홍초(메꽃과, Convolvulaceae)

학 명 ***Quamoclit pennata*** **Bojer**

분 포 남아메리카 원산의 귀화 식물로 전국에 분포하며, 주로 인가 주변에서 관상용으로 자라는 일년생 덩굴성 식물이다. 덩굴줄기는 오른쪽으로 감아 올라간다. 잎은 어긋나고, 잎의 모양은 난형 또는 심장난형이지만, 깃 모양으로 깊이 갈라져 빗살 모양이다. 1 ~ 2cm 정도 되는 잎자루가 있고, 잎 겨드랑이에는 턱잎이 감싸고 있다. 꽃은 붉은색으로 마디에서 1 ~ 3개씩 꽃자루가 생기고, 작은 나팔꽃 모양의 꽃이 순차적으로 핀다.
개화기는 6 ~ 9월, 결실기는 8 ~ 10월이다.

효 능 새깃유홍초의 지상부, 뿌리 또는 종자를 약재로 사용한 기록이 없다

성 분 **quamoclins I-IV, jalapin, convolvulin, glycosidic acids, quamoclinic acids B, C, D, E, and F, isobutyric acid, 2S-methylbutyric acid, tiglic acid, 2R,3R-nilic acid, 7S-hydroxydecanoic acid, 7S-hydroxydodecanoic acid**

생강(생강과, Zingiberaceae)

생 약 명 건강(乾薑)

학 명 *Zingiber officinale* Roscoe

분 포 우리 나라 중부 이남에 분포하며, 주로 식용 및 약용으로 재배되는 열대 아시아원산의 다년생 식물로 높이 40 ~ 60cm 정도 자란다. 근경은 다육질의 불규칙한 모양으로 비대하고, 연한 노란색에 가까우며, 매운맛과 생강 특유의 냄새가 난다. 잎은 단자엽으로 원줄기 속에서 새 잎이 나와 어긋나며, 긴 타원형으로 끝은 뾰족하고, 밑은 짧은 잎자루와 긴 엽초가 있다. 꽃은 담황색의 이삭화서며, 조밀하고, 길이가 7cm가량 된다. 개화기는 8 ~ 9월, 결실기는 10 ~ 11월이다.

효 능 뿌리줄기를 건강(乾薑)이라 하여 약재로 이용
① 위액 분비 촉진과 장관의 연동 작용을 활성 시키므로 소화를 돕고 구토를 가라앉히는 효과를 나타낸다. ② 심장 흥분 작용이 있어서 혈압을 상승시킴과 동시에 혈액 순환을 촉진 시킨다. ③ 항염증 작용 및 진통 작용이 있다.
immunomodulatory activity

성 분 **gingerol, shogaol, zingiberene, camphene, phellandrene, zingiberene, geranial, β-gurjunene, citronellol β-sesguiphellandrene, stemphol, indole-3-carboxylic acid, kojic acid**

서리화백(측백나무과, Cupressaceae)

학　명 ***Chamaecyparis pifera* Squarrosa**

분　포 우리 나라 중부 이남에 분포하는 상록성 침엽 교목으로, 주로 조경 및 정원수로 이용하는 다년생 식물로 높이 **40 ~ 10m** 정도 자란다. 잎은 침엽이며, 교호대생으로 달리고, 앞면은 녹색, 뒷면은 은빛을 띠는 회색이다. 꽃은 단성화로 **4**월에 개화하며, 자웅동주이다. 수꽃은 황갈색의 구형이며, 암꽃은 자갈색의 구형이다. 열매는 장과와 비슷한 구과로 성숙되며, 실편은 **8**개의 흑자색으로 구형이며, 종자에 날개는 없다.
개화기는 **4 ~ 5**월, 결실기는 **9 ~ 10**월이다.

효　능 서리화백을 약용으로 이용한 기록은 없다.
chitin synthase 2 inhibitory activity, mite growth regulator

성　분 **O-methyl pisiferic acid, pisiferdiol, 8,20-dihydroxy-9(11),13-abietadien-12-one, oplopanonyl acetate, Decarboxylated ascorbigens**

서양민들레(국화과, Compositae)

생 약 명 포공영(蒲公英)

학 명 *Taraxacum officinale* Weber

분 포 유럽 원산으로 한국에 귀화되어 전국에 분포하며, 주로 들이나 길가 등에 흔히 볼 수 있는 다년생 식물로 높이 10~20cm 정도 자란다. 잎은 밑동에서 여러 개가 나와 옆으로 퍼지고, 깃 모양으로 깊이 갈라진다. 양면에 털이 없으며, 갈래의 끝은 밑을 향한다. 잎을 자르면 흰 유액이 나오고, 맛은 쓰다. 꽃은 노란색의 두상화서로 지름2~5cm 정도.
개화기는 3~5월, 결실기는 5~6월이다.

효 능 지상부를 포공영(蒲公英)이라 하여 약재로 이용
① 담즙 분비작용 및 간 기능 보호작용, 이뇨작용이 있다. ② 림프 세포의 모세포를 증강시키므로 신체의 면역 기능을 강화시킨다. ③ 소화불량과 습관성 변비에도 유효하다.

성 분 lutein epoxide, sesquiterpene glucosides, flavonoids, cinnamic acids, coumarins, taraxacoside, glucofructans

석잠풀(꿀풀과, **Labiatae**)

생 약 명 초석잠(草石蠶)

학 명 ***Stachys japonica*** **Miq.**

분 포 전국에 걸쳐 분포하며 산이나 들의 다소 습한 곳에서 자라는 다년생 식물이다. 줄기는 곧게 서고 높이는 **40~90cm**까지 자라며, 네모지고 모서리를 따라 밑을 향한 미세한 털이 있다. 잎은 대생이며, 길이가**4~8cm**로 가장자리에 얕은 톱니가 있으며 폭은 약 **2cm**이다. 꽃은 연한 자주색이며, 상부의 잎 겨드랑이마다 층층으로 여러 개가 둘러난다. 화관의 길이는 **12~15mm**로 상, 하로 갈라지며 짙은 반점이 있다. 열매는 꽃받침 속에 **3~4**개씩 들어 있고 꽃은 **6~7**월에 핀다.

효 능 약용부위는 전초를 사용하며 이뇨 작용이 있고, 개구리의 심장 수축을 완만하게 한다.
anti-allergic effect

섬초롱꽃(초롱꽃과, Campanulaceae)

생 약 명 자반풍령초(紫斑風鈴草)

학 명 ***Campanula punctata*** **Lamarck var.** ***takesimana*** **(Nak.) Y. Lee**

분 포 우리 나라 울릉도 특산이며, 해안 지대의 풀밭이나 산야에서 자라는 다년생 식물로 높이 **50~80cm** 정도 자란다. 전체에 털이 있다. 잎은 광택이 있고, 근생엽은 잎자루가 길고, 난상 심장형으로 날개가 있다. 경생엽은 잎자루가 없고, 밑이 줄기를 감싸듯 하며, 넓은 난형, 난상 긴 타원형으로 가장자리에 거친 톱니가 있다. 꽃은 엷은 자주색 또는 흰색으로 초롱꽃과 닮았으나 초롱꽃보다 크며, 줄기 위 잎 겨드랑이에 여러 송이가 총상화서를 이루고, 아래로 향하여 꽃을 피운다.
개화기는 **6 ~9**월, 결실기는 **8 ~10**월이다.

효 능 지상부를 자반풍령초(紫斑風鈴草)라 하여 약재
① 청열 (淸熱), 해독(解毒), 지통의 효능이 있고, 인후염과 두통을 치료한다. ② 해산 초진제로도 쓰인다.

성 분 **carbohydrates, flavonoids**

소리쟁이(마디풀과, Polygonaceae)

생 약 명　우이대황(牛耳大黃)

학　　명　***Rumex japonicus*** **Linné**

분　　포　전국에 분포하며, 주로 습지나 물가에서 자라는 다년생 식물로 높이 **40~100cm** 정도 자란다. 뿌리는 비대하고 잎은 어긋나며, **15~30cm** 정도의 타원형이다. 가장자리는 물결모양의 굴곡과 가는 톱니가 있다. 경생엽의 잎자루가 근생엽보다 짧다. 꽃은 줄기나 가지 끝에 원추화서로 달린다.
개화기는 **6~7**월, 결실기는 **8~9**월이다.

효　　능　뿌리를 우이대황(牛耳大黃)이라 하여 약재로 이용
① 급성간염에 유효하다. ② 만성기관지염에도 효력을 나타낸다. ③ 지혈작용이 있어서 토혈, 자궁출혈, 혈소판 감소성자반 등에 활용되고 변비에도 효과가 있다.
advanced glycation end products (AGEs) and rat lens aldose reductase (RLAR) inhibitory activity, antioxidant and antibacterial activity

성　　분　**oxanthrone C-glycosides, epoxynaphthoquinol, anthraquinone, trachrysone, 2-methoxystypandrone**

쇠무릎(비름과, Amaranthaceae)

생 약 명 우슬(牛膝)

학 명 *Achyranthes japonica* (Miq.) Nakai

분 포 전국에 분포하며, 산이나 들에 나는 다년생 높이 50~100cm 정도 자란다. 원줄기는 네모지고, 곧게 서며, 마디가 두드러지게 굵다. 잎은 마주나고, 긴 타원형, 타원형 또는 도란형이다. 길이 10~20cm, 털이 약간 있다. 꽃은 원줄기 끝이나 잎 겨드랑이에서 이삭화서로 달리고, 꽃이 진 후 밑으로 굽는다.

개화기는 5~6월, 결실기는 9~10월이다.

효 능 뿌리를 우슬(牛膝)이라 하여 약재로 이용

① 어혈을 제거하는 힘이 강하다. ② 풍습성관절염, 류머티스성관절염, 퇴행성관절염을 치료한다. ③ 이뇨작용과 혈당 강하 작용이 있다. ④ 간기능 개선과 콜레스테롤 강하 작용이 나타난다.

antifungal activity

성 분 ecdysteroid, 20-hydroxyecdysone

실새삼(메꽃과, Convolvulaceae)

생 약 명 토사자(菟絲子)

학 명 *Cuscuta australis* R. Brown

분 포 전국에 분포하며, 주로 들이나 밭둑, 콩밭에 기생하는 덩굴성 일년생 식물로 길이 50~100cm 정도 자란다. 잎은 호생하며, 비늘 모양으로 전체에 털이 없고 노란색을 띤다. 꽃은 흰색으로 가지에 조밀하게 모여 취산화서나 총상화서를 이루고, 꽃자루는 짧다.
개화기는 7~8월, 결실기는 9~10월이다.

효 능 성숙한 종자를 토사자(菟絲子)라 하여 약재로 이용
① 정혈(精血)이 고갈되어 시력이 떨어지고 물체가 흐릿하게 보이는 증상을 다스린다. ② 소갈증에 단방으로 달여서 복용하거나 환으로 만들어 이용한다. ③ 여성의 백대하에 유효하다.
inhibitory effects on melanin biosynthesis and tyrosinase activity, antioxidant activity

성 분 **australiside A, thymidine, caffeic acid, *p*-coumaric acid, caffeic-beta-D-glucoside**

실유카(용설란과, **Agavaceae**)

생 약 명 봉미란(鳳尾蘭)

학　　명 ***Yucca smalliana*** **Fernald**

분　　포 전국에 분포하며, 주로 조경 및 관상용으로 재배되는 북아메리카 원산의 상록성 다년생 식물로 높이 **30~100cm** 정도 자란다. 잎은 밑동에서 밀생하여 사방으로 뻗고, 너비가 **2~4cm** 정도 되며, 청록색의 창 모양으로 가죽질이다. 잎 가장자리에서 실 모양으로 섬유질이 떨어진다. 꽃은 흰색으로 원추화서를 이루고, 밑을 향해 달린다. 개화기는 **6~7**월이다.

효　　능 꽃을 봉미란(鳳尾蘭)이라 하여 약재로 이용
기관지 천식으로 기침을 많이 하고 가래가 나오며 호흡이 가쁜 증상에 진해 작용과 천식을 가라앉히는 효과를 나타낸다.
antifungal activity, antioxidative activity, antimicrobial activity

성　　분 **steroidal saponin, yuccalan, 3-*O*-β-D-glucopyranosyl-(1→6)-β-D-glucopyranosyl-(3β,5α,6α,25S)-spirostan-3,6,27-triol**

쑥방망이(국화과, Compositae)

생 약 명 참룡초(斬龍草)

학 명 ***Senecio argunensis*** **Turczaninov**

분 포 전국에 분포하며, 주로 산지에서 자라는 다년생 식물로 높이 80~120cm 정도 자란다. 전체에 털이 없고, 줄기는 곧게 자란다. 잎은 어긋나며, 1~2회 깃 모양으로 갈라지고, 갈래는 피침형으로 끝이 뾰족하거나 뭉뚝하며, 줄기의 위부분은 여러 갈래로 갈라진다. 꽃은 줄기나 가지 끝에 노란색으로 두상화서를 이루고, 산방상으로 늘어선다.
개화기는 7~9월, 결실기는 9~10월이다.

효 능 뿌리와 지상부를 참룡초(斬龍草)라 하여 약재로 이용
① 이질에 치료 반응을 보인다. ② 결핵성림프선염, 인후염, 급성결막염에 소염 작용을 나타낸다. ③ 피부염과 습진, 종기 등에 널리 활용된다.

성 분 **cyclohexanone derivatives, monoterpene and tetrahydronaphthene derivatives, flavonoid alkaloids, pyrrolizidine alkaloids**

아주까리(대극과, Euphorbiaceae)

생 약 명 피마자(蓖麻子)

학 명 *Ricinus communis* Linné

분 포 인도, 소아시아와 북아프리카 원산이며, 우리나라에서는 일년생 식물로 전국에 분포하며, 높이 150~200cm 정도 자란다. 줄기는 원기둥, 잎은 어긋나며 잎자루가 길고 손바닥 모양으로 5~10갈래로 갈라진다. 끝은 뾰족하고 가장자리는 톱니가 있다. 꽃은 암수한그루며 연한노란색과 붉은색으로 원줄기 끝에 총상화서로 달린다. 열매는 삭과로 겉에는 가시가 나고 3실에 각각 1개씩 들어 있다.
개화기는 8~9월, 결실기는 10월이다.

효 능 종자를 피마자, 잎을 피마엽, 뿌리는 피마근이라 하여 약재로 이용
① 종기 초기, 옴, 버짐, 악창, 경부림프절염에 짓찧어 환부에 붙인다. ② 변비에는 효력이 신속하나 독성이 강하다. ③ 중풍으로 인한 구안와사, 반신불수에 활용된다. 피마엽은 각기, 고환염, 해수, 천식에 유효하며, 어린잎은 식용한다. 피마근은 파상풍, 타박상에 쓰인다.

성 분 ricinine, anthocyanin, ricin, alkaloids, flavonoids

안개나무(옻나무과, **Anacardiaceae**)

학　명 ***Cotinus coggygria*** **Scop.**

분　포 중앙아시아 및 중국 원산으로 전국에 분포하며, 주로 관상용 및 조경수로 식재되는 낙엽 관목 식물로 높이 **4~6m** 정도 자란다. 나무 껍질은 조각조각 갈라진다. 잎은 원형 또는 타원형으로 어긋나면서 가지 끝에 돌려난다. 잎자루가 길고, 중맥이 뚜렷하며, 밑은 둥글고 가장자리에는 톱니가 없다. 꽃은 자주빛으로 가지 끝에서 **15~25cm** 정도 뭉게뭉게 안개처럼 원추화서로 피며, 점차 흰빛으로 변한다. 열매는 **3~4mm** 정도로 신장형. 개화기는 **5~7**월, 결실기는 **9~10**월이다.

효　능 안개나무의 뿌리나 가지, 잎을 약재로 사용한 기록은 없다.
cytotoxic and antioxidative activity

성　분 **anthocyanins, butin, gallic acid and its methylester, catechin, profisetinidins, fisetinidol-(4alpha→8)-(+)-catechin, epifisetinidol-(4beta→8)-(+)-catechin, fustin, dihydroquercetagetin, eriodictyol, fisetin, quercetin, butein, sulfuretin, sulfurein, pentagalloyl glucose**

애기똥풀(양귀비과, Papaveraceae)

생 약 명　백굴채(酸漿)

학　　명　***Chelidonium majus*** **Linné var.** ***asiaticum*** **(Hara) Ohwi**

분　　포　전국에 분포하며, 주로 인가 주변에서 자라는 **2**년생 식물로 높이 **40~60cm** 정도 자란다. 줄기는 연하고 곧게 서며, 길고 연한 털이 있다. 절단면에서 등황색의 유액을 함유하고 있다. 잎은 어긋나며, 잎자루가 있고, 끝은 깃 모양으로 가장자리에 둔한 톱니가 있다. 꽃은 노란색의 산형화서로 잎 겨드랑이에서 나오며, 꽃잎은 **4**장의 난형이다.
개화기는 **5~6**월, 결실기는 **8~9**월이다.

효　　능　지상부를 백굴채(白屈菜)라 하여 약재로 이용
① 급·만성우장염, 위 십이지장 궤양, 담낭염으로 인한 복부동통, 이질 증상을 완화시키다. ② 황달형 간염, 피부궤양, 결핵, 옴, 버짐 등에 쓰인다. ③ 풍습성 사지마비 동통을 치료한다.
acetylcholinesterase inhibitory activity, immunomodulatory activity, anti-spasmodic and relaxant activity

성　　분　**8-hydroxydihydrochelerythrine, 8-hydroxydihydrosanguinarine, chelidonine, protopine, coptisine, chelidocystatin, coptisine, (+)-caffeoylmalic acid, (+)-norchelidonine**

애기수영(마디풀과, 여뀌과, **Polygonaceae**)

생 약 명 소산모(小酸模)

학　　명 ***Rumex acetosella*** **L.**

분　　포 유럽이 원산으로 우리나라 전국의 들이나 길가에 자라는 다년생 식물로서 높이가 **20~50cm**로 자라며, 털이 없고 원줄기가 곧게 서며 적자색 잎과 함께 신맛이 난다. 잎은 창모양으로 좌우에 귓불같이 퍼지고 톱니는 없다. 근생엽은 밀생하며, 경생엽은 호생한다. 암.수의 그루가 다르다. 수꽃은 지름이 **3mm** 정도이며 꽃받침 조각과 수술이 각각 **6**개이다. 암꽃은 수꽃보다 작고 꽃받침조각 **6**개와 암술 **1**개이며, 암술대는 **3**개로 갈라진다. 꽃은 **5~6**월에 핀다.

효　　능 전초를 사용
① 최근 항암치료에 사용한다. ② 폐결핵의 각혈에 지혈 반응을 나타낸다. ③ 종기에 짓찧어 환부에 붙인다.

야콘(국화과, Compositae)

학 명 ***Polymnia sonchifoliaiola***

분 포 남아메리카 원산의 다년생 귀화식물로 전국에 중.소규모 영농작물로 분포하며, 높이 1.2~2.0m 정도 자란다. 땅속 덩이뿌리는 고구마와 비슷한 모양이고, 지상부는 뚱딴지와 비슷한 모양이다. 줄기는 녹색 또는 자주색을 띠고 원통모양으로 약간 각이 있고 털이 많다. 원줄기 밑에서 마디가 많으며, 가지가 발생하고 지표면의 뿌리줄기 눈에서 부정근이 발생한다. 개화기는 9월말 노란색 꽃이 피지만 열매는 잘 맺지 못한다.

효 능 야콘의 덩이뿌리를 식용으로 이용하며, 약용으로는 이용하지 않는다. ① 덩이뿌리의 맛은 고구마와 배의 중간 정도로 달고 시원하며 수분이 많다. ② 주성분은 프락토올리고당, 인슐린, 폴리페놀, 알카리성 식이섬유 등이 있다.
anti-inflammatory and anti-hyperalgesic effects

성 분 **sesquiterpene lactone, alkaloids**

약모밀(백초과, Sauruaceae)

생 약 명 어성초(魚腥草)

학 명 ***Houttuynia cordata*** **Thunberg**

분 포 우리 나라 남부 지방으로 귀화하여 야생 상태로 나는 다년초 식물로 높이 **30~50cm** 정도 자라다. 식물 전체에서 냄새가 나고, 땅속 줄기는 흰색이다. 줄기는 곧게 서고, 잎은 어긋나며, 심장형이다. 잎자루가 있고 가장자리는 밋밋하다. 꽃은 흰색으로 이삭화서, 꽃잎은 **4**장, 열매는 삭과. 개화기는 **5~6**월, 결실기는 **8~9**월이다.

효 능 지상부를 어성초(魚腥草)라 하여 약재로 이용
① 열을 내리면서 염증을 배출하는 작용이 있어 폐농양에 효과가 있다. ② 폐렴과 급만성기관지염에 신속한 효과를 보인다. ③ 열로 인한 종기에 짓찧어 붙이고, 차로 달여서 복용한다.
antilipid peroxidative effect, DNA topoisomerase I inhibition effect, antiviral activity

성 분 **quercitrin, aristolactams, caffeic acid, houttuynoside A, houttuynamide A, chlorogenic methylester, (*E*)-4-hydroxy-4-[3'-(β-D-glucopyrnosyloxy)butylidene]-3,5,5-trimethyl-2-cyclohexen-1-one, 2-(3,4-dihydroxyphenyl)ethyl-β-D-glucopyranoside, *p*-hydroxyphenethyl-β-D-glucoside, 4-(β-D-glucopyranosyloxy)-3-hydroxy-benzoic acid**

양지꽃(장미과, **Rosaceae**)

생 약 명 치자연(雉子筵)

학 명 ***Potentilla fragarioides*** **Linné var.** ***major*** **Maximowicz**

분 포 우리 나라 산지나 들에 나는 다년생 식물로 전국에 분포하며, 높이 20~40cm 정도 자란다. 전체에 털이 있고 근생엽은 총생하고 잎자루가 길다. 깃꼴겹잎이며, 난형 또는 타원형으로 가장자리는거친 톱니가 있다. 꽃은 노란색, 꽃잎은 5장이다. 개화기는 4~6월, 결실기는 6~7월이다.

효 능 지상부를 치자연(雉子筵)이라 하여 약재로 이용
① 위장의 소화력을 높인다. ② 산증(疝症)을 칠한다. ③ 치자연근은 부인과 출혈, 폐결핵으로 인한 각혈 등 각종 출혈 증상에 지혈 작용을 보인다.

얼치기완두(콩과, **Leguminosae**)

학 명 ***Vicia tetrasperma*** **(L.) Schreb**

분 포 유럽 원산으로 우리나라 중부 이남의 산이나 들의 초지, 길가 등에 무리 지어 자라는 덩굴성 2년생 식물이다. 줄기는 가늘고 거의 털이 없으며 높이는 30~70cm 정도 자라며 기부에서 여러 개로 갈라진다. 잎은 짝수복엽이고 잎끝에는 갈라지지 않은 덩굴손이 있다. 소엽의 길이는 10~17mm이다. 꽃은 연한 자홍색으로 잎 겨드랑이에 1~3개 달린다. 꼬투리의 길이는 8~13mm며, 꽃은 5~6월에 핀다. 새완두와 비슷하지만 전체적으로 작고 새완두는 덩굴손이 갈라지며, 같은 장소에서 자라기도 한다.

성 분 **dimeric mannose/glucose-binding isolectin**

여우오줌(국화과, Compositae)

생 약 명 대화금알이(大花金挖耳)

학 명 *Carpesium macrocephalum* **Franchet et Savatier**

분 포 전국에 분포하며, 주로 산지에서 자라는 다년생 식물로 높이 **80~100cm** 정도 자란다. 가지가 굵고, 잎은 어긋나며 아래 잎의 길이는 **30~40cm** 정도 자란다. 난형 또는 긴 타원형으로 끝은 뾰족하고 밑은 좁아지며 잎자루에 날개가 되어 붙는다. 잎 가장자리는 불규칙한 톱니가 있다. 줄기와 가지 두상화서로 된 노란색의 꽃이 핀다. 해바라기 모양과 비슷하며 지름은 **25~30mm** 정도 된다. 개화기는 **7~8**월, 결실기는 **9~10**월이다.

효 능 꽃과 지상부를 대화금알이(大花金挖耳)라 하여 약재로 이용
줄기와 잎을 짓찧어 붙이면 지혈과 타박상에 효과가 있다.

성 분 **eudesmanolide, guaianolides, 3-*O*-β-D-glucopyranosylspinasterol, 3-*O*-β-D-glucopyranosyl- stigmasterol, taraxasterol, taraxasterol acetate 30,40,5-trihydroxy -6,7-dimethoxyflavone, 9,15-dihydroxykauren-19-*O*-β-D-glucopyranosyl-19-oate, carabron, tomentosin, ivalin, 4*H*-tomentosin, carabrol, loliolide, vomifoliol, citrusin C**

여우주머니(대극과, **Euphorbiaceae**)

생 약 명 밀감초(蜜柑草)

학 명 ***Phyllanthus ussuriensis*** **Ruprecht et Maximowicz**

분 포 전국에 분포하며, 주로 황무지나 비농경지의 밭에서 자라는 일년생 식물로 높이 **15~40cm** 정도 자란다. 원줄기와 가지에 잎이 달리고, 가지에 좁은 날개가 있거나 줄이 있다. 잎은 어긋나며, 잎자루가 거의 없고, 넓은 피침형 또는 긴 타원형이다. 꽃은 황록색으로 암수한그루며, 잎 겨드랑이에 달리고, 짧은 꽃자루가 있다. 열매는 삭과, 구형이다.
개화기는 **7~9**월, 결실기는 **9~10**월이다.

효 능 전초를 밀감초(蜜柑草)라 하여 약재로 이용
① 급성 황달과 간염에 소염, 해열, 이담 작용을 나타냄으로써 효력이 있다. ② 이질과 장염, 여름설사에 효과가 있다. ③ 이뇨, 해열, 소염 작용으로 요로감염증에 효과가 있다.
antidiabetic and antioxidant effect, herpes simplex virus type 1 and type 2

성 분 **8,9-epoxybrevifolin, geraniin, 1,3,4,6-tetra-*O*-galloyl-β-D-glucose, simplexine**

영춘화(물푸레나무과, **Oleaceae**)

생 약 명 뉴두등(杻肚藤)

학 명 ***Jasminum nudiflorum*** **Lindley**

분 포 중국이 원산으로 우리 나라에 재식되어 분포하며, 주로 남향의 비탈진 곳에 자라는 낙엽 관목 식물로 높이 **1~2m** 정도 자란다. 새로 나온 가지는 녹색이며, 네모지고, 아래로 휘어지면서 가지가 길게 늘어진다. 잎은 대생하며, **3**장의 피침형 작은 잎이 겹잎이고, 가장자리는 돌기모양의 작은 가시가 있다. 꽃은 노란색으로 깔대기 모양이며, 화관은 **6**갈래로 이른 봄에 핀다.
개화기는 **3~4**월이다.

효 능 지상부를 뉴두등(杻肚藤)이라 하여 약재로 이용
① 습열(濕熱)로 인한 복통과 장염, 이질에 달여서 복용한다. ② 사지마비통에 효력이 있다. ③ 결핵성 림프염, 악창에도 효과가 있다.

성 분 **poliumoside, forsythoside B, echinacoside, arenarioside, caffeic glycoside esters, jasnudiflosides A-L, nudiflosides A-D, isooleoacteoside**

오죽(화본과, Gramineae)

생 약 명 자죽근(紫竹根)

학 명 ***Phyllostachys nigra*** **Munro**

분 포 우리 나라에는 주로 특화지역 또는 사찰 등에 재배되어 나는 다년생 식물로 중국이 원산이며, 높이 10m 정도 자란다. 잎은 피침형으로 가지 끝에 1~5장씩 달리고, 길이 10~20cm, 너비 10~20mm 정도. 꽃은 드물게 피며, 화서는 포에 둘러싸인다. 줄기와 가지가 검은색이 특징이다.
개화기는 6~7월(60년 주기로 꽃이 핌), 결실기는 9~11월이다.

효 능 뿌리줄기를 자죽근(紫竹根)이라 하여 약재로 이용
① 풍습성 (風濕性)으로 인한 사지마비동통에 유효하며, 요통과 신경통에도 쓰인다. ② 여성의 생리가 없는 증상에도 쓰인다.
aldose reductase and advanced glycation endproducts in prooxidant activity, neuroprotective effect

성 분 **isoorientin, orientin, vitexin, *cis*-coumaric acid, *p*-coumaric acid, luteolin 6-C-(6''-*O*-trans-caffeoylglucoside), vittariflavone, tricin**

옥수수(화본과, **Gramineae**)

생 약 명 옥미수(玉米鬚)

학 명 ***Zea mays*** **Linné**

분 포 열대 아메리카 원산으로 전국에 분포하며, 주로 인가 주변이나 밭에서 재배되는 일년생 식물로 높이 **1~3m** 정도 자란다. 줄기는 곧게 서고 잎과 연결된 엽초는 줄기를 감싸고 있으며, 잎은 어긋나고 길이가 **1m** 정도다. 가장자리는 톱니가 없고 큰 물결 모양을 띤다. 수꽃은 줄기 끝에 화서의 가지마다 작은 이삭이 총상으로 달려 큰 원추형을 이룬다. 암꽃은 줄기의 잎 겨드랑이에 다육성 이삭화서로 달리며, 긴 암술대는 화서를 둘러싼 포 밖으로 나와 밑으로 늘어진다.

개화기는 **6~8**월, 결실기는 **8~10**월이다.

효 능 암꽃술을 옥미수(玉米鬚)라 하여 약재로 이용
① 이뇨작용이 있다. ② 담즙 분비를 촉진시키고, 혈압과 혈당을 내린다.
③ 지혈 작용을 나타낸다.

옥잠화(백합과, Liliaceae)

생 약 명 옥잠화(玉簪花)

학 명 ***Hosta plantaginea*** **Ascherson**

분 포 전국에 분포하며, 야생은 주로 산 골짜기에서 자라지만 조경용으로 화단에서 흔히 자라는 다년생 식물로 높이 **30~40cm** 정도 자란다. 땅속줄기는 짧고 단단한 털의 섬유가 남아 있으며, 잎은 모두 근생엽으로 자라고, 심장형 또는 난상의 넓은 타원형이다. 육질은 질기고, 암록색을 띠며, 길이가 **5~15cm** 정도다. 잎자루의 길이는 **20cm** 정도 된다. 꽃대는 곧게 자라고, 꽃은 연한 보라색으로 총상화서를 이룬다. 씨는 검은색으로 납작하다.
개화기는 **7~8**월, 결실기는 **9~10**월이다.

효 능 전초를 옥잠화(玉簪花)라 하여 약재로 이용
① 꽃은 약성(藥性)이 서늘해서 인후염과 열이 있으면서 소변불통 증상에 쓰인다. ② 잎은 종기와 창진, 화상 및 뱀에 물린데 짓찧어 붙인다. ③ 뿌리는 종기와 림프절염, 인후염에 활용한다.
inhibitory activity against tobacco mosaic virus and acetylcholinesterase, cytostatic activity

성 분 **gitogenin, hostasinine A, hostasine, 8-demethoxyhostasine, 8-demehoxy-10-*O*-methylhostasine, 10-*O*-methylhostasine, 9-*O*-demethyl-7-*O*-methyllycorenine**

왕원추리(백합과, Liliaceae)

생 약 명 훤초근(萱草根)

학 명 ***Hemerocallis fulva*** **Linné var.** ***kwanso*** **Regel**

분 포 전국에 분포하며, 주로 산지의 산기슭이나 인가 주변에서 자라는 다년생 식물이다. 뿌리는 적갈색으로 사방으로 뻗으며, 구근을 형성하기도 한다. 꽃줄기의 높이는 **80～100cm** 정도 곧게 선다. 잎은 마주 나고, 곧게 서며, 벌어진다. 길이 **50～90cm**, 너비 **25～40mm** 정도. 끝이 뾰족하고, 활처럼 뒤로 휜다. 꽃은 주황색으로 화축 끝에 **4～7**송이씩 달린다.
개화기는 **7～8**월, 결실기는 **9～10**월이다.

효 능 뿌리를 훤초근(萱草根)이라 하여 약재로 이용
① 이뇨 작용이 있어서 전신이 붓고 소변이 잘 나오지 않을 때 쓰인다. ② 양혈 작용이 있어서 코피, 대변출혈, 자궁출혈에 양호한 지혈 반응을 보인다. ③ 소아의 해수에도 효력을 보인다.

성 분 **N-glycosides of amino acid amides, anthraquinones, kwanzoquinones A-G, 2,5-dimethoxy-tetrahydrofuran, 2,5-dihydrofuryl-γ-lactam derivatives**

우산나물(국화과, Compositae)

생 약 명 토아산(兎兒傘)

학　　명 ***Syneilesis palmate* (Thunb.) Maximowicz**

분　　포 전국에 분포하며, 주로 깊은 산 속에 그늘지고, 물기가 있는 곳에서 잘 자라는 다년생 식물로 높이 **50~90cm** 정도 자란다. 전체에 털이 없고, 줄기는 곧게 자란다. 잎은 대형으로 방패모양이며, 지름 **30~4090cm** 정도며, 손바닥 모양으로 **5~9**갈래 갈라지고, **1~2**회 **2**개씩 갈라진다. 잎 가장자리에는 날카로운 톱니가 있다. 꽃대는 줄기에서 곧게 올라와 잎보다 **30~50cm** 정도 높게 자라며, 꽃은 흰빛을 띤자주색의 두상화서가 원추형으로 달린다. 개화기는 **7~9**월, 결실기는 **9~10**월이다.

효　　능 뿌리와 지상부를 토아산(兎兒傘)이라 하여 약재로 이용

① 거풍습 작용으로 인한 사지마비, 관절염, 요통, 타박상에 쓰인다.

② 경부림프절염이나 종기에는 짓찧어 붙인다.

성　　분 **sesquiterpenes, 14-oxofuranoeremophilanes, syneilesine, acetylsyneilesine, 3β,6β-bis(acyloxy) furanoeremophilan-14-al, 3β,6β-Bis(acyloxy)furanoeremophilan-14-oic acid**

우엉(국화과, Compositae)

생 약 명 우방자(牛蒡子)

학　　명 ***Arctium lappa*** **Linné**

분　　포 유럽 원산의 **2**년생 귀화식물로 전국에 분포하며, 높이 **1~1.5m** 정도 자란다. 뿌리는 육질이며 곧게 자란다. 근생엽은 모여나고, 경생엽은 어긋난다. 잎자루가 길며, 잎이 크고 심장형이며, 가장자리에 톱니가 있다. 꽃은 짙은 자주색과 흰색이 있으며, 두상화서로 달린다.
개화기는 **6~7**월, 결실기는 **9~10**월이다.

효　　능 열매를 우방자(牛蒡子), 뿌리를 우방근(牛蒡根)이라 하여 약재로 이용
① 해수와 가래가 배출되지 않고 인후가 붓는 증상을 치료한다. ② 해열, 해독 작용이 있어서 인후염, 편도선염, 볼거리염, 피부가 헐어서 생긴 발진 등에 널리 활용한다.
ameliorative effect, anti-inflammatory effect, gastric mucosal protection effect, anti-allergic effect

성　　분 **arctiin, rctigenin, neoarctin A, isolappaol C, lappaol C, lappaol D, lappaol F, diarctigenin, arctiin, phillyrin, forsythiaside, liquiritigenin, liquiritin, genistein, formononetin, daidzein, glycitrin, 3,3',4-tri-omethlellagic acid, chlorogenic acid**

유카(용설란과, Agavaceae)

학　　명　***Yucca gloriosa*** **Linneé**

분　　포　북아메리카 원산으로 중부 이남에서 잘 자라며, 높이는 **1~4m** 정도이다. 줄기는 **1~4**개 정도. 잎은 청록색이며, 길이는 **50~80cm,** 너비 **4~8cm**정도로 끝이 뾰족하며, 줄기에서 모여나 사방으로 퍼진다. 꽃은 **9~10**월에 피고 **1m** 안팎의 꽃대 상부에 연 노란색을 띤 흰색 꽃이 피며, 지름 **5~8cm** 정도로 밑을 향하여 반쯤 벌어진다. 수술은 **6**개, 암술은 **1**개이며, 조경수로 많이 쓰인다.

효　　능　**antioxidant activity, antifungal activity, antiproliferative and pro-apoptotic activity**

성　　분　**yuccaloesides A-E, degalactotigonin, gitogenin, gloriosaols A-C, 12-keto steroidal glycosides, 12-hydroxy steroidal glycosides, resveratrol, trans-3,3,5,5-tetrahydroxy-4-methoxystilbene, 1 yuccaols A-E**

은행나무(은행나무과, Ginkgoaceae)

생 약 명 백과(白果)

학 명 ***Ginkgo biloba*** **Linné**

분 포 전국에 분포하며, 산기슭이나 인가 주변에서 자라는 다년생 식물로 높이 **1.5m** 정도 자란다. 줄기에는 커다란 가시와 가시 모양의 털 또는 융모가 밀생하며, 잎은 호생한다. 작은 잎은 **7~9**장으로 깃꼴겹잎으로 타원형 또는 난형이고 턱잎이 있다. 꽃은 붉은색이지만 흰색도 있으며, 가지 끝에 **1~3**송이씩 달린다. 열매는 둥근 모양이며, 황적색으로 익는다.
개화기는 **5~7**월, 결실기는 **8~9**월이다.

효 능 열매를 백과(白果), 잎을 은행엽(銀杏葉) 이라 하여 약재로 이용
① 뇌혈관의 혈액 순환 개선 작용으로 신경 세포와 정신 기능을 활성화시킨다. ② 모세혈관의 순환 개선 작용과 동맥경화증 예방과 치료에 반응이 있다. ③ 열매는 해수, 가래, 천식에 유효하며, 전염성 피부염에도 쓰인다.

성 분 **quercetin, kaempferol, ginkgolide A, ginkgolide B**

익모초(꿀풀과, **Labiatae**)

생 약 명 익모초(益母草)

학　　명 ***Leonurus sibiricus*** **Linné**

분　　포 우리 나라 각처의 밭둑이나 들에서 자라는 월년생 식물로 높이 **100~150cm** 정도 자란다. 줄기는 네모지고, 잎은 마주 난다. 근생엽은 둥근 모양으로 깊게 갈라지고, 가장자리에 톱니가 있다. 경생엽은 깃 모양으로 갈래는 선형이다. 꽃은 연한 홍자색이며, 작고 몇 송이가 잎 겨드랑이에 모여 붙는다. 화관은 **2**갈래, 씨는 검고 세모지며, **3**개의 능선이 있다.
개화기는 **6~9**월, 결실기는 **9~10**월이다.

효　　능 지상부를 익모초(三消草)라 하고, 종자를 충위자라 하여 약재로 이용
① 익모초는 부인과 질환에 상용하는 약물로, 생리가 없을 때 및 생리통에 생리 조절 작용을 한다. ② 산후 자궁 수축 불량으로 출혈이 있거나 복통이 있을 때에 어혈을 제거 및 자궁 수축에 효과가 좋다. ③ 가벼운 이뇨 작용이 있고, 습진과 가려움증에도 내복하거나 외용한다.
anti-inflammatory activity, antibacterial activity, analgesic and anti-inflammatory activity

성　　분 **leosibirinone A, 3alpha-acetoxyleoheteronone C, leosibirinone B, 3alpha-hydroxyleoheteronone A, 3alpha-acetoxyleoheteronone E, LS-1, LS-2, leonotinin, leonotin, dubiin, nepetaefuran**

일목련(목련과, Magnoliaceae)

생 약 명 후박(厚朴)

학　　명 *Magnolia obovata* Thunberg

분　　포 전국에 분포하며 조경수로 식재된 일본 원산의 낙엽 교목 식물로 높이 10~15m 정도 자란다. 잎은 가지 끝에 모여 나고, 도란상 긴 타원형으로 끝이 뾰족하다. 길이는 20~35cm, 표면은 윤기가 있고 뒷면은 회색을 띤다. 가장자리는 톱니가 없다. 꽃은 가지 끝에서 우유빛을 띤 흰색으로 잎이 나온 다음에 핀다. 꽃잎은 6~9장, 길이는 6~10cm의 도란형, 열매는 집과를 이루며 홍자색으로 익는다.
개화기는 5~6월, 결실기는 9~10월이다.

효　　능 나무 껍질을 후박(厚朴)이라 하여 약재로 이용
① 행기(行氣) 작용이 있어서 복부창만, 소화불량에 특효를 나타낸다. ② 설사에 유효하다. ③ 가래를 삭이고 해수, 천식을 가라앉힌다.

성　　분 fargesone C, 4-methoxyhonokiol, magnolol, honokiol, obovatol, syringin, β-sitosterol, daucosterol, magnaldehyde B, magnolignan C, magnaldehyde E, 4-methoxymagnaldehyde B, 6-allyl-8-(5-allyl-2-hydroxyphenyl)coumarin

자귀나무(콩과, Leguminosae)

생 약 명 합환피(合歡皮)

학　　명 ***Albizia julibrissin*** **Durazz.**

분　　포 우리 나라 중부지방 이남의 산기슭이나 산 중턱 양지에 자라는 낙엽 소교목 식물이다. 높이 **3~5m** 정도 자라며, 잎은 호생하며 작은 잎은 낫 모양으로 길이가 **6~15mm**, 폭은 **2.5~4mm** 정도이다. 꽃은 가지 끝 또는 잎 겨드랑이에 약 **20**송이 정도 산형화서로 붙으며, 윗부분은 붉은색이나 밑부분은 흰색이다. 조경수로 많이 식재되며, 개화기는 **6~7**월이다.

효　　능 줄기 껍질을 합환피, 꽃은 합환화
① 우울증을 풀어 주고 정신을 안정시키므로 분노, 우울, 허번(虛煩), 건망증, 불면증 등에 유효하다. ② 종기의 염증을 제거시킨다. ③ 폐농양으로 가슴이 아프고 해수와 토혈이 있을 때에도 활용된다. ④ 타박으로 골절상을 입었을 때에도 접골의 효능이 있다.

성　　분 **julibroside J, geraldone, isookanin, luteolin, daidzein,, fsophoflavescenol, kurarinone, kurarinol, kuraridin, kuraridinol, soya-cerebroside I, (-)-syringaresinol-4-*O*-β-D-glucopyranoside**

자귀풀(콩과, Leguminosae)

생 약 명 합맹(合萌)

학 명 ***Aeschynomene indica*** **Linné**

분 포 전국에 분포하며, 주로 낮은 지대의 밭둑이나 논둑, 습지에 자라는 일년생 식물로 높이 50~100cm 정도 자란다. 전체에 털이 없고, 줄기는 연하며, 속이 비어 있다. 잎은 1회 깃꼴겹잎이며, 작은 잎은 20~30쌍의 선상 타원형이다. 꽃은 연한 노란색으로 총상화서로 달린다.
개화기는 7~9월, 결실기는 10월이다.

효 능 지상부를 합맹(合萌)이라 하여 약재로 이용
① 감기로 인하여 오한과 전신통이 있을 때 물을 넣고 달여서 복용한다.
② 위염, 소화불량, 복부창만에 쓰며, 피부염, 습진에도 효과가 있다.
③ 열로 인하여 소변을 잘 보지 못할 때와 소변 색깔이 붉은 증상에도 이용한다.

성 분 γ-amino acid, trigonelline

자주개자리(콩과, Leguminosae)

생 약 명 목숙(苜蓿)

학 명 ***Medicago sativa*** **Linné**

분 포 지중해 연안 원산의 귀화 식물로 우리 나라 전역에 분포하며, 주로 들이나 산기슭에서 자라는 다년생 식물로 높이 30~90cm 정도 자란다. 전체에 털이 없고, 줄기는 곧게 자란다. 잎은 어긋 나며, 3출 겹잎으로 작은 잎은 긴 타원형, 피침형이다. 가장자리에는 잔 톱니가 있다. 꽃은 연한 자주색으로 길이 7~8mm 정도. 잎 겨드랑이에 총상화서로 달린다. 열매는 협과. 나선상으로 2~3회 말리고, 여러 개의 종자가 들어 있다.
개화기는 7~8월, 결실기는 10월이다.

효 능 전초를 목숙(苜蓿)이라 하여 약재로 이용
① 비위를 다스리고 장을 튼튼하게 하며, 요산성 방광결석을 치료한다

성 분 **tricin and chrysoeriol glycosides, apigenin and luteolin glycosides, saponins**

자주광대나물(꿀풀과, Labiatae)

학　명 ***Lamium purpureum*** **Linné**

분　포 우리 나라 중남부 지방의 들이나 길가에 나는 **1**년초 식물로써 군생한다. 높이 **20～40cm**, 꽃과 잎에 잔털이 있고 줄기는 네모지며, 지면에서 여러 개의 분지가 나와 곧게 자라다. 잎은 대생하고 난형 또는 심장형이다. 끝은 뾰족하고 밑은 심장형이며, 가장자리는 굵은 톱니가 있다. 꽃은 총상화서를 이루고 위쪽 잎 겨드랑이와 가지 끝에 달린다.
개화기 : **4～5**월, 결실기 : **5～6**월.

효　능 **DPPH free radical scavenging activity, anti-inflammatory and antinociceptive effect**

성　분 **lamiusides, lamenallenic acid, methyl lamenallenate, oleate, linoleate, linolenate, acteoside, leucosceptoside A, isoacteoside, 6-*O*-β-D-glucopyranosylmartynoside, shanzhiside methylester, caryoptoside, lamalbide**

자주꽃방망이(초롱꽃과, Campanulaceae)

학 명 *Campanula glomerata* Linné var. *dahurica* Fischer

분 포 전국에 분포하며, 주로 산들에서 자라는 다년생 식물로 높이 40~100cm 정도 자란다. 전체에 털이 많고, 줄기는 곧게 자란다. 근생엽은 잎자루가 길고, 난형 또는 난상 피침형이다. 경생엽은 잎자루가 없고, 긴 피침형이며, 위쪽으로 갈수록 작아진다. 길이는 5~10cm, 너비 1~3cm 정도. 잎 가장자리에는 고르지 않은 톱니가 거칠게 있다. 꽃은 보라색으로 꽃자루는 거의 없고, 종모양으로 줄기 끝과 잎 겨드랑이에 4~10송이씩 조밀하게 달린다. 개화기는 7~8월, 결실기는 9~10월이다.

성 분 tetrahydropyranyl polyacetylenic alcohols

자주달개비(닭의장풀과, Commelinaceae)

생 약 명 수죽채(水竹菜)

학 명 ***Tradescantia reflexa*** **Raf.**

분 포 북 아메리카 원산으로 높이는 **50~80cm** 정도 자라는 다년생 식물로 여러 줄기가 총생하고 둥글다. 잎은 호생, 넓은 선형으로 길이 **30cm** 정도이며, 밑부분이 원줄기를 감싸고 윗부분은 움푹 패어지며 뒤로 젖혀진다. 꽃은 가지 끝에서 피고, 가는 꽃자루가 달리며자주색을 띤다. 꽃잎은 **3**장이며 자주색이고, 수술은 **6**개로 노란색을 띤다. 개화기는 **5~6**월이다.

효 능 전초를 사용

폐혈로 인한 해수, 인후염에 효력이 있으며, 위열을 내리므로 간염에도 유효하다. 고혈압에 쓰이고, 종기에 짓찧어 환부에 붙인다.

작살나무(마편초과, Verbenaceae)

생 약 명 자주(紫珠)

학 명 *Callicarpa japonica* Thunberg

분 포 전국에 분포하며, 주로 산기슭에 흔히 나는 낙엽 관목식물로 높이 2~3m 정도 자란다. 가지는 활처럼 늘어지고, 잎은 대생이며, 긴 타원형으로 길이가 6~12cm, 너비 3~4cm 정도 된다. 가장자리에는 가는 톱니가 있으며, 표면은 짙은 녹색이고, 잎자루는 짧다. 꽃은 연한 자주색으로 잎 겨드랑이에서 양쪽으로 취산화서를 이루며, 열매는 둥글고 흰색으로 익는다. 개화기는 7~8월, 결실기는 9~10월이다.

효 능 잎을 자주(紫珠)라 하여 약재로 이용
지혈 작용이 있어서 코피, 토혈, 각혈, 대변출혈, 자궁출혈 등의 외상출혈에 유효하며, 종기와 인후염에 소염, 해열 작용을 나타낸다.

성 분 **ursolic acid, oleanolic acid, 2α,3α-dihydroxyurs-12-en-28-oic acid, kajiichigoside F1, 2α,3α,19α,24-tetrahydroxyurs-12-en-28-oic acid β-D-glucopyranosyl ester, 4-epi-niga-ichigoside F1, sericoside, β-sitosterol, stigmasterol, (3R)-1-octen-3-yl β-D-xylopyranosyl-(1,6)-β-D-glucopyranoside, luteolin 7-*O*-glucoside, 3β-hydroxy-8,11,13(14),15-abietatetraen-19-oic acid, 2α,3α,19α,24-tetrahydroxyolea-12-en-28-oic acid β-D-glucopyranosylester**

작약(미나리아재비과, Ranunculaceae)

생 약 명 백작약(白芍藥)

학　　명 ***Paeonia lactiflora*** **Pallas var.** ***hortensis*** **Makino**

분　　포 전국에 분포하며, 주로 산지에서 자라는 다년생 식물로 높이 **50~90cm** 정도 자란다. 뿌리는 굵고, 방추형이며, 속은 붉은색이다. 근생엽은 **1~2**회 **3**출의 작은잎으로 된 깃 꼴겹잎이다. 작은 잎은 피침형, 타원형, 난형 등이며, 털이 없고, 가장자리는 밋밋하며, 잎자루와 잎맥은 붉은 빛을 띤다. 꽃은 크고, 흰색과 붉은색 등 여러 품종이 있으며, 원줄기 끝에 한 송이씩 달린다. 개화기는 **5~7**월, 결실기는 **9~10**월이다.

효　　능 뿌리를 백작약(白芍藥)이라 하여 약재로 이용
중추 신경 억제 작용이 있어서 진정, 진통 작용을 나타내고, 장과 평활근의 억제 작용과 위산 분비 억제 작용을 나타낸다. 간 기능 보호 효과와 혈관 확장 작용이 있어서 가벼운 혈압 강하 작용을 보인다.

성　　분 **galloylpaeoniflorin, gallotannins, 4'-O-benzoylpaeoniflorin, 4-O-galloylalbiflorin, paeonilactone-B, paeonilactone-C, paeoniflorigenone, benzoylpaeoniflorin, paeoniflorin, oxypaeoniflorin, albiflorin**

전동싸리(콩과, Leguminosae)

학 명 ***Melilotus suaveolens*** **Ledebour**

분 포 전국에 분포하며, 들이나 길가의 경사지 및 바닷가 주변에서 자라는 2년생 식물로 높이 60~150cm 정도 자란다. 줄기는 곧게 서고, 가지가 많이 갈라진다. 잎은 호생으로 3출겹잎이며, 작은 잎은 긴 타원형 또는 피침형으로 끝이 둔하고, 밝은 녹색이다. 가장자리에 톱니가 있다. 꽃은 노란색이며, 잎겨드랑이에 총상화서로 달리고, 화서의 길이는 5~10cm 정도다. 개화기는 7~8월이다.

효 능 약용으로는 사용되지 않으며, 사료용으로 재배된다.
anti-inflammatory effects

조팝나무(장미과, Rosaceae)

생 약 명 소엽화(笑靨花)

학　　명 ***Spiraea prunifolia*** **S. et Z. for.** ***Simpliciflora*** **Nakai**

분　　포 우리 나라 전역에 분포하며,산기슭의 양지나 마을주변 비탈진 곳에 흔히 나는 낙엽 관목 식물로 높이 1.5~2m 정도 자란다. 잎은 어긋나며, 난형 또는 타원형이다. 끝은 뾰족하고, 가장자리에 톱니가 있으며, 털은 없다. 꽃은 흰색으로 4~5송이씩 산형화서로 잎겨드랑이에 달리고, 꽃잎은 5장이다. 개화기는 4~5월, 결실기는 6~9월이다.

효　　능 뿌리를 소엽화(笑靨花)라 하여 약재로 이용
어린잎은 식용으로 이용한다.
① 인후염에 다른 약재와 함께 달여 복용한다.

성　　분 **prunioside A, spiradines, spiramines, spirasines, benzaldehyde, terpenoids, terpenoid glycosides**

족제비싸리(콩과, Leguminosae)

생 약 명 자수괴(紫穗塊)

학 명 *Amorpha fruticosa* Linné

분 포 전국에 분포하며, 주로 도로변이나 비탈진 곳에 재식되는 북아메리카 원산의 낙엽 관목 식물로 높이 3m 정도 자란다. 가지는 사방으로 뻗으며, 매끄럽다. 잎은 어긋나며, 1회 깃꼴겹잎. 작은 잎은 11~25장, 난형 또는 타원형이다. 끝은 둥근 모양이다. 꽃은 자주빛이 도는 하늘색으로 길이 6mm 정도 된다. 향이 강하고, 가지 끝에 이삭화서로 달린다. 화서의 길이는 10~15cm, 꽃받침에 선점이 많다. 열매는 협과, 신장형이다.
개화기는 5~6월, 결실기는 9~10월이다.

효 능 잎을 자수괴(紫穗塊)라 하여 약재로 이용
종기와 습진에 쓰이고, 불이나 뜨거운 물에 데었을 때 내복하거나 외용한다.

성 분 2-phenylethanol, methyl syringate, 6'-*O*-β-D-glucopyranosyl-12α-hydroxydalpanol, tephrosin, 11-hydroxytephrosin, deguelin, tephrospirolactone, tephrospiroketone I, tephrospiroketone II, afrormosin, 7,2',4',5'-tetramethoxyisoflavone, 8-methyl-retusin, amorphispironone, amorphigenin, dalpanol, tephrosin, 6'-*O*-D-β-glucopyranosyldalpanol

종지나물(제비꽃과, Violaceae)

생 약 명 자화지정(紫花地丁)

학　　명 ***Viola papilionacea*** **Pursh**

분　　포 북아메리카 원산의 다년생 귀화식물로 전국에 분포하며, 높이 10~20cm 정도 자란다. 땅속 뿌리에서 여러 개의 잎이 솟아나고, 잎자루는 잎몸보다 길다. 잎은 종지모양의 심장형으로 끝이 약간 뾰족하고 가장자리에는 둔한 톱니가 있다. 꽃은 흰색에 중앙으로 자주색이 섞여있다.
개화기는 4~6월이다.

효　　능 지상부를 자화지정(紫花地丁)이라 하여 약재로 이용
① 열로 인한 일체의 종기, 피부가 헐어 생긴 발진에 유효하다. ② 맹장염에 내복하거나 외용한다. ③ 뱀에 물렸을 때에도 짓찧어 붙인다.

쥐꼬리망초(쥐꼬리망초과, Acanthaceae)

생 약 명 작상(爵賞)

학　　명 ***Justicia procumbens*** **Linné**

분　　포 전국에 분포하며, 주로 비농경지의 들이나 산기슭에서 자라는 일년생 식물로 높이 **20~40cm** 정도 자란다. 전체에 짧은 털이 있고, 줄기는 가지를 내며 곧게 자라고, 마디가 굵고 사각형이다. 잎은 마주 나며, 난형 또는 긴 타원상의 피침형으로 끝이 뾰족하다. 가장자리는 톱니가 없고, 잎자루가 있다. 꽃은 연한 홍자색이며, 붉은 반점이 있고, 줄기나 가지 끝에 이삭화서로 달린다. 개화기는 **7~9**월, 결실기는 **9~10**월이다.

효　　능 지상부를 작상(爵賞)이라 하여 약재로 이용
감기로 인한 발열, 해수, 인후통 등의 증상에 유효하며, 신우신염과 간염, 간경화로 복수가 찼을 때에 사용한다. 근육과 골격의 동통을 제거시키고, 타박상과 종기, 이질에도 활용한다.
antiplasmodial, cytotoxic, radical scavenging and antioxidant activities

성　　분 **justicidin A, procumphthalide A, procumbenoside B, cilinaphthalide B, taiwan E methylether, (-)-dihydroclusin diacetate, secoisolariciresinol dimethylether diacetate, 5-methoxy-4,4'-di-*O*-methylsecolariciresinol diacetate, justin B, justin C, 2,3-demethoxysecisolintetralin acetate**

쥐똥나무(물푸레나무과, Oleaceae)

생 약 명 수랍과(水蠟果)

학 명 ***Ligustrum obtusifolium*** **Siebold et Zuccarini**

분 포 전국에 분포하며, 산과 들에 자생하나 흔히 조경수로 재식되는 낙엽 관목 식물로 높이 1~3m 정도 자란다. 새로 나는 가지에는 잔털이 많으나 차츰 없어지고, 잎은 대생하며, 타원형으로 길이가 2~5cm 정도다. 가장자리는 밋밋하고, 표면은 녹색이며, 뒷면은 연두색. 꽃은 흰색으로 총상화서를 이루고 가지 끝에 달린다.
개화기는 5~6월, 결실기는 9~10월이다.

효 능 열매를 수랍과(水蠟果)라 하여 약재로 이용
신체 허약으로 식은 땀을 흘리고, 신(腎)기능 허약으로 유정(遺精)이 있는 것을 치료하며, 토혈, 코피, 대변 출혈에 지혈 작용을 한다.
antihyperglycemic effects

성 분 **luteolin, luteolin-4'-*O*-beta-D-glucopyranoside, (+)-pinoresinol, (+)-medioresinol, (-)-olivil, (+)-pinoresinol-4'-*O*-β-D-glucopyranoside**

지면패랭이꽃(꽃고비과, Polemoniaceae)

학　　명 ***Phlox subulata*** **Linné**

분　　포 아메리카 동부 원산으로 전국에 분포되어 재배되며, 건조한 모래땅이나 조경용으로 재배되는 다년생 식물로 높이 **10cm** 정도 자란다. 가지가 많이 갈라지고, 지표면을 덮는다. 잎은 대생하며, 길이는 **8~20mm** 정도. 피침형이며, 가장자리는 작고 가시 같은 돌기가 있다. 꽃은 붉은색, 자홍색, 분홍색, 흰색 등이 있고, 꽃받침은 **5**갈래다.
개화기는 **4~6**월, 결실기는 **8~9**월이다.

효　　능 약용으로는 사용되지 않으며 관상용, 조경용으로 재배된다.

문　　헌 **2-C-methyl-D-erythritol**

지칭개(국화과, Compositae)

생 약 명 이호채(泥胡菜)

학 명 *Hemistepa lyrata* Bunge

분 포 우리 나라 중부 이남의 들과 밭둑, 도시주변의 공한지 등에서 흔하게 자라는 월년생 식물로 높이 60~100cm, 잎은 깃 모양으로 갈라지고 뒷면은 줄기와 더불어 솜 같은 털로 덮혀 흰색을 띤다. 줄기의 상부에 많은 가지가 갈라지고 가지의 끝마다 자주색 화두가 생긴다. 열매는 매끄럽고 순백색인 관모는 깃모양이다. 꽃은 4~6월에 핀다.

효 능 전초를 사용
청열(淸熱)작용이 있어 각종 종기, 악창(惡瘡), 유방염 등에 물을 넣고 달여서 복용하거나 짓찧어 붙이고, 외상 출혈이나 골절상에도 짓찧어 붙인다. 치루(痔瘻)에는 달인 물로 환부를 세척한다.
allelopathic effect, cytotoxic activity, antimicrobial activity

성 분 **hemislin B glucoside, hemistepsins, sesquiterpene lactones, caffeic acid, tracheloside, uracil, 8-carboxymethyl-*p*-hydroxycinnamic acid, 3-O-*p*-coumaroyl quinic acid**

진달래(진달래과, **Ericaceae**)

생 약 명 영산홍(映山紅)

학 명 ***Rhododendron mucronulatum*** **Turczaninov var.** ***mucronulatum***

분 포 우리 나라 전역에 분포하며, 산지의 양지나 음지에 산재하여 나는 낙엽 관목 식물로 높이 2~3m 정도 자란다. 잎은 어긋나며 타원형이고, 양 끝이 뾰족하며, 가장자리는 톱니가 없다. 길이 4~8cm, 너비 2~3cm, 표면은 녹색이다. 꽃은 가지 끝에 1~3송이가 달리고, 잎보다 먼저 핀다. 화관은 연분홍색의 깔때기 모양으로 연한 자주색 반점이 화관 안쪽에 붙는다. 열매는 삭과, 타원형이다. 개화기는 4~5월, 결실기는 9~10월이다.

효 능 진달래의 꽃을 영산홍(映山紅)이라 하여 약재로 이용한다.
청폐(淸肺) 작용이 있어서 해수, 기관지염에 유효하고, 감기로 인한 두통을 치료한다. 이뇨작용이 있다.

성 분 **taxifolin glycoside, flavonoids, phenolic acids**

참나리(백합과, Liliaceae)

생 약 명 백합(百合)

학　　명 ***Lilium lancifolium*** **Thunberg**

분　　포 전국에 분포하며, 산이나 들에서 자라는 다년생 식물로 높이 100~150cm 정도 자란다. 비늘줄기는 둥근 모양으로 지름 5~8cm 정도다. 줄기는 기둥 모양으로 곧게 서며, 자갈색을 띠고, 털이 있다. 잎은 호생하며, 잎자루는 없고, 잎은 피침형으로 짙은 녹색을 띠며, 길이가 5~15cm 정도다. 잎 겨드랑이에서 둥근 모양의 짙은 갈색 육아가 붙는다. 꽃은 황적색으로 줄기 끝에 2~10송이씩 달리고, 꽃잎은 뒤로 많이 젖혀지고, 안쪽에 검은 자주색 점이 있다. 개화기는 7~8월, 결실기는 9~10월이다.

효　　능 비늘줄기를 백합(百合)이라 하여 약재로 이용
약물 달인 물은 진해 작용을 보이고, 백혈구감소증에 유효한 반응이 나타난다. 강장 작용, 항산화 작용, 진정 작용, 항알레르기 작용 등이 있다.

성　　분 **regaloside A, regaloside C, methyl-α-D-mannopyranosid, methyl-α-D-glucopyranoside, (25R,26R)-26-methoxyspirost-5-ene-3-*p*-yl-*O*-α-L-rhamnopyranosyl-(1→2)-[β-D-glucopyranosyl-(1→6)]-β-D-glucopyranoside, (25R)-spirost-5-ene-3β-yl-*O*-α-L-rhamnopyranosyl-(1→2)-[β-D-glucopyranosyl-(1→6)]-β-D-glucopyranoside, daucosterol, adenoside, berberine**

참당귀(산형과,[미나리과], **Umbelliferae, [Apiaceae]**)

생 약 명 토당귀(土當歸)

학 명 ***Angelica gigas*** **Nakai**

분 포 전국에 분포하며, 산지나 골짜기 또는 농가에서 재배하는 다년생 식물로 높이 **100~150cm** 정도 자란다. 전체에 털이 없고, 자주빛이 돈다. 뿌리는 크고 향기가 강하며, 줄기는 곧게 선다. 잎은 **1~2**회 **3**출겹잎, 작은 잎은 넓으며, **3~5**갈래로 갈라지며 가장자리에 톱니가 있다. 꽃은 자주색으로 겹산형화다. 개화기는 **8~9**월, 결실기는 **10**월이다.

효 능 뿌리를 토당귀(土當歸)라 하여 약재로 이용
사지 관절에 동통이 있는 것을 치료하고, 보혈 작용이 있다. 여자의 생리 조절 작용이 뛰어나고 산전, 산후의 여러 증상을 개선시킨다. 타박상, 골절상에 혈액 순환을 활발하게 하여 부종을 내린다.
ACAT inhibitory effect, anti-inflammatory activity, antiproliferative activity, analgesic effect, antidiabetic activity

성 분 **decursin, decursinol angelate, (*S*)-(+)-3-(3,4-dihydroxy-phenyl)-acrylic acid 2,2-dimethyl-8-oxo-3,4-dihydro-2*H*,8*H*-pyrano[3,2-γ]-chromen-3-yl-ester, octadeca-1,9-dien-4,6-diyn-3,8,18-triol, 18-acetoxyoctadeca-1,9-dien-4,6-diyn-3,8-diol, 3,8,18-triacetoxy-octadeca-1,9-dien-4,6-diyn**

참취(국화과, **Compositae**)

생 약 명 동풍채(東風菜)

학　　명 ***Aster scaber*** **Thunberg**

분　　포 전국에 분포하며, 주로 산과 들에서 자라는 다년생 식물로 높이 **1~1.5m** 정도 자란다. 전체에 거친 털이 있다. 잎은 어긋나고, 표면은 짙은 녹색이며 뒷면은 흰색에 가깝다. 근생엽과 아래쪽의 경생엽은 잎자루에 날개가 있고, 심장형으로 길이가 **10~20cm** 정도 되고, 가장자리에 톱니가 있다. 위쪽의 경생엽은 잎자루가 짧고 좁으며, 긴 난형과 피침형이다. 꽃은 흰색으로 줄기 또는 가지 끝에 산방상으로 달린다.
개화기는 **7~9**월, 결실기는 **9~10**월이다.

효　　능 지상부와 뿌리를 동풍채(東風菜)라 하여 약재로 이용
타박상에 효과가 있어 짓찧어 환부에 붙인다. 뱀에 물린 데에도 같은 방법으로 이용한다.
antioxidant activity and cytotoxicity, neuroprotective effects

성　　분 **(-)-3,5-dicaffeoyl-*muco*-quinic acid, 3,5-dicaffeoyl quinic acid, 3,5-dicaffeoyl-*muco*-quinic acid, 4,5-dicaffeoyl quinic acid, 5-caffeoyl quinic acid, 3-*O*-β-D-glucuronopyranosyl-oleanolic acid methylester, (2*S*,3*S*,4*R*,2'*R*,8*Z*,15'*Z*)-N-2'-hydroxy-15'-tetracosenoyl-1-*O*-β-D-gluco-pyranosyl-4-hydroxy-8-sphingenine, (2*S*,3*S*,4*R*,8*Z*)-N-octadecanoyl-1-*O*-β-D-glucopyranosyl-4-hydroxy-8-sphingenine, 1alpha-hydroxy-6β-*O*-β-D-glucosyl-eudesm-3-ene, (2*S*,3*S*,4*R*,2'*R*,8*Z*)-N-2'-hydroxy-hexadecanoyl-1-*O*-β-D-glucopyranosyl-4-hydroxy-8-sphingenine**

천남성(천남성과, Araceae)

생 약 명 천남성(天南星)

학 명 ***Arisaema amurense*** **Maximowicz var.** ***serratum*** **Nakai**

분 포 전국에 분포하며, 주로 산지의 나무 밑 또는 습한 곳에 나는 다년생 식물로 높이 **300～60cm** 정도 자란다. 구경은 **2～4cm** 정도. 주위에 작은 구경이 **2～3**개 달린다. 줄기는 거칠고, 원기둥 모양이다. 난상피침형, 긴타원형, 또는 도란상 피침형으로 **5～11**갈래로 갈라지는 잎이 **1**장 달리고, 끝은 뾰족하다. 꽃은 암수 딴그루며, 육수화다.
개화기는 **5～7**월, 결실기는 **9～10**월이다.

효 능 덩이줄기를 천남성(天南星) 이라 하여 약재로 이용
① 항암 효과가있으며, 자궁경부암에 유효성을 보인다. ② 종기, 타박상, 관절염 등에 생것에 생강, 창포를 넣고 짓찧어 환부에 붙인다. ③ 풍담이 경락에 누적되어 일어나는 중풍, 반신불수, 구완와사 등에 유효하다.
inhibition of monoamine oxidase B, phospholipase A2 inhibitor

성 분 **1-*O*-β-*D*-glucopyranosyl-(2*S*,3*R*,4*E*,8*Z*)-2-[(2(*R*)-hydroxyicosanoyl)amido]-4,8-octadecadiene-1,3-diol, 1-*O*-β-*D*-glucopyranosyl-(2*S*,3*R*,4*E*,8*Z*)-2-[(2-hydroxy octadecanoyl)amido]-4,8-octadecadiene-1,3-diol, 1-*O*-β-*D*-glucopyranosyl-(2*S*,3*R*,4*E*,8*E*)-2-[(2-hydroxyicosanoyl)amido]-4,8-octadecadiene-1,3-diol, 1-*O*-β-D-glucopyranosyl-(2*S*,3*R*,4*E*,8*E*)-2-[(2-hydroxyoctadecanoyl)amido]-4,8-octadecadiene-1,3-diol, 1,2-*O*-diacyl-3-*O*-β-*D*-galactopyranosyl glycerol, 1,2-*O*-diacyl-3-*O*-[β-D-galactopyranosyl-(1''→6')-*O*-β-D-galactopyranosyl]glycerol**

층꽃풀(마편초과, Verbenaceae)

생 약 명 난향초(蘭香草)

학　　명 *Caryopteris incana* (Thunb.) Miquel

분　　포 전국의 산이나 들에 나는 다년생 식물로, 높이 40~70cm, 줄기는 곧게 서고, 전체에 잔털이 잇다. 잎은 대생이며 잎자루가 있고 난형 또는 긴 타원형이다. 가장자리에 거친 톱니가 있고 잎의 뒷면은 회백색을 띤다. 꽃은 자주색으로 마디마다 빽빽히 밀생하여 줄기를 싸는 취산화서로 달리고, 화서가 층층으로 배열된다. 개화기 : 7~9월, 결실기 : 9~10월.

효　　능 전초를 난향초(난향초)라 하여 약재로 이용
호흡기 감염증으로 인한 백일해, 기관지염에 유효하다. 풍습성(風濕性)으로 인한 관절염, 타박상에도 효력이 있다. 뱀에 물린데, 습진, 가려움증 등에 외용한다.

성　　분 **8-*O*-acetylharpagide, (3*R*)-oct-1-en-3-ol glycosides, 6-*O*-caffeoylphlinoside A), 8-*O*-acetylharpagide, 6'-*O*-*p*-coumaroyl-8-*O*-acetylharpagide, (3*R*)-oct-1-en-3-ol *O*-α-L-arabinopyranosyl-(1'',6')-*O*-β-*D*-glucopyranoside, apigenin 7-*O*-neohesperidinoside, 6'-*O*-caffeoylarbutin, leucosceptoside A, phlinoside A, β-D-fructofuranosyl-α-D-(6-*O*-[*E*]-sinapoyl) glucopyranoside, incanoside**

층층나무(층층나무과, Cornaceae)

생 약 명 등대수(燈臺樹)

학 명 ***Cornus controversa*** **Hemsley**

분 포 전국에 분포하며, 주로 산자락과 골짜기의 비옥하고 양지 바른 곳에 나는 낙엽 교목 식물로 높이 **10~15m** 정도 자란다. 전체 모양이 우산과 같은 모양이며, 나무껍질은 세로로 갈라진다. 가지는 계단 모양으로 돌려나고, 수평으로 퍼진다. 잎은 어긋나며, 넓은 난형 또는 타원상 난형으로 끝이 뾰족하다. 뒷면은 회색, 잔털이 많으며, 가장자리는 톱니가 없다. 잎자루는 붉은색을 띤다. 꽃은 흰색으로 가지 끝에 기산화서로 달린다. 열매는 둥근 모양의 핵과, 붉은색에서 검은색으로 익는다.
개화기는 **5**월, 결실기는 **9~10**월이다.

효 능 가지와 나무껍질을 등대수(燈臺樹)라 하여 약용으로 이용
소종(消腫)작용이 있어서 종기, 악창(惡瘡)에 쓰이고, 신경통, 관절염에서 통증을 그치게 한다.

성 분 **halleridone, (-)-2,3-digalloyl-4-(E)-caffeoyl-L-threonic acid, (-)-2-galloyl-4-(E)-caffeoyl-L-threonic acid, (-)-4-(E)-caffeoyl-L-threonic acid, kaempferol 3-*O*-α-L-rhamnoside**

칠엽수(칠엽수과, Hippocastanaceae)

생 약 명 사라자(娑羅子)

학　　명 ***Aesculus turbinate*** **Blume**

분　　포 전국에 분포하며, 일본이 원산인 귀화 식물로 가로수나 관상수로 이용이 다. 높이 10~20m 정도 자란다. 잎은 손바닥 모양으로 호생하며, 깃꼴겹잎으로 작은 잎은 5~7장이 긴 도란형이다. 끝이 뾰족하고 가장자리에 톱니가 있다. 꽃은 잡성화로 흰색 바탕에 붉은색이 있고, 가지 끝에 원추화서로 달린다. 화서의 길이는 15~25cm 정도.
개화기는 5~6월, 결실기는 9~10월이다.

효　　능 열매를 사라자(娑羅子)라 하여 약재로 이용
관중, 이기, 살충의 효능이 있고, 위한통증(胃寒痛症), 완복창만(脘腹脹滿), 감적충통(疳積蟲痛)을 치료한다.
anti-obesity effect, antiobese effect

문　　헌 **triterpenoid saponins, coumarinolignoids, cleomiscosin A, cleomiscosin B**

칡(콩과, Leguminosae)

생 약 명 갈근(葛根)

학 명 *Pueraria thunbergiana* (Sieb. & Zucc.) Bentham

분 포 전국에 분포하며, 낙엽 덩굴나무로 주로 산기슭의 양지 주변에서 자라는 다년생 식물이다.

효 능 뿌리를 갈근(葛根), 꽃을 갈화(葛花)라 하고, 잎을 갈엽(葛葉)
갈근은 피부모공을 이완시켜 땀을 내게하여 발열과 두통을 풀어 준다. 생진 작용이 있어서 갈증을 해소시키고, 소갈증 등에 유효하다. 갈화는 과음으로 인한 두통과 발열, 갈증과 식욕부진에 유효하다.
estrogenic effect, hepatoprotective activity, anti-inflammatory, anti-nociceptive effects

성 분 **kakkalide, tectoridin, tectorigenin, glycitein, tectoridin, glycitin, 6''-*O*-xylosyltectoridin, 6''-*O*-xylosylglycitin, irisolidone, daidzein, kaikasaponin, xanthoxin**

코스모스(국화과, **Compositae**)

생 약 명 추영(秋英)

학 명 ***Cosmos bipinnatus*** **Cavanilles**

분 포 전국에 분포하며, 주로 길가, 산, 들에 자라는 일년생 식물로 높이 **50 ~ 150cm** 정도 자란다. 전체에 털이 없고, 잎은 대생하며, **2**회 깃꼴로 갈라지며 갈래는 선형이다. 꽃은 붉은색, 흰색, 분홍색 등, 다양하며, 줄기나 가지 끝에 두상화서로 **1**개씩 달린다.
개화기는 **6 ~ 10**월, 결실기는 **8 ~ 11**월이다.

효 능 지상부를 추영(秋英)이라 하여 약재로 이용
청열(淸熱) 작용이 있어서 눈이 충혈되고 붓고 아픈 증상에 이 약물을 복용한다. 종기에는 짓찧어 참기름과 혼합해서 붙인다.
antioxidative, antigenotoxic activity

성 분 **heliaoi, taraxasterol, *p*-taraxasterol, β-amyrin, lupeol, taraxerol, cycloartenol, 24-methylenecycloartanol, tirucalla-7,24-dienol, dammaradienol**

터리풀(장미과, **Rosaceae**)

생 약 명 문자초(蚊子草)

학　　명 ***Filipendula glaberrima*** **Nakai**

분　　포 전국에 분포하며, 주로 산지에서 자라는 다년생 식물로 높이 **100cm** 정도 자란다. 줄기는 위로 향하고 연하게 붉은색을 띠며 전체에 털이 없다. 잎은 어긋나며 잎자루가 길고, 손바닥 모양으로 **3~7**갈래 갈라진다. 갈래의 끝은 피침형이며, 가장자리는 겹톱니가 있다. 꽃은 흰색 또는 연분홍색으로 줄기나 가지 끝에 달리고, 취산상 산방화서로 밀생한다.
개화기는 **6~8**월, 결실기는 **9~10**월이다.

효　　능 전초를 문자초(문자초)라 하여 약재로 이용
거풍습(擧風濕), 지경의 효능이 있고, 풍습관절염, 전간(癲癎)을 치료한다. 화상과 동상에도 짓찧어서 바르면 효과가 있다.

토끼풀(콩과, **Leguminosae**)

생 약 명 삼소초(三消草)

학 명 ***Trifolium repens*** **Linné**

분 포 유럽 원산의 다년생 식물로 한국에 귀화하여 전국에 분포하며, 길가나 잔디밭 등에서 잘 자라다. 높이 **10~30cm** 정도 자라며, 전체에 털이 없다. 줄기의 밑부분은 지표면을 포복하며 마디에서 뿌리를 내어 번식한다. 잎은 **3**장의 작은 잎으로 된 겹잎이며, 넓은 난형으로 잎 중간 부분에 **V**자 모양의 희색 띠가 있다. 꽃은 흰색으로 잎 겨드랑이에서 꽃대가 잎 위로 올라와 두상화서로 달린다. 개화기는 **4~7**월, 결실기는 **8~9**월이다.

효 능 지상부를 삼소초(三消草)라 하여 약재로 이용
신경 이상 증상에 달여서 복용하고, 민간에서는 치질 출혈에 달여서 복용하기도 한다.

성 분 **afrormosin, biochanin A, calycosin, daidzein, formononetin, genistein, irilin B, irilone, methyl-orobol, pratensein, pseudobaptigenin**

토란(천남성과, Araceae)

생 약 명 야우(野芋)

학 명 *Colocasia antiquorum Schott* var. *esculenta* Engler

분 포 전국에 분포하여 재배되는 열대 아시아 원산의 다년생 식물로 높이 **100cm** 정도 자란다. 약간 습한 곳에서 잘 자라고, 구경은 타원형으로 겉은 섬유로 쌓여 있다. 잎은 뿌리에서 나오며, 난상, 넓은 타원형 또는 난상 타원형이다. 털은 없고 가장자리가 물결 모양으로 굴곡이 지며, 밋밋하다. 간혹 **8～9**월에 꽃이 피는 것이 있으나 열매는 맺지 못한다.

효 능 뿌리줄기를 야우(野芋)라 하여 약재로 이용
유방염, 급성경부 림프절염, 뱀에 물렸을 때나 벌에 쏘였을 때에도 짓찧어 환부에 붙인다. 잎도 뱀에 물린데 짓찧어 붙인다.

성 분 **colocasinol A, *cis*-grossamide K, isoamericanol A, americanol A, (-)-pinoresinol, 2-hydroxy-3,2'-dimethoxy-4'-(2,3-epoxy-1-hydroxypropyl)-5-(3-hydroxy-1-propenyl) biphenyl**

톱풀(국화과, Compositae)

생 약 명 일지호(一枝蒿)

학　　명 ***Physalis alkekengi*** **Linné var.** ***franchetii*** **(Masters) Hortorum**

분　　포 전국에 분포하며, 주로 인가 주변에서 자라는 다년생 식물로 높이 **40~100cm** 정도 자란다. 땅속줄기는 희고 털이 없다. 잎은 호생하며, 잎 겨드랑이에서 연한 황백색의 꽃이 한 송이씩 핀다. 꽃이 핀 뒤 꽃받침은 자라서 주머니 모양으로 되고, 열매를 완전히 감싸게 된다. 열매는 둥근 모양으로 붉게 익는다. 개화기는 **6~7**월, 결실기는 **9~10**월이다.

효　　능 지상부를 일지호(일지호)라 하여 약재로 이용
활혈 작용이 있어서 타박상이나 생리가 없으면서 동통이 있는 증상을 치료한다. 종기나 뱀에 물린데 해독 작용을 한다. 급성림프절염, 부인과의 염증 등에서 백혈구 수의 정상 회복과 소염, 해열, 진통 효과가 나타난다.

성　　분 **13,14-seco-16,24-cycloergostane skeleton, 3-α-methoxy-2,3-dihydro-4,7-didehydrophysalin B, 3-β- methoxy-2,3-dihydro-4,7-didehydrophysalin B, physanoside, (6S,9R)-roseoside, (6S,9S)-roseoside, (6R,9S)-3-oxo-alpha-ionol β-D-glucopyranoside, citroside A, 13,14-seco-16,24-cycloergostane skeleton, physalin**

패랭이꽃(석죽과, Caryophyllaceae)

생 약 명 구맥(瞿麥)

학　　명 ***Dianthus chinensis*** **Linné**

분　　포 전국에 분포하며, 산이나 들에서 자라는 다년생 식물로 높이 30~50cm 정도 자란다. 전체는 회색 빛이 약하게 감도는 녹색을 띠고 털은 없다. 줄기는 밀생하고 곧게 서며, 가지가 갈라진다. 잎은 대생하고 선형, 피침형이고 끝이 뾰족하다. 꽃은 진분홍색으로 줄기 끝에 1~3송이씩 달린다. 개화기는 6~8월, 결실기는 9~10월이다.

효　　능 지상부를 구맥(瞿麥)이라 하여 약재로 이용
약물 달인 물은 이뇨 작용이 강하고, 장관(腸管)의 현저한 흥분 작용을 보이며, 간디스토마를 억제하는 작용이 있다.

성　　분 **dianchinenoside C, dianchinenoside D, hederagenin 28-*O*-β-D-glucopyranosyl (1→6)-β-D-glucopyranoside, sitosterol 3-β-*O*-β-D-glucopyranoside, isoorientin-2"-*O*-glucoside, isovitexin-2"-*O*-glucoside, chrysoeriol-7-*O*-glucoside**

편백(측백나무과, **Cupressaceae**)

생 약 명 일본편백(日本扁柏)

학 명 ***Chamaecyparis obtuse*** **(Sieb. et Zucc.) Endlicher**

분 포 우리 나라 중부 이남에 자라는 일본 원산의 상록 비늘 잎 교목 식물로 높이 **10~20m** 정도 자란다. 가지는 수평에 가깝고 햇가지는 처지며, 나무 껍질은 적갈색으로 세로로 갈라진다. 잎은 마름모꼴의 비늘잎, 끝이 둔하고 두꺼우며 녹색이다. 표면에 기공선이 **1**줄 있고 뒷면에는 흰색 **Y**자 선이 있다. 꽃은 암수한그루. 열매는 **10mm**내외의 둥근형으로 비늘잎 사이에 붙는다. 개화기는 **3~4**월, 결실기는 **10**월이다.

효 능 잎을 일본편백(日本扁柏)이라 하여 약재로 이용
위장 출혈로 인한 토혈(吐血)과 복통을 그치게 하고, 미약한 이뇨 작용과 호흡기 질환으로 인한 기침에 활용된다.
antimicrobial activity

성 분 **hinokitiol, taxifolin 3-*O*-glucoside, β-thujaplicin**

풀명자나무(장미과, Rosaceae)

생 약 명 모과(木瓜)

학 명 ***Chaenomeles japonica*** **(Thunb.) Lindley**

분 포 우리 나라 중부 이남에 분포하며, 주로 정원수 또는 조경수로 재배되는 식물로 높이 **1m** 정도 자란다. 줄기는 아래 쪽으로 눕고, 가지자 변한 가시가 있다. 잎은 호생하며, 난형이고, 가장자리에 날카로운 톱니가 있다. 표면은 짙은 녹색이며, 광택이 있다. 꽃은 주홍색과 흰색으로 피고, 가지 끝에 **1~4**송이가 달린다. 열매는 노란색으로 익으며, 지름이 **2~4cm** 정도 된다. 개화기는 **4~5**월, 결실기는 **8~9**월이다.

효 능 열매를 모과(木瓜)라 하여 약재로 이용
풍습성(風濕性)으로 인한 사지마비동통이나 근육의 굴신이 잘 안 되는 증상 및 하체의 마비경련을 치료한다. 근육이 땡겨서 목을 돌릴 수 없는 증상에도 유효하며, 각기병에도 상용된다. 토사곽란이 있을 때에 신속한 반응을 나타내고 소화불량에도 산사와 같이 물을 넣고 달여서 복용한다.

성 분 **ursolic acid methylester, 23-β-sitosterol, 3-epicorosolic acid methylester, uvaol, 2-α-hydroxy-3-oxo urs-12-en-28-oic acid, corosolic acid methylester, tormentic acid methylester, ursolic acid, maslinic acid methylester, 3-*O-trans-p*-coumaroyltormentic acid, 3-*O-cis-p*-coumaroyl tormentic acid, tormentic acid, corosolic acid, spiraeosides**

한라구절초(국화과, Compsotae)

생 약 명 구절초

학　　명 ***Chrysanthemum zawadskii*** **Herbich ssp.**

분　　포 우리 나라 제주도 한라산에 분포하는 특산이며, 해발 1300m 이상에 자라는 다년초 식물로 높이 10～20cm 정도 자란다. 전체의 모양이 구절초와 비슷하지만 왜소하다. 줄기는 곧게 자라며, 붉은색을 띠고, 잎은 어긋나며 가늘게 깃 모양으로 갈라진다. 꽃은 줄기나 가지 끝에 1～2송이씩 달리고 보통은 흰색 또는 분홍색으로 핀다.
개화기는 9～10월, 결실기는 10～11월이다.

효　　능 한라구절초의 지상부를 구절초(九折草)라 하여 약재로 이용
여성의 생리불순, 생리통, 불임증에 유효하다. 민간에서는 환약 또는 엿을 고아서 장기간 복용하며 활용한다.
antioxidant activity, tyrosinase inhibition activity

성　　분 **linarin, linarin acetate, acacetin, *cis,cis,cis*-octadeca-3,9,12-trienoic acid, (+)-(3S,4S,5R,8S)-E)-8-acetoxy-4-hydroxy-3-isovaleroyloxy-2-(hexa-2,4-diynyliden)-1,6-ioxaspiro [4,5] decane**

한련초(국화과, Compositae)

생 약 명 한련초(旱蓮草)

학 명 *Eclipta prostrata* Linné

분 포 우리 나라 중부 이남에 분포하며, 주로 길가나 밭둑에서 잘 자라는 일년생 식물로 높이 10~50cm 정도 자란다. 전체에 짧은 강모가 있고, 가지는 잎 겨드랑이에서 나온다. 잎은 마주나며, 잎자루는 거의 없고, 피침형으로 양 끝이 뾰족하고, 가장자리에 잔 톱니가 드물게 있다. 두상화는 흰색으로 지름1cm 정도로 줄기나 가지 끝에 1~3씩 달린다. 열매는 수과, 검은색으로 익고, 네모지다. 개화기는 8~10월, 결실기는 10~11월이다.

효 능 지상부를 한련초(旱蓮草)라 하여 약재로 이용

① 모발 성장 촉진 작용과 함께 모발을 검게 만든다. ② 각종 출혈에 지혈반응을 보이며, 외상에 신선한 것을 짓찧어 붙인다. ③ 피부가 갈라지는 피부염에도 유효하다.

antiviral activity, antiproliferative activity, antioxidant activity, hypolipidemic activity

성 분 **dasyscyphin C, diosmetin, hydroxybiochanin A, methylorobol, 5-hydroxymethyl-2,2':5',2'')-erthienyl tiglate, 5-hydroxymethyl-(2,2':5',2'')-terthienyl agelate, 5-hydroxymethyl-(2,2':5',2'')-erthienyl acetate, ecliptal, orobol, edelolactone, eclalbasaponins, demethylwedelolactone, isodemethylwedelolactone, α-formylterthienyl, strychnolactone, nonacosanol stearic acid, lacceroic acid, 3,4-dihydoxy benzoic acid**

한삼덩굴(뽕나무과, Moraceae)

생　약　율초(葎草)

학　명　***Humulus japonicus*** **Siebold et Zuccarini**

분　포　전국에 분포하며, 산야와 경작지 주변에 자라는 덩굴성 1년생 식물이다. 전체에 아래로 향한 가시가 있다. 잎은 마주 나며, 5~7갈래의 손바닥 모양으로 깊게 갈라지며, 가장자리에 톱니가 있고, 잎의 양면에는 거친 털이 있다. 꽃은 암수딴그루로 수꽃이삭은 원추화서, 암꽃화서는 이삭화서다. 개화기는 5~8월, 결실기는 9~10월이다.

효　능　지상부를 율초(葎草)라 하여 약재로 이용
① 열로 인한 피부가려움증, 종창(腫脹), 습진, 림프절결핵 및 뱀이나 독초에 물려 독이 퍼졌을 때 내복하거나 외용한다. ② 습열로 인한 이질에 복용하며, ③ 소변불통에도 쓰인다.

성　분　**methyl ferulate, eugenyl-β-D-glucopyranoside, apigenin-7-*O*-β-D-glucopyranoside, (E)-resveratrol-3-*O*-β-D-glucopyranoside, divarin-3-*O*-β-glucopyranoside, lariciresinol-9-*O*-β-xylopyranoside, xanthogalenol, 4'-*O*-methylxanthohumol, 4',6'-di-*O*-methylchalconaringenin**

할미꽃(미나리아재비과, Ranunculaceae)

생 약 명　백두옹(白頭翁)

학　　명　***Pulsatilla cernua*** **(Thunb.) Sprengel var.** ***koreana*** **(Nak.) Y. Lee**

분　　포　전국의 들이나 들의 양지에 나는 다년생 식물로, 높이 **30～40cm** 정도. 전체에 흰털이 밀생한다. 아래 잎은 밀생하고 **5**장의 작은 잎으로 된 깃꼴겹잎이며 표면에는 털이 없다. 꽃은 검붉은 자주색으로, 종모양이며 밑을 향해 피고 길이는 **3cm** 정도.
개화기 : **4～5**월, 결실기 : **6～7**월.

효　　능　뿌리를 백두옹(白頭翁)이라 하여 약재로 이용
① 습열(濕熱)이 원인이 되어 발병한 이질, 아메바성 이질에 신속한 반응을 보이고, ② 경부림프절염, 치질에 내복하거나 외용한다. ③ 잎은 강심작용이 있다.

성　　분　**cernuosides, 3-*O*-β-D-glucopyranosyl-(1→4)-α-L-arabinopyranosyl-bayogenin-28-α-L-rhamno-pyra nosyl-(1→4)-D-glucopyranosyl-(1→6)-D-glucopyranosyl ester, 3-*O*-D-xylopyranosyl(1→2)-[α-L-rhamnopyranosyl(1→3)]-α-L-arabinopyranosyl oleanolic acid 28-α-L-rhamnopyranosyl(1→4)-D-glucopyranosyl(1→6)-D-glucopyranoside.**

해당화(장미과, Rosaceae)

생 약 명 매괴화(玫瑰花)

학 명 ***Rosa rugosa*** **Thunberg**

분 포 전국에 분포하며, 산기슭이나 인가 주변에서 자라는 다년생 식물로 높이 **1.5m** 정도 자란다. 줄기에는 커다란 가시와 가시 모양의 털 또는 융모가 밀생하며, 잎은 호생한다. 작은 잎은 **7~9**장으로 깃꼴겹잎으로 타원형 또는 난형이고 턱잎이 있다. 꽃은 붉은색이지만 흰색도 있으며, 가지 끝에 **1~3**송이씩 달린다. 열매는 둥근 모양이며, 황적색으로 익는다.
개화기는 **5~7**월, 결실기는 **8~9**월이다.

효 능 꽃봉우리를 매괴화(玫瑰花), 뿌리를 매괴화근(玫瑰花根)이라 하여 약재로 이용
① 방향성이 높아서 간위(肝胃) 기능의 감퇴로 인한 흉복부가 아픈 증상을 해소한다. ② 여성의 생리불순과 유방통증에 응용되며, ③ 타박상으로 어혈이 생긴 것을 풀어 준다.
antioxidative activity, anti-allergic effect, antioxidant effect

성 분 **tellimagrandin I, (+)-4-*epi*-alphabisabolol, carota-1,4-dienaldehyde, bisaborosaol A, eugeniin, casuarictin, vitispiran, dodecanoic acid, hexadecanoic acid, docosane (C22), beta-ionone, 6-methyl-5-hepten-2-one, 2-heptanone, heptanal, myristic acid, 3-glucosides and 3,5-diglucosides of cyanidin (Cy), pelargonidin (Pg) and peonidin (Pn), 3-rutinosides and 3-rho-coumaroylglucoside-5-glucosides of Cy and Pn, and Cy 3-sophoroside**

향나무(측백나무과, Cupressaceae)

생 약 명 회엽(檜葉)

학 명 ***Juniperus chinensis*** **Linné**

분 포 우리 나라 전역에 분포하는 상록 교목 식물로 높이 10m 정도 자란다. 1~2년생 가지는 녹색, 3년생 가지는 암갈색이다. 잎은 마주 나며, 3개가 돌려난다. 침엽의 표면은 들어가고 흰색 기공선이 2개 있으며, 비늘잎은 난상의 마름모꼴이다. 꽃은 암수 한 그루, 가지 끝에 달린다. 열매는 둥글고, 흑자색으로 익는다.
개화기는 4~5월, 결실기는 다음해 10월이다.

효 능 잎, 가지, 나무 껍질, 종자를 회엽(檜葉)이라 하여 약재로 이용
① 풍한(風寒)이 원인이 되어 일어나는 감기에 해열작용이 나타나고, ② 풍습성 관절염의 통증 증상을 치료한다. ③ 폐결핵과 빈혈, 요로감염증에도 쓰인다.
acaricidal activity, anti-obesity effect, antioxidant effect, anti-obesity effects

성 분 **(4-hydroxy-2-isopropylphenyl)ethanoic acid, *epi*-calocedrin, genipin, geniposide, methyl 14,15-di-hydroxy-8(17),12*E*-labdadien-19-oate, communic acid, sandaracopimaric acid, 7-oxosandara copimaric acid, sugiol, 7-oxototarol, α-cedrol, β-sitosteryl-1-O-β-glucopyranoside, 8,19-dioxo-8,14-*seco*-chinan-14,11-olide, 8-oxo-8,14-*seco*-abiet-12-en-14,19-dial**

협죽도(협죽도과, Apocynaceae)

생 약 명 협죽도(夾竹桃)

학 명 ***Nerium indicum*** **Miller**

분 포 전국에 분포하지만 중부 이북에서는 월동이 어려운 인도 원산의 상록 관목으로 주로 조경수로 재식 되는 관상용 식물이다. 높이 **2~3m** 정도 자란다. 잎은 가지 끝부분에 돌려나고, 선상 피침형으로 두껍다. 길이 **7~16cm,** 너비 **1~2cm,** 가장자리에는 톱니가 없다. 꽃은 대부분 붉은색이나 흰색도 있다. 가지 끝에 취산화서로 달린다.
개화기는 **7~8**월, 결실기는 **10~11**월이다.

효 능 잎과 나무 껍질을 협죽도(夾竹桃)라 하여 약재로 이용
① 심장의 수축과 확장 기능을 증진시켜 강심 작용을 나타낸다.
② 말초 혈관을 확장시키고 혈압을 상승시켜 이뇨 작용을 보인다.
③ 독성이 매우 강하여 치사율이 높으므로 전문의의 지시에 따른다.

성 분 **neriursate, 3β-*O*-(β-D-diginosyl)-14,15α-dihydroxy-5α-card-20(22)-enolide, uzarigenin, 3-*O*-caffeoylquinic acid, 5-*O*-caffeoylquinic acid, cardenolide, ursane-type triterpene, oleanane-type triterpene, dammarane-type triterpene**

호박(박과, Cucurbitaceae)

생 약 명 남과자(南瓜子)

학 명 *Cucurbita moschata* Duchesne

분 포 전국에 분포하여 재배되며, 열대 아메리카 원산의 덩굴성 일년생 식물이다. 덩굴의 단면은 오각형으로 털이 있으며, 잎 겨드랑이에 덩굴손이 있다. 잎은 호생하며 잎자루는 길고 심장형으로 가장자리에 톱니가 있고 오각형의 모양이다. 꽃은 노란색으로 암수한그루며, 단성화로 잎 겨드랑이에 한 송이씩 달린다.
개화기는 6~10월이다.

효 능 종자를 남과자(南瓜子), 줄기는 남과등(南瓜藤), 꼭지를 남과체(南瓜蒂), 과육을 남과(南瓜)라 하여 약재로 이용
① 남과자는 살충 작용이 있어 촌충, 회충, 간디스토마에 일정한 효과가 있다. ② 남과등은 폐결핵의 미열, 복통, 생리불순에 쓰인다. ③ 남과체는 가루로 만들어 기름에 개어서 종기와 화상에 바른다.

성 분 **cucurbitosides, carotene, 13-hydroxy-9,11,15-octadecatrienoic acid, 4-β-D-(glucopyranosylhy-droxymethyl)phenyl 5-*O*-benzoyl-β-D-apiofuranosyl(1→2)-β-D-glucopyranoside, 2-(4-hydroxy) henylethanol 4-*O*-(5-*O*-benzoyl)-β-D-apiofuranosyl (1→2)-β-D-glucopyranoside, 2-(4-hydroxy henyl)thanol 4-*O*-[5-*O*-(4-hydroxy) benzoyl]-β-D-apiofuranosyl(1→2)-β-D-glucopyranoside.**

홍자단(장미과, Rosaceae)

학　명 ***Contoneaster horizontails* D**

분　포 중국 서부지방이 원산으로 우리 나라에 널리 분포되어 자생하고, 특히 분재로 많이 이용되는 상록 반낙엽성 식물이다 높이 **1m** 정도 자란다. 가지는 수평 또는 포복성으로 뻗어 나가며 자라고, 잎은 타원형으로 길이 **1～2cm**, 넓이 **0.7～1.5cm** 정도로 앞면은 윤기가 있고, 짧은 곁가지에서 대생으로 나며, 가장자리는 밋밋하다. 꽃은 **5～6**월에 짧은 가지 끝에서 산형화서의 연분홍색으로 피며, 여름에 녹색의 열매는 가을이 되면서 빨간색으로 익으며, 겨울에도 가지에 달려 있다.
개화기는 **5～6**월, 결실기는 **10～11**월이다.

효　능 양혈(凉血), 지혈(止血), 조경(調經), 지대(止帶), 비뉵(鼻衄:코피), 기침, 아간출혈(牙齦出血), 월경과다(月經過多), 붕루대하(崩漏帶下) 등 부인병을 다스린다.

화백(측백나무과, Cupressaceae)

학　명 *Chamaecyparis pisifera* (Sieb. et Zucc.) Endlicher

분　포 일본 원산으로 우리 나라 중부 이남에 재식 되어 자라는 상록 비늘잎 교목 식물로 높이 **10~20m** 정도 자란다. 가지는 수평에 가깝고, 나무 껍질은 적갈색이며 세로로 갈라진다. 잎은 마름모꼴의 비늘잎, 끝이 뾰족하고 뒷면이 분칠한 것같이 흰색으로 보이나 나비모양의 작은 무늬가 모인다. 열매는 둥글고 굴곡이 있으며, 비늘 잎의 잎자루 부분에 **2~4**개씩 달린다. 개화기는 **4~5**월, 결실기는 **10~11**월이다.

효　능 화백의 잎, 가지, 뿌리 등을 약재로 이용한 기록은 없다.

성　분 **pisiferdiol, pisiferol, isiferal, *O*-methylpisiferic acid, pisiferdiol, pisiferanol, 8(14),15-pimaradiene-19-oic acid, aromadendrin, apigenin, feric acid, 8,20-dihydroxy-9(11),13-abietadien-12-one, sciadopitysin, ginkgetin, isoginkgetin, podocarpusflavone B, 7,7''-*O*-di-methylamentoflavone, bilobetin, podocarpusflavone A, 7-*O*-methylamentoflavone, 5,7-dihydroxy-2-(1-acetyl-2-methoxycarbonylethyl)-chromone, rel-(8R,10R,20S)-8,10,20-trihydroxy-9(10→20)-abeo-abieta-9,13-dien-12-one.**

화살나무(노박덩굴과, Celastraceae)

생 약 명 귀전우(鬼箭羽)

학　　명 ***Euonymus alatus*** **(Thunb.) Sieboid**

분　　포 전국에 분포하며, 산기슭이나 중턱에 나는 낙엽 관목 식물로 높이 2~3m 정도 자란다. 잎은 마주 나고, 타원형 또는 도란형으로 끝이 뾰족하며, 길이 3~5cm, 털이 거의 없다. 가장자리는 날카로운 잔 톱니가 있다. 가지는 녹색, 3~4줄의 깃 모양 날개가 있다. 꽃은 황록색 4수성으로 잎 겨드랑이에 취산화서로 달린다. 열매는 삭과 붉은색으로 익는다.
개화기는 5~6월, 결실기는 9~10월이다.

효　　능 가지와 가지에 달린 날개 깃을 귀전우(鬼箭羽)라 하여 약재로 이용
① 파혈작용이 있어서 타박상, 어혈동통, 생리불순, 산후 어혈복통 등에 쓰인다. ② 풍습으로 인한 사지마비통도 제거시킨다. ③ 민간에서 항암치료제로 쓰인다.

성　　분 **5,7-dihydroxy-2-(1-acetyl-2-methoxycarbonylethyl)-chromone, rel-(8R,10R,20S)-8,10,20-trihydroxy-9(10→20)-abeo-abieta-9,13-dien-12-one, (+)-usnic acid, benzoic acid, 2-hydroxy-4-methoxy-3,6-dimethyl benzoic acid, lupeol, 3-β-hydroxy-30-norlupan-20-one, (2R,3R)-3,5,7,4'-tetrahydroxy flavanone, kaempferol, 5,7,4'-trihydroxy flavanone, quercetin, daucosterol, kaempferol, quercetin, 5-caffeoylquinic acid**

화송(삼나무과, Taxodiaceae)

이 명 금송

학 명 ***Sciadopitys vertieillata*** **(Thunb.) Siebold et Zuccarini**

분 포 우리 나라 전역에 분포하며, 일본 원산의 상록 교목의 식물로써 높이 **5~10m** 정도 자란다. 햇가지는 털이 없고, 비늘 잎은 많으며, 가지 끝에 총생한다. 너비는 **2.5cm** 정도. 잎은 선상으로 짙은 녹색이며 광택이 있고 길이 **8~12cm,** 너비 **3mm** 정도 된다. 잎 끝은 오목하게 들어가고 잎 밑에 털이 총생한다. 수꽃은 가지 끝에 둥글게 모여 달리며, 암꽃은 타원형 **1**개가 가지 끝에 달린다.
개화기는 **5~6**월, 결실기는 **9~10**월이다.

효 능 화송(금송)을 약재로 이용한 기록은 없다

성 분 **sciadonic acid, (1S,11S,12S)-(+)-verticilla-3E,7E-dien-12-ol, (1S,3Z,7E,11S,12S)-(+)-verticilla-3,7-dien-12,20-diol, (1S,3Z,7E,11S,12S)-(+)-verticilla-3,7-dien-12,20-diol 20-acetate, (1S,3E,7E,11R)-(+)-verticilla-3,7,12(18)-triene, (1R,3E,7E,11R,12Z)-(+)-verticilla-3,7,12-triene, (1R,7E,11Z)-(-)-verticilla-4(20),7,11-triene, (1S,3E,7E,11S,12S)-(+)-verticilla-3,7-dien-12-ol, (1S,3E,7E,11S,12R)-(+)-verticillα-3,7-dien-12-ol**

활나물(콩과, Leguminosae)

생 약 명 농길리(農吉利)

학　　명 ***Crotalaria sessiliflora*** **Linné**

분　　포 전국에 분포하며, 주로 들에서 자라는 일년생 식물로 높이 **20～50cm** 정도 자란다. 전체에 털이 있고, 줄기는 곧게 자란다. 잎은 어긋나며, 잎자루가 없고, 피침형 또는 선형으로 길이가 **4～8cm** 정도 자라며, 끝이 뾰족하고, 톱니가 없다. 꽃은 청자색으로 줄기에 총상화서로 달리며, 꽃자루는 짧다. 개화기는 **7～9**월, 결실기는 **9～10**월이다.

효　　능 지상부를 농길리(農吉利)라 하여 약재로 이용
① 지상부를 종기에 짓찧어 붙이고, ② 피부상피암, 식도암, 자궁경부암에 약침 제제로 효력이 있다.

성　　분 **7,2',4'-trihydroxyisoflavone-4'-*O*-β-D-glucopyranoside, 2',4',5,7-tetrahydroxyisoflavone, 2',4',7-trihydroxyisoflavone, 4',7-dihydroxyflavone, isovitexin, eucomic acid, hydroxyeucomic acid, eriodictyol-7-*O*-β-D-glucopyranoside, pyrrolizidine alkaloids**

황기(콩과, Leguminosae)

생 약 명 황기(黃芪)

학 명 ***Astragalus membranaceus*** **Bunge**

분 포 전국에 분포하며, 주로 고산 지역에서 자라거나 산지에서 재배하는 다년생 식물로 높이 100cm 정도 자란다. 잎은 호생하고, 홀수 깃꼴겹잎, 작은 잎은 6~11쌍으로 타원형이며, 잔털이 있고 가장자리는 밋밋하다. 꽃은 노란색의 총상화서로 달린다.
개화기는 8~9월, 결실기는 10~11월이다.

효 능 뿌리를 황기(黃芪)라 하여 약재로 이용
① 신체의 면역 증강 작용이 있어서 망상 내피 세포의 탐식 능력을 증강시키고, ② 신체의 대사 기능을 활성화 시키므로 혈청과 간장 내의 단백질 대사를 촉진시킨다. ③ 정상인에게서는 현저한 이뇨 작용을 나타낸다.

성 분 **astragaloside, isoastragaloside, isoliquiritigenin, calycosin, calycosin-7-O-β-D-glucoside, astramem branoside, 4-hydroxy-5-hydroxymethyl-[1,3]dioxolan-2,6'-spirane-5',6',7',8'-tetrahydro-indolizine-3'-carbaldehyde**

황매화(장미과, **Rosaceae**)

생 약 명 체당화(棣棠花)

학 명 ***Kerria japonica*** **(L.) De Candolle**

분 포 우리 나라 중부 이남에 분포하며, 산자락 및 마을 인근에 나는 낙엽 관목 식물로 높이 **2~4m** 정도 자란다. 줄기는 녹색이며, 늘어진다. 잎은 어긋나고 난형 또는 긴 난형으로 길이 **4~10cm** 정도다. 맥이 뚜렷하며, 가장자리에는 겹톱니가 있다. 꽃은 가지나 줄기 끝에 노란색으로 꽃잎은 **5~6**장, 지름 **4~5cm**, 열매는 소견과, 꽃받침 안에서 검은 갈색으로 익는다.
개화기는 **4~5**월, 결실기는 **9**월이다.

효 능 꽃을 체당화(棣棠花)라 하여 약재로 이용
① 만성해수와 거담의 효능이 있고, ② 소화불량에도 쓰이며, ③ 이뇨작용과 창독에 효과가 나타난다.
anti-inflammatory

성 분 **kerinol, linariin, isolinariin**

흰작살(마편초과, Verbenaceae)

생 약 명 착엽자주(窄葉紫珠)

학　　명 ***Callicarpa japonica*** **Thunberg var.** ***leucocarpa*** **Nakai**

분　　포 전국에 분포하며, 주로 산기슭에 흔히 나는 낙엽 관목식물로 높이 **2~3m** 정도 자란다. 가지는 활처럼 늘어지고, 잎은 대생이며, 긴 타원형으로 길이가 **6~12cm**, 너비 **3~4cm** 정도 된다. 가장자리에는 가는 톱니가 있으며, 표면은 짙은 녹색이고, 잎자루는 짧다. 꽃은 흰색으로 잎 겨드랑이에서 양쪽으로 취산화서를 이루며, 열매는 둥글고 흰색으로 익는다.
개화기는 **7~8**월, 결실기는 **9~10**월이다.

효　　능 잎을 착엽자주(窄葉紫珠)라 하여 약재로 이용
① 동맥 출혈에 지혈 반응을 나타낸다.
antiviral activity

성　　분 **ursolic acid, oleanolic acid, 2α,3α-dihydroxyurs-12-en-28-oic acid, kaji-ichigoside F1, 2α,3α, 19α,24-tetrahydroxyurs-12-en-28-oic acid β-D-glucopyranosyl ester, 4-*epi*-niga-ichigoside F1, sericoside, stigmasterol, luteolin 7-*O*-glucoside, (3)-isolariciresinol 3α-*O*-β-D-glucopyranoside, 13,14,15,16-tetranorclerodane, callicarpenal, 5,6,7-trimethoxyflavone, 4',5,6,7-tetramethoxyflavone**

몽골 자생자원식물

개쑥부장이속 - **Heteropapp**

국화과 쑥속 - ***Artemisia pectinata***

꿀풀과 속단속 - ***Phlomis tuberosa* L.**

뜸부기

마디풀과 대황속

명아주과 명아주 – **Chenopodi**

미나리아재비과 할미꽃속 – ***Pulsatilla bungeana***

산형과 시호속 – **Bupleurum**

석죽과 벼룩이자리속 – **Arenaria**

미나리아재비과 할미꽃속 – **Pulsatilla bungeana**

쑥속 – ***Artemisia macrocephala***

용담과 용담속
– ***Gentiana macrophylla***

장미과 딸기속
– ***Fragaria orientalis*** L

장미과 양지꽃속 물싸리풀
– ***Potentilla bifurca***

콩과 두메자운속
– ***Oxytropis myriophylla***

절굿대속 − **Echinopus**

국화과민들레속 서양민들레
− ***Taraxacum officinale***

국화과 솜다리속 솜다리
− ***Leontopodium ochroleucum***

국화과 쑥속 − **Artemisia**

꼭두서니과 갈퀴덩굴속 솔나물
− ***Galium verum* L.**

국화과 톱풀속 – ***Achillea asiatica***

꿀풀과 다년초 – ***Panzeria lanata* L.**

꿀풀과 용머리속 – ***Dracocephalum foetidium***

꿀풀과 형개와 동종 – ***Schizonepeta multifida*** **L.**

꿩의비름과 꿩의비름속 – ***Sedum purpureum***

노루발과 노루발풀속 – ***Pyrola rotundifolia*** **L**

마타리과 쥐오줌풀속 – ***Valeriana officinalis***

바늘꽃과 분홍바늘꽃 – ***Chamaenerion angustifolium***

미나리아재비과 꿩의다리속 – ***Thalictrum foetidum*** **L.**

백합과 파속 – ***Allium altaicum***

범의귀과 물매화풀 – ***Parnassia palustris*** **L.**

산형과 어수리속 – ***Heracleum sibiricum***

산형과 − ***Carum catvi* L.**

석죽과 끈끈이장구채속 오랑캐장구채 − ***Silene repens***

십자화과 냉이속 냉이 − ***Capsella bursa* pastoris**

쐐기풀과 쐐기풀속 – ***Urtica cannabina* L.**

용담과 용담속 – 구슬붕이

용담과 용담속 – ***Gentiana barbata***

장미과 낙엽성관목 – ***Pentaphylloides fruticosa***

장미과 민둥인가목 – ***Rosa acicularis* L.**

장미과 양지꽃속 – ***Potentilla tanacetifolia***

장미과 오이풀 − ***Sanguisorba offocinalis*** **L.**

쥐손이풀과 − ***Geranium pratense*** **L**

지빠귀

지치과 들지치속 - ***Lappula intermedia***

초롱꽃과 가는잎잔대 - ***Adenophora liliifolia***

콩과 나비나물속 등갈퀴나물 - ***Vicia cracca* L**

콩과 묏황기 – ***Hedysarum alpinus* L**

콩과 전동싸리 – ***Melilotus suaveolens***

콩과 토끼풀속 – **Trifolium**

현삼과 꼬리풀속 긴산꼬리풀 – ***Veronica longifolia*** **L**

현삼과 해란초속 – ***Linaria buriatica***

참고문헌

가는잎금계국 *Coreopsis tinctoria* Nutt.

- Recovery of oral glucose tolerance by Wistar rats after treatment with *Coreopsis tinctoria* infusion. Dias T, Mota-Filipe H, Liu B, Jones P, Houghton PJ, Paulo A. *Phytother Res.* (2010), 24(5), 699-705.
- A novel chalcone from *Coreopsis tinctoria* Nutt. *Biochemical Systematics and Ecology* (2006), 34(10), 766-769.
- Interactions between thrombin and natural products of *Coreopsis tinctoria* Nuttt. and Cistanche deserticola Ma. in capillary zone electrophoresis. *Journal of Chinese Pharmaceutical Sciences* (2006), 15(1), 38-44.
- Accumulation of Rare Phenylpropanoids in Agrobacterium rhizogenes Transformed Root Cultures of *Coreopsis tinctoria.* Reichling J, Thr and accumulation of unusual phenylpropanoids in plants and *in vitro* cultures of *Coreopsis tinctoria* and *C.* on U., *Planta Med.* (1990), 56(5), 488-490.
- Comparative study on the production*lanceolata.* Reichling J, Thron U., *Pharm Weekbl Sci.* (1989), 11(3), 83-86.

가막살나무 *Viburnum dilatatum* Thunberg

- Phenolic glycoside from the roots of *Viburnum dilatatum., Nat Prod Commun.* (2009), 4(7), 945-946.
- New antioxidant phenolic glucosides from *Viburnum dilatatum. Helvetica Chimica Acta* (2008), 91(10), 1863-1870.
- Alpha-glucosidase inhibitory and antihyperglycemic effects of polyphenols in the fruit of *Viburnum dilatatum* Thunb. *J Agric Food Chem.* (2006), 54(13), 4588-4592.
- Phenolic compositions of *Viburnum dilatatum* Thunb. fruits and their antiradical properties. *Journal of Food Composition and Analysis* (2005), 18(8), 789-802.
- Physiological effects and active ingredients of *Viburnum dilatatum* Thunb fruits on oxidative stress. *Biofactors.* (2004), 21(1-4), 273-275.
- Inhibitory effects of *Viburnum dilatatum* Thunb. (gamazumi) on oxidation and hyperglycemia in rats with streptozotocin-induced diabetes. *J Agric Food Chem.* (2004) 52(4), 1002-1007.
- Identification and antiradical properties of anthocyanins in fruits of *Viburnum dilatatum* thunb. *J Agric Food Chem.* (2003), 51(21), 6173-6177.
- Antioxidant activity and inhibitory effect of Gamazumi (*Viburnum dilatatum* THUNB.) on oxidative damage induced by water immersion restraint stress in rats. *Int J Food Sci Nutr.* (2001), 52(5), 443-51.
- Studies on the constituents of Viburnum species. 16. Viburnols: six novel triterpenoids from *Viburnum dilatatum. Terahedron Letters* (1997), 38(4), 571-574.
- Viburnols: novel triterpenoids with a rearranged dammarane skeleton from *Viburnum dilatatum. Tetrahedron Letters* (1996), 37(24), 4157-4160.
- A spiro-bis-g-lactofrom *Viburnum dilatatum. Phytochemistry.* (1984), 23(10), 2299-2301.

가죽나무 *Ailanthus altissima* Swingle

- Anti-inflammatory compounds from the leaves of *Ailanthus altissima. Biomolecules & Therapeutics* (2009), 17(1), 86-91.
- Antiasthmatic activity of luteolin-7-O-glucoside from *Ailanthus altissima* through the downregulation of T helper 2 cytokine expression and inhibition of prostaglandin E2 production in an ovalbumin-induced asthma model. *Biol. & Pharm. Bulletin* (2009), 32(9), 1500-1503.
- Bioassay-oriented isolation of an insecticide from *Ailanthus altissima. J. of Plant Interactions* (2009), 4(2), 119-123.
- A quassinoid 6a-tigloyloxychaparrinone inhibits hypoxia-inducible factor-1 pathway by inhibition of eukaryotic translation initiation factor 4E phosphorylation. *European Journal of Pharmacology* (2008), 592(1-3), 41-47.
- Antibacterial and antioxidant properties of *Ailanthus altissima* swingle leave extract to reduce foodborne pathogens

and spoiling bacteria. *Journal of Food Safety* (2009), 29(4), 499-510.

- New coumarins from the *Ailanthus altissima. Heterocycles* (2005), 65(8), 1963-1966.
- Three new quassinoids, ailantinol E, F, and G, from *Ailanthus altissima. Chemical & Pharmaceutical Bulletin* (2003), 51(4), 385-389.
- Isolation of Phytotoxic Compounds from Tree-of-Heaven (*Ailanthus altissima* Swingle). *Journal of Agricultural and Food Chemistry* (2003), 51(5), 1177-1180.
- Bitter principles of *Ailanthus altissima* Swingle. Structure determination of shinjuglycosides E and F. *Chemical & Pharmaceutical Bulletin* (1987), 35(10), 4302-4306.
- Structure determination of a new bitter principle, shinjulactone L, from *Ailanthus altissima. Bulletin of the Chemical Society of Japan* (1985), 58(9), 2723-2724.
- Structure determination of bitter principles of *Ailanthus altissima.* Structures of shinjulactones F, I, J, and K. *Bulletin of the Chemical Society of Japan* (1984), 57(10), 2885-2892.
- Constituents of seeds of *Ailanthus altissima* Swingle. Isolation and structures of shinjuglycosides A, B. C, and D. *Bulletin of the Chemical Society of Japan* (1984), 57(9), 2496-2501.
- Shinjulactones G and H, new bitter principles of *Ailanthus altissima* Swingle. *Bulletin of the Chemical Society of Japan* (1984), 57(7), 2013-2014.
- Shinjulactone F, a new bitter principle with a 5B-picrasane skeleton from *Ailanthus altissima* Swingle. *Chemistry Letters* (1984), (4), 555-556.
- Structures of shinjulactones D and E, new bitter principles of *Ailanthus altissima* Swingle. *Chemical & Pharmaceutical Bulletin* (1983), 31(6), 2179-2182.
- Antimycotic substances in the crude drugs. II. *Shoyakugaku Zasshi* (1982), 36(4), 307-314.
- Shinjulactone C, a new quassinoid with a 1α,12α,5α,13α-dicyclo-9βH-picrasane skeleton from *Ailanthus altissima* SWINGLE. *Tetrahedron Letters* (1982), 23(11), 1205-1206.
- Structure of shinjulactone B, a new bitter principle from *Ailanthus altissima. Chemistry Letters* (1981), (12), 1797-1798.
- Shinjudilactone, a new bitter principle from *Ailanthus altissima* Swingle. *Chemistry Letters* (1981), (11), 1597-1598.

갈고리층층둥굴레 *Polygonatum sibiricum* Redour

- Antihyperglycemic and antioxidative effects of vew herbal formula in streptozotocin-induced diabetic rats. *Journal of Medicinal Food* (2009), 12(4), 728-735.
- Protective effect of *Polygonatum sibiricum* extract on hypoxia/reaeration injury. *Shizhen Guoyi Guoyao* (2008), 19(4), 959-960.
- Research progress of P. *sibiricum* polysaccharides. *Zhongguo Shipin Tianjiaji* (2008), 51(4), 52-55.
- Effects of *Polygonatum sibiricum* polysaccharide on learning and memory in a scopolamine-induced mouse model of dementia. *Neural Regeneration Research* (2008), 3(1), 33-36.
- Steroidal Saponins from the Rhizomes of *Polygonatum sibiricum. Journal of Natural Products* (2006), 69(3), 360-364.
- Two new alkaloids from the rhizome of *Polygonatum sibiricum. Journal of Asian Natural Products Research* (2005), 7(2), 127-130.
- Steroidal saponins from the rhizomes of *P. sibiricum. J. of Natur. Products* (1990), 53(2), 333-339.

갈퀴꼭두서니 *Rubia cordifolia* Linné var. *pratensis* Maximowicz

- Isolation of natural colorant from the roots of *Rubia cordifolia* and its use as a new neutralization indicator. *Journal of Ecotoxicology & Environmental Monitoring* (2009), 19(6), 601-604.
- Modulatory role of alizarin from *Rubia cordifolia* L. against genotoxicity of mutagens. *Food and Chemical Toxicology* (2010), 48(1), 320-325.

- Quantitative densitometric HPTLC analysis of purpurin in the parts of alizarin and in pharmaceutical dosage forms. *Journal of Planar Chromatography-Modern TLC* (2009), 22(2), 109-113.
- *In vitro* evaluation of free radical scavenging activity of alizarin L. *Journal of Chinese Clinical Medicine* (2008), 3(5), 278-284.
- An effective high-speed countercurrent chromatographic method for preparative isolation and purification of mollugin directly from the ethanol extract of the Chinese medicinal plant *Rubia cordifolia. Journal of Separation Science* (2007), 30(9), 1313-1317.
- Antioxidant Phenolic Constituents in Roots of Rheum officinale and Rubia cordifolia : Structure-Radical Scavenging Activity Relationships. *Journal of Agricultural and Food Chemistry* (2004), 52(26), 7884-7890.
- Isolation of colour components from native dye-bearing plants in northeastern India. *Bioresource Technology* (2004), 96(3), 363-372.
- Isolation, structural elucidation, and synthesis of RA-XVII, a novel bicyclic hexapeptide from *Rubia cordifolia,* and the effect of side chain at residue 1 upon the conformation and cytotoxic activity. *Tetrahedron Letters* (2004), 45(5), 935-938.
- Triterpenes from Rubia cordifolia L. *Bulletin of Pharmaceutical Sciences,* (2002), 25(2), 155-163.
- Rubiasins A-C, new anthracene derivatives from the roots and stems of *Rubia cordifolia. Tetrahedron Letters* (2000), 41(37), 7157-7162.
- RA-dimer A, a novel dimeric antitumor bicyclic hexapeptide from *Rubia cordifolia* L. *Tetrahedron Letters* (2000), 41(32), 6127-6130.
- Rubiadin, a new antioxidant from *Rubia cordifolia. Indian Journal of Biochemistry & Biophysics* (1997), 34(3), 302-306.
- New antitumor bicyclic hexapeptides. RA-IX and -X from Rubia cordifolia. Part 3. Conformation-antitumor activity relationship. *Journal of the Chemical Society, Perkin Transactions 1: Organic and Bio-Organic Chemistry* (1992), (4), 455-459.
- New antitumor bicyclic hexapeptides, RA-VI and -VIII from Rubia cordifolia; conformation-activity relationship. II. *Tetrahedron* (1991), 47(34), 7007-7020.
- New arborane type triterpenoids from Rubia cordifolia var. pratensis and R. oncotricha. *Chemical & Pharmaceutical Bulletin* (1990), 38(5), 1435-1437.
- New triterpenoids from *Rubia cordifolia* var. pratensis (Rubiaceae). *Chemical & Pharmaceutical Bulletin* (1989), 37(6), 1670-1672.
- Rubiatriol, a new triterpenoid from the Chinese drug Qian Cao Gen, Rubia cordifolia. *Journal of Natural Products* (1986), 49(6), 1114-1116.
- Anthraquinone production with higher plant cells. Part III. Effects of physical factors and surface active agents on the formation of anthraquinones by *Rubia cordifolia* cells in suspension culture. *Agricultural and Biological Chemistry* (1985), 49(2), 519-520.
- Terpenoid and related compounds. Part XV111. Two pentacyclic triterpenes from *Rubia cordifolia. Phytochemistry* (1981), 20(8), 1923-1927.
- New cytotoxic bicyclic hexapeptides, RA-XXIII and RA-XXIV, from *Rubia cordifolia* L. Chemical & pharmaceutical bulletin (2008), 56(5), 730-733.
- Hepatoprotective effects of rubiadin, a major constituent of *Rubia cordifolia* Linn. *Journal of ethnopharmacology* (2006), 103(3), 484-490.

갈퀴덩굴 *Galium spurium* var. *echinospermon* (Wallr.) Hayek

- Analysis of the iridoid content of Galium species occurring in Hungary, by means of the Trimm-Hill reaction. *Herba Hungarica* (1982), 21(2-3), 185-196.

갈퀴망종화 *Hypericum galioides* Lamarck

- Volatile constituents of Hypericum L. section Myriandra (Clusiaceae): species of the H. *fasciculatum* Lam. Alliance. *Journal of Essential Oil Research* (2008), 20(3), 244-249.
- Genetic profiling of Hypericum (St. John's Wort) species by nuclear ribosomal ITS sequence analysis. *Planta Medica* (2004), 70(10), 929-935.
- Antimicrobial properties of some species of St. John's wort cultivated in Uzbekistan. *Mikrobiologichnii Zhurnal* (1934-1977) (1970), 32(4), 494-497.

감국 *Chrysanthemum indicum* Linné

- Analysis of chemical composition of *Chrysanthemum indicum* flowers by GC/MS and HPLC. *Journal of Medicinal Plants Research* (2010), 4(5), 421-426.
- Anti-inflammatory activity of *Chrysanthemum indicum* L. extract in lipopolysaccharide-treated rats. *Natural Product Sciences* (2009), 15(2), 55-59.
- Three New Sesquiterpenoids from *Chrysanthemum indicum* L. *Helvetica Chimica Acta* (2009), 92(9), 1823-1828.
- Distinct effect of *Chrysanthemum indicum* Linne extracts on isoproterenol-induced growth of human hepatocellular carcinoma cells. *Oncology Reports* (2009), 22(6), 1357-1363.
- Chemical composition and antimicrobial activity of the essential oil of *Chrysanthemum indicum* against oral bacteria. *Journal of Bacteriology and Virology* (2009), 39(2), 61-69.
- Comparative chemical composition of domestic and imported Chrysanthemum indicum L. flower oils. *Food Science and Biotechnology* (2009), 18(5), 1288-1292.
- Changes in antioxidant activity with temperature and time in *Chrysanthemum indicum* L. (Gamguk) teas during elution processes in hot water. *Food Science and Biotechnology* (2008), 17(2), 408-412.
- Volatile aroma composition of *Chrysanthemum indicum* L. flower oil -research note-. *Journal of Food Science and Nutrition* (2008), 13(2), 122-127.
- Analysis of composition and activity of essential oil from *Chrysanthemum zawadskii* var. latilobum and C. *indicum* against antibiotic-resistant pathogenic bacteria. *Natural Product Sciences* (2008), 14(2), 138-142.
- A new compound from the bud of *Chrysanthemum indicum* L. *Chinese Chemical Letters* (2005), 16(10), 1341-1342.
- Chemical composition and antimicrobial activity of the essential oils of *Chrysanthemum indicum. Journal of Ethnopharmacology* (2005), 96(1-2), 151-158.
- Medicinal flowers. VI.1 Absolute stereostructures of two new flavanone glycosides and a phenylbutanoid glycoside from the flowers of *Chrysanthemum indicum* L.: Their inhibitory activities for rat lens aldose reductase. *Chemical & Pharmaceutical Bulletin* (2002), 50(7), 972-975.
- Medicinal flowers. II. Inhibitors of nitric oxide production and absolute stereostructures of five new germacrane-type sesquiterpenes, kikkanols D, D monoacetate, E, F, and F monoacetate from the flowers of *Chrysanthemum indicum* L. *Chemical & Pharmaceutical Bulletin* (2000), 48(5), 651-656.
- Medicinal flowers. I. Aldose reductase inhibitors and three new eudesmane-type sesquiterpenes, kikkanols A, B, and C, from the flowers of *Chrysanthemum indicum* L. *Chemical & Pharmaceutical Bulletin* (1999), 47(3), 340-345.
- A new sesquiterpene from *Chrysanthemum indicum. Chinese Chemical Letters* (1993), 4(10), 893-894.
- New sesquiterpenoids from *Chrysanthemum indicum* var. Tuneful. *Planta Medica* (1988), 54(6), 553-555.
- Indicumenone, a new bisabolane ketodiol from *Chrysanthemum indicum. Planta Medica* (1987), 53(1), 118-19.
- Sesquiterpene lactones from *Chrysanthemum indicum. Planta Medica* (1985), (3), 284-285.
- Constituents of the essential oils from three tetraploid species of Chrysanthemum. *Phytochemistry* (1981), 20(12), 2691-2963.

개나리 *Forsythia koreana* Nakai

- Anti-inflammatory activity of phylligenin, a lignan from the fruits of *Forsythia koreana,* and its cellular mechanism of action. *Journal of Ethnopharmacology* (2008), 118(1), 113-117.
- Anti-inflammatory activity of arctigenin from Forsythiae Fructus. *Journal of Ethnopharmacology* (2008), 116(2), 305-312.
- A preparative isolation and purification of arctigenin and matairesinol from *Forsythia koreana* by centrifugal partition chromatography. *Journal of Separation Science* (2006), 29(5), 656-659.
- Rengyolone inhibits inducible nitric oxide synthase expression and nitric oxide production by down-regulation of NF-kB and p38 MAP kinase activity in LPS-stimulated RAW 264.7 cells. *Biochemical Pharmacology* (2006), 71(8), 1198-1205.
- Studies on the Chinese crude drug "Forsythiae Fructus." VIII. On isolation of phenylpropanoid glycosides from fruits of *Forsythia koreana* and their antibacterial activity. *Yakugaku Zasshi* (1987), 107(4), 274-278.
- Structure of forsythoside B, an antibacterial principle of *Forsythia koreana* stems. *Heterocycles* (1982), 19(2), 261-264.
- Observations of *Forsythia koreana* methanol extract on mast cell-mediated allergic reactions in experimental models. *In vitro cellular & developmental biology. Animal* (2007), 43(7), 215-221.
- Inhibitory effects of butanol fraction of the aqueous extract of *Forsythia koreana* on the nitric oxide production by murine macrophage-like RAW 264.7 cells. *Journal of ethnopharmacology* (2000), 73(1-2), 323-327

개느삼 *Echinosophora koreensis* Nakai

- Four flavonoids from *Echinosophora koreensis* and their effects on alcohol metabolizing enzymes. *Archives of Pharmacal Research* (2009), 32(6), 851-855.
- Antimicrobial and cytotoxic activity of 18 prenylated flavonoids isolated from medicinal plants: *Morus alba* L., *Morus mongolica* Schneider, *Broussnetia papyrifera* (L.) Vent, Sophora flavescens Ait and *Echinosophora koreensis* Nakai. *Phytomedicine* (2004), 11(7-8), 666-672.
- Isolation of flavonoids and a saponin from *Echinosophora koreensis. Saengyak Hakhoechi* (2002), 33(2), 110-115.
- Comparative study on the antibacterial activity of phytochemical flavanones against methicillin-resistant Staphylococcus aureus. *Journal of Ethnopharmacology* (1996), 50(1), 27-34.
- Three 2',4',6'-trioxygenated flavanones in roots of *Echinosophora koreensis. Phytochemistry* (1992), 31(8), 2855-2858.
- An isoflavanone from roots of *Echinosophora koreensis. Phytochemistry* (1991), 30(9), 3153-3154.
- A study on chemical constituents and biological activity of *Echinosophora koreensis* Nakai. *Saengyak Hakhoechi* (1990), 21(2), 137-141.
- Two new isoflavonoids from *Echinosophora koreensis* Nakai and the structure revision of sophoronol. *Chemical & Pharmaceutical Bulletin* (1989), 37(10), 2879-2881.
- Korean indigenous plants. Part 2. Isolation of 1-eicosanyl caffeate from *Echinosophora koreensis. Archives of Pharmacal Research* (1987), 10(1), 67-68.
- Studies on the constituents of the stems of *Echinosophora koreensis. Yakhak Hoechi* (1986), 30(3).
- Lupine alkaloids from flowers of *Echinosophora koreensis. Phytochemistry* (1985), 24(11), 2707-2708.

개망초 *Erigeron annuus* (L.) Pers.

- The inhibitory activity of *Erigeron annuus*-derived components on interferon-γ and lipopolysaccharide -induced nitric oxide production in mouse peritoneal macrophage. *Journal of Applied Biological Chemistry* (2007), 50(3), 160-163.
- γ-Pyranone derivatives and other constituents from *Erigeron annuus. Pharmazie* (2006), 61(5), 474-477.

- Screening of Korean marine plants for their inhibitory effect on histamine release from RPMC *in vitro*. *Biotechnology and Bioprocess Engineering* (2006), 11(1), 80-83.
- Antioxidant properties of *Erigeron annuus* extract and its three phenolic constituents. *Biotechnology and Bioprocess Engineering* (2006), 11(1), 13-18.
- Ergosterol peroxide from flowers of *Erigeron annuus* L. as an anti-atherosclerosis agent. *Archives of Pharmacal Research* (2005), 28(5), 541-545.
- New sesquiterpenes from *Erigeron annuus*. *Planta Medica* (2005), 71(3), 268-272.
- Putaminoxins B and C from Phoma putaminum. *Phytochemistry* (1997), 44(6), 1041-1045.
- Pyromeconic acid and its glucosidic derivatives from leaves of *Erigeron annuus*, and the siderophile activity of pyromeconic acid. *Bioscience, Biotechnology, and Biochemistry* (1995), 59(5), 886-890.

개불알풀 *Veronica didyma* var. *lilacina* (H.Hara) T. Yamaz.

- Flavonoid and iridoid glycosides from *Veronica didyma* Tenore. *Indian Journal of Chemistry, Section B: Organic Chemistry Including Medicinal Chemistry* (1995), 34B(10), 914-16.

개비자나무 *Cephalotaxus harringtonia* (Knight) K. Koch

- Cephastigiamide A, and antiplasmodial activity of Cephalotaxus alkaloids from *Cephalotaxus harringtonia* forma fastigiata. *Heterocycles* (2010), 81(2), 441-450.
- Homoharringtonine inhibits the AKT pathway and induces *in vitro and in vivo* cytotoxicity in human multiple myeloma cells. *Leukemia & Lymphoma* (2008), 49(10), 1954-1962.
- Anti-myeloma effect of homoharringtonine with concomitant targeting of the myeloma-promoting molecules, Mcl-1, XIAP, and β-*catenin*. *International Journal of Hematology* (2008), 87(5), 507-515.
- Further studies of the norditerpene (+)-harringtonolide isolated from *Cephalotaxus harringtonia* var. drupacea: Absolute configuration, cytotoxic and antifungal activities. *Planta Medica* (2008), 74(8), 870-872.
- Phase I/II study of subcutaneous homoharringtonine in patients with chronic myeloid leukemia who have failed prior therapy. *Cancer* (2007), 109(2), 248-255.
- Homoharringtonine-induced apoptosis of human leukemia HL-60 cells is associated with down-regulation of telomerase. *American Journal of Chinese Medicine* (2006), 34(2), 233-244.
- New alkaloids and a tetraflavonoid from *Cephalotaxus wilsoniana*. *Journal of Natural Products* (2004), 67(7), 1182-1185.
- Antimicrobial diterpenes from the seeds of *Cephalotaxus harringtonia* var. *drupacea*. *Planta Medica* (2003), 69(5), 468-470.
- A novel cytotoxic C-methylated biflavone, taiwanhomoflavone B from the twigs of *Cephalotaxus wilsoniana*. *Chemical & Pharmaceutical Bulletin* (2002), 50(12), 1607-1608.
- Cephalezomines G, H, J, K, L, and M, new alkaloids from *Cephalotaxus harringtonia* var. *nana*. *Tetrahedron* (2002), 58(27), 5489-5495.
- Cephalocyclidin A, a novel pentacyclic alkaloid from *Cephalotaxus harringtonia* var. *nana*. *Journal of Organic Chemistry* (2002), 67(7), 2283-2286.
- Cephalezomines A-F, potent cytotoxic alkaloids from *Cephalotaxus harringtonia* var. *nana*. *Tetrahedron* (2000), 56(19), 2929-2934.
- A novel cytotoxic C-methylated biflavone from the stem of *Cephalotaxus wilsoniana*. *Chemical & Pharmaceutical Bulletin* (2000), 48(3), 440-441.
- Ester-type cephalotaxus alkaloids from *Cephalotaxus harringtonia* var. *drupacea*. *Phytochemistry* (1997), 44(4), 735-738.
- Cephalotaxidine, a novel dimeric alkaloid from *Cephalotaxus harringtonia* var. *drupacea*. *Tetrahedron Letters* (1996), 37(39), 7053-7054.

- Drupangtonine, a novel antileukemic alkaloid from Cephalotaxus *harringtonia* var. *drupacea. Bioorganic & Medicinal Chemistry Letters* (1996), 6(14), 1689-1690.
- Antitumor alkaloids in callus cultures of *Cephalotaxus harringtonia. Phytochemistry* (1977), 16(10), 1595-1598.
- Further studies of the norditerpene (+)-harringtonolide isolated from *Cephalotaxus harringtonia* var. *drupacea*: absolute configuration, cytotoxic and antifungal activities. *Planta medica* (2008), 74(8), 870-872.
- Antimicrobial diterpenes from the seeds of *Cephalotaxus harringtonia* var. *drupacea. Planta medica* (2003), 69(5), 468-470.

개소시랑개비 *Potentilla supine* Linné

- Technology of extraction and contents of flavonoids from *Potentilla chinensis* Ser. *Shipin Yu Fajiao Gongye* (2008), 34(6), 176-179.
- Study on chemical constituents of *Potentilla chinensis* Ser. *Zhong Yao Cai.* (2006), 29(3), 237-239.

개쑥부장이 *Heteropappus hispidus* (Thunb.) Lessing

- Genetic structure among and within populations of the serpentine endemic *Heteropappus hispidus* ssp. leptocladus (Compositae). *Biochemical Systematics and Ecology* (2009), 37(4), 275-284.
- Determination of metal elements in flower of twelve officinal plants by flame atomic absorption spectrophotometry. *Guangpu Shiyanshi* (2009), 26(1), 9-13.
- Seed oil fatty acids of mongolian Compositae: the trans-fatty acids of *Heteropappus hispidus, Asterothamnus centrali-asiaticus* and *Artemisia palustris. Journal of High Resolution Chromatography* (2000), 23(5), 360-366.

개양귀비 *Papaver rhoeas* Linné

- Initiation of Programmed Cell Death in Self-Incompatibility: Role for Cytoskeleton Modifications and Several Caspase-Like Activities. *Molecular Plant* (2008), 1(6), 879-887.
- Antiproliferative activity against human tumor cell lines and toxicity test on Mediterranean dietary plants. *Food and Chemical Toxicology* (2008), 46(10), 3325-3332.
- Screening of Spanish Medicinal Plants for Antioxidant and Antifungal Activities. *Pharmaceutical Biology* (2008), 46(9), 602-609.
- The protective ability of Mediterranean dietary plants against the oxidative damage: The role of radical oxygen species in inflammation and the polyphenol, flavonoid and sterol contents. *Food Chemistry* (2008), 112(3), 587-594.
- Effects of *Papaver rhoeas* extract on the acquisition and expression of morphine-induced conditioned place preference in mice. *Journal of ethnopharmacology* (2006), 103(3), 420-424.
- Understanding local Mediterranean diets: A multidisciplinary pharmacological and ethnobotanical approach. *Pharmacological Research* (2005), 52(4), 353-366.
- Radical scavenging and iron-chelating activities of some greens used as traditional dishes in Mediterranean diet. *International Journal of Food Sciences and Nutrition* (2004), 55(1), 67-74.
- Enhancement of opium alkaloids production in callus culture of *Papaver rhoeas* Linn. *Indian Journal of Biotechnology* (2003), 2(2), 271-272.
- Homologous long-chain alkanediols from Papaver leaf cuticular waxes. *Phytochemistry* (1996), 42(6), 1617-1620.

개여뀌 *Persicaria longiseta* (De Bruyn) Kitagawa

- Pattern of calcium oxalate crystals in the leaves of *Poligonum longisetum* and *P. persicaria,* grown from 4000-year-old seeds, and in the leaves of the same Poligonum species plants now growing. *Chemical & Pharmaceutical Bulletin* (1974), 22(6), 1429-1430.

개오동나무 *Catalpa ovata* G. Don

- Catalpa seed oil rich in 9t,11t,13c-conjugated linolenic acid suppresses the development of colonic aberrant crypt foci induced by azoxymethane in rats. *Oncology Reports* (2006), 16(5), 989-996.
- Studies on the constituents of Catalpa species. IX. Iridoids from the fallen leaves of *Catalpa ovata* G. Don. *Chemical & Pharmaceutical Bulletin* (2004), 52(5), 618-621.
- Catalposide protects Neuro 2A cells from hydrogen peroxide-induced cytotoxicity via the expression of heme oxygenase-1. *Toxicology Letters* (2003), 145(1), 46-54.
- Inhibition of TNF-α, IL-1β, and IL-6 productions and NF-kB activation in lipopolysaccharide-activated RAW 264.7 macrophages by catalposide, an iridoid glycoside isolated from *Catalpa ovata* G. Don (Bignoniaceae). *International Immunopharmacology* (2002), 2(8), 1173-1181.
- Cytotoxic effect of conjugated trienoic fatty acids on mouse tumor and human monocytic leukemia cells. *Lipids* (2001), 36(5), 477-482.
- Antitumor-Promoting Naphthoquinones from *Catalpa ovata*. *Journal of Natural Products* (1998), 61(5), 629-632.
- Catalposide, a compound isolated from *Catalpa ovata*, attenuates induction of intestinal epithelial proinflammatory gene expression and reduces the severity of trinitrobenzene sulfonic Acid-induced colitis in mice. *Inflammatory bowel diseases* (2004), 10(5), 564-572.
- Inhibitory effects of the stem bark of Catalpa ovata G. Don. (Bignoniaceae) on the productions of tumor necrosis factor-alpha and nitric oxide by the lipopolisaccharide-stimulated RAW 264.7 macrophages. *Journal of ethnopharmacology* (2003), 88(2-3), 287-291.
- A mutagenic new iridoid in the water extract of catalpae fructus. *Chemical & pharmaceutical bulletin* (1989), 37(10), 2838-40.

개잎갈나무 *Cedrus deodara* (Roxb.) Loudon

- Induction of apoptosis by a synergistic lignan composition from *Cedrus deodara* in human cancer cells. *Phytotherapy Research* (2008), 22(12), 1587-1594.
- Study of anti inflammatory and analgesic activity of methanolic extracts of *Cedrus deodara*. *BioTechnology* (2008), (1), 1-4.
- Simultaneous high-performance liquid chromatographic determination of *Cedrus deodara* active constituents and their pharmacokinetic profile in mice. *Journal of Chromatography, B: Analytical Technologies in the Biomedical and Life Sciences* (2008), 862(1-2), 237-241.
- Chemically standardized isolates from *Cedrus deodara* stem wood having anticancer activity. *Planta Medica* (2007), 73(6), 519-526.
- Systematic evaluation of natural phenolic antioxidants from 133 Indian medicinal plants. *Food Chemistry* (2007), 102(3), 938-953.
- A novel lignan composition from *Cedrus deodara* induces apoptosis and early nitric oxide generation in human leukemia Molt-4 and HL-60 cells. *Nitric Oxide* (2006), 14(1), 72-88.
- The potential role of specific essential oils in the replacement of dermacroticoid drugs (strong, medium and weak) in the treatment of acute dry or weeping dermatitis. *International Journal of Aromatherapy* (2005), 15(2), 66-73.
- Evaluation of anti-mosquito properties of essential oils. *Journal of Scientific & Industrial Research* (2005), 64(2), 129-133.
- Free radical scavenging active components from *Cedrus deodara*. *Journal of Agricultural and Food Chemistry* (2001), 49(10), 4642-4645.
- Two lignans from *Cedrus deodara*. *Phytochemistry* (1982), 21(6), 1459-1461.
- Terpenoids from *Cedrus deodara*. *Phytochemistry* (1981), 20(6), 1319-1321.
- A new neolignan and other phenolic constituents from *Cedrus deodara*. *Phytochemistry* (1980), 19(6), 1260-1261.

- **Dihydroflavonols from *Cedrus deodara. Phytochemistry* (1980), 19(5), 893-896.**
- **Studies in sesquiterpenes. LVIII. Deodardione, a sesquiterpene diosphenol and limonenecarboxylic acid, a possible norsesquiterpene-compounds from the wood of *Cedrus deodara.* Loud. *Tetrahedron* (1978), 34(5), 599-602.**
- **Studies in sesquiterpenes. LIV. Oxidohimachalene, a novel sesquiterpenoid from the wood of *Cedrus deodara.* Loud. *Tetrahedron* (1977), 33(10), 1207-1210.**
- **Studies in sesquiterpenes. LIII. Deodarone and atlantolone, new sesquiterpenoids from the wood of *Cedrus deodara.* Loud. *Tetrahedron* (1977), 33(10), 1201-1205.**
- **Studies in sesquiterpenes. LII. Isohimachalone: a constituent of the essential oil from wood of *Cedrus deodara.* Loud. *Tetrahedron* (1977), 33(8), 885-856.**

거북꼬리 *Boehmeria tricuspis* Makino

- **Rat lens aldose reductase inhibitory activities of oriental medicinal plants. *Agricultural Chemistry and Biotechnology* (2002), 45(2), 84-88.**
- **A chromatographic survey of anthocyanins in the flora of Japan. I. *Journal of the Faculty of Science,* Shinshu University (1980), 15(1), 19-26.**
- **Flavones and other compounds of *Boehmeria tricuspis and B. holosericea. Phytochemistry* (1975), 14(11), 2534.**
- **Boehmenan, a new lignan from the roots of *Boehmeria tricuspis. Phytochemistry* (1975), 14(8), 1890-1891.**

겹황매화 *Kerria japonica* (L.) De Candolle

- **A new lignan and anti-inflammatory flavonoids from *Kerria japonica. Journal of Asian Natural Products Research* (2008), 10(5), 435-438.**
- **Preliminary studies on pharmacological actions of Tongcao and Xiao-Tongcao polysaccharides. *Zhongguo Zhongyao Zazhi* (1998), 23(12), 741-743.**
- **Experimental studies on anti-inflammatory, antipyretic and diuretic effects of several species of Tongcao and Xiao-tongcao. *Zhongguo Zhongyao Zazhi* (1998), 23(11), 687-690.**
- **The carbohydrates in the pith of *Kerria japonica.* III. A glucoxylan. 2. *Nippon Nogei Kagaku Kaishi* (1954), 28, 980-984.**

계요등 *Paederia scandens* (Lour.) Merrill

- **Antinociceptive activity of Paederosidic Acid methylester (PAME) from the *n*-butanol fraction of *Paederia scandens* in mice. *Pharmacology, Biochemistry and Behavior* (2009), 93(2), 97-104.**
- **The dual actions of *Paederia scandens* extract as a hypouricemic agent: Xanthine oxidase inhibitory activity and uricosuric effect. *Planta Medica* (2008), 74(15), 1853.**
- **Antinociceptive activity of Paederosidic Acid methylester (PAME) from the *n*-butanol fraction of *Paederia scandens* in mice. *Pharmacology, biochemistry, and behavior* (2009), 93(2), 97-104.**
- **The dual actions of *Paederia scandens* extract as a hypouricemic agent: xanthine oxidase inhibitory activity and uricosuric effect. *Planta Medica* (2008), 74(11), 1345-1350.**
- **Antinociceptive activity of petroleum ether fraction from the MeOH extracts of *Paederia scandens* in mice. *Phytomedicine* (2008), 15(6-7), 427-436.**
- **Antinociceptive activity of n-butanol fraction from MeOH extracts of *Paederia scandens* in mice. *Pharmazie* (2007), 62(12), 943-948.**
- **Multistage electrospray ionization mass spectrometric analyses of sulfur-containing iridoid glucosides in *Paederia scandens. Rapid Communications in Mass Spectrometry* (2007), 21(8), 1375-1385.**
- **Antioxidant activity of some leafy vegetables of India: A comparative study. *Food Chemistry* (2006), 101(2), 471-474.**
- **Inhibitory effect of Yunnan traditional medicines on hepatitis C viral polymerase. *Journal of Natural Medicines***

(2006), 60(3), 217-224.

- Studies on the constituents of the fruits of *Paederia scandens.* Structure of a new iridoid, paederia lactone. *Journal of Tohoku Pharmaceutical University* (2004), 51, 17-21.
- Two new acylated iridoid glucosides from the aerial parts of *Paederia scandens. Chemical & Pharmaceutical Bulletin* (2004), 52(11), 1356-1357.
- Two new iridoid glucosides from *Paederia scandens* (Lour.) Merr. var. mairei (Leveille) Hara. *Natural Medicines* (Tokyo, Japan) (2002), 56(2), 59-62.
- Iridoid glucosides from roots of Vietnamese *Paederia scandens. Phytochemistry* (2002), 60(5), 505-514.
- Inhibitory effect of iridoids on Epstein-Barr virus activation by a short-term *in vitro* assay for anti-tumor promoters. *Cancer Letters* (1996), 102(1,2), 223-236.
- Flavonol glycosides from *Paederia scandens* var. mairei. *Zeitschrift fuer Naturforschung, C: Journal of Biosciences* (1990), 45(11-12), 1081-1084.
- Studies on antitumor cyclic hexapeptides RA obtained from Rubiae Radix, Rubiaceae. (IV): quantitative determination of RA-VII and RA-V in commercial Rubiae Radix and collected plants. *Planta Medica* (1984), 50(4), 313-316.

고광나무 *Philadelphus schrenckii* Ruprecht

- Screening of sterol biosynthesis inhibitors from natural products using recombinant yeast carrying human lanosterol synthase. *Natural Product Sciences* (2003), 9(4), 299-303.

고려엉겅퀴 *Cirsium setidens* Nakai

- Anti-inflammatory effect and HPLC analysis of extract from edible *Cirsium setidens. Journal of the Korean Society for Applied Biological Chemistry* (2009), 52(5), 437-442.
- Rat lens aldose reductase inhibitory of *Taraxacum mongolicum* and two Cirsium species. *Journal of Applied Biological Chemistry* (2008), 51(6), 302-306.
- Pectolinarin and pectolinarigenin of *Cirsium setidens* prevent the hepatic injury in rats caused by D-galactosamine via an antioxidant mechanism. *Biological & Pharmaceutical Bulletin* (2008), 31(4), 760-764.
- Comparative antioxidant activity and HPLC profiles of some selected Korean thistles. *Archives of Pharmacal Research* (2008), 31(1), 28-33.
- Phytochemical constituents of Cirsium setidens Nakai and their cytotoxicity against human cancer cell lines. *Archives of Pharmacal Research* (2002), 25(5), 628-635.
- Antioxidant and hepatoprotective activities of *Cirsium setidens* Nakai against CCl4-induced liver damage. *The American journal of Chinese medicine* (2008), 36(1), 107-114.
- Phytochemical constituents of Cirsium setidens Nakai and their cytotoxicity against human cancer cell lines. *Archives of pharmacal research* (2002), 25(5), 628-635.

고마리 *Persicaria thunbergii* (Siebold & Zucc.) H. Gross ex Nakai

- Mitochondria-cytochrome C-caspase-9 cascade mediates isorhamnetin-induced apoptosis. *Cancer Letters* (2008), 270(2), 342-353.
- Anti-proliferation effects of isorhamnetin isolated from *Persicaria thunbergii* on cancer cell lines. *Natural Product Sciences* (2006), 12(4), 214-216.
- Quantification of cyanamide contents in herbaceous plants. *Bioscience, Biotechnology, and Biochemistry* (2006), 70(9), 2310-2312.
- Inhibitory activity of isorhamnetin from *Persicaria thunbergii* on Farnesyl Protein Transferase. *Archives of Pharmacal Research* (2005), 28(2), 169-171.
- Antioxidative components from the aerial parts of *Persicaria thunbergii. Yakhak Hoechi* (2001), 45(6), 611-616.

고본 *Ligusticum tenuissimum* (Nak.) Kitagawa

- Authentication of the oriental medicinal plant *Ligusticum tenuissimum* (Nakai) Kitagawa (Korean Go-Bon) by multiplex PCR. *Planta Medica* (2010), 76(6), 648-651.
- The essential oils of *Ligusticum tenuissimum* roots. *Yakhak Hoechi* (1997), 41(2), 273-276.
- A pharmacognostic study of *Ligusticum tenuissimum* (Nakai) Kitag. *Shenyang Yaoxueyuan Xuebao* (1991), 8(3), 182-187.
- Screening of biologically active essential oils from *Ligusticum tenuissimum. Sanop Misaengmul Hakhoechi* (2000), 28(2), 97-104.
- The essential oils of *Ligusticum tenuissimum* roots. *Yakhak Hoechi* (1997), 41(2), 273-276.

골담초 *Caragana sinica* (Buchoz) Rehder

- Ethnobotany, phytochemistry and pharmacology of the genus Caragana used in traditional Chinese medicine. *Journal of Ethnopharmacology* (2009), 124(3), 350-368.
- Acid-catalyzed epimerization of kobophenol A to carasinol B. *Molecules* (2008), 13(4), 938-942.
- Three new compounds from the aerial parts of *Caragana sinica. Helvetica Chimica Acta* (2005), 88(8), 2315-2321.
- Metabolites and the pharmacokinetics of kobophenol A from *Caragana sinica* in rats. *Journal of Ethnopharmacology* (2005), 101(1-3), 324-329.
- Inhibition of carbohydrate-digesting enzymes and amelioration of glucose tolerance by Korean medicinal herbs. *Journal of Food Science and Nutrition* (2002), 7(1), 62-66.
- Determination of hypaphorine and oligomeric stilbenes in the root of *Caragana sinica* by capillary electrophoresis with electrochemical detection. *Talanta* (2001), 54(6), 1067-1076.
- Five novel oligostilbenes from the roots of *Caragana sinica. Tetrahedron* (2001), 57(23), 4849-4854.
- Four stilbene oligomers from the roots of *Caragana sinica. Journal of Chinese Pharmaceutical Sciences* (2000), 9(3), 162-165.
- Naturally-occurring protein kinase C inhibitors; II. Isolation of oligomeric stilbenes from *Caragana sinica. Planta Medica* (1995), 61(1), 41-4.
- (+)-α-Viniferin, an anti-inflammatory compound from *Caragana chamlagu* root. *Chemical & Pharmaceutical Bulletin* (1990), 38(2), 432-425.

골풀 *Juncus effusus* Linné var. *decipiens* Buchenau

- In silico search for multi-target anti-inflammatories in Chinese herbs and formulas. *Bioorganic & Medicinal Chemistry* (2010), 18(6), 2204-2218.
- Simultaneous determination of 11 active components in two well-known traditional Chinese medicines by HPLC coupled with diode array detection for quality control. *Journal of Pharmaceutical and Biomedical Analysis* (2009), 49(4), 1101-1108.
- Antimicrobial DNA-binding photosensitizers from the common rush, *Juncus effusus. Photochemistry and Photobiology* (2002), 76(1), 51-56.
- Plant regeneration from seedling explants of *Juncus effusus. Aquatic Botany* (2000), 68(3), 239-247.
- Allelochemical autotoxicity in the emergent wetland macrophyte *Juncus effusus* (Juncaceae). *American Journal of Botany* (2000), 87(6), 853-860.
- Two *p*-coumaroyl glycerides from *Juncus effusus. Phytochemistry* (1996), 41(2), 545-547.
- Effusides I-V: 9,10-dihydrophenanthrene glucosides from *Juncus effusus. Phytochemistry* (1995), 40(2), 533-535.
- Cycloartane glucosides form *Juncus effusus. Phytochemistry* (1994), 37(2), 515-519.
- Juncoside I, a new cycloartanelactone glucoside from *Juncus effusus. Natural Product Letters* (1994), 4(3), 183-188.
- Phenanthrene derivatives from the medullae of *Juncus effusus. Phytochemistry* (1991), 30(9), 3149-3151.
- 9,10-Dihydrophenanthrene metabolites from *Juncus effusus* L. *Tetrahedron Letters* (1992), 33(36), 5257-5260.

- Structure of effusol: a new phenolic constituent from *Juncus effusus. Experientia* (1980), 36(1), 27-28.
- Opium alkaloids. XV. Isolation of stepholidine. *Journal of Pharmaceutical Sciences* (1975), 64(6), 1040-1041.

곰취 *Ligularia fisheri* (Ledeb.) Turczaninov

- Norsesquiterpene derivatives from the roots of *Ligularia fischeri. Planta Medica* (2010), 76(2), 159-164.
- Rapid identification and characterization of antioxidants from Norsesquiterpenei. *Archives of Pharmacal Research* (2009), 32(12), 1689-1694.
- Characteristics of the leaf parts of some traditional Korean salad plants used for food. *Journal of the Science of Food and Agriculture* (2008), 88(11), 1963-1968.
- Inhibitory effects of plant extracts on tyrosinase, L-DOPA oxidation, and melanin synthesis. *Journal of Toxicology and Environmental Health, Part A* (2007), 70(5), 393-407.
- Effects of ethanol extract of *Ligularia fischeri* leaves on Freund's complete adjuvant-induced model of chronic arthritis in mice. *Food Science and Biotechnology* (2006), 15(2), 277-282.
- *In Vivo* Antihepatotoxic Effects of *Ligularia fischeri* var. *spiciformis* and the Identification of the Active Component, 3,4-Dicaffeoylquinic Acid. *Journal of Medicinal Food* (2005), 8(3), 348-352.
- Inhibitory effect of *Ligularia fischeri* var. *spiciformis* and its active component, 3,4-dicaffeoylquinic acid on the hepatic lipid peroxidation in acetaminophen-treated rat. *Natural Product Sciences* (2004), 10(4), 182-189.
- Structure of three new terpenoids, spiciformisins a and b, and monocyclosqualene, isolated from the herbs of *Ligularia fischeri* var. spiciformis and cytotoxicity.

관중 *Dryopteris crassirhizoma* Nakai

- Antibacterial activity of two phloroglucinols, flavaspidic acids AB and PB, from *Dryopteris crassirhizoma. Archives of Pharmacal Research* (2009), 32(5), 655-659.
- *In vitro* screening for the tumoricidal properties of international medicinal herbs. *Phytotherapy Research* (2009), 23(3), 385-398.
- Two new triterpenes from the rhizome of *Dryopteris crassirhizoma,* and inhibitory activities of its constituents on human immunodeficiency virus-1 protease. *Chemical & Pharmaceutical Bulletin* (2008), 56(5), 711-714.
- Identification of Dryopteris crassirhizoma and the adulterant species based on cpDNA rbcL and translated amino acid sequences. *Planta Medica* (2007), 73(11), 1230-1233.
- Phenolic constituents from the rhizomes of *Dryopteris crassirhizoma. Chemical & Pharmaceutical Bulletin* (2006), 54(5), 748-750.
- Antioxidant activity of two phloroglucinol derivatives from *Dryopteris crassirhizoma. Biological & Pharmaceutical Bulletin* (2003), 26(9), 1354-1356.
- Screening of Chinese and Mongolian herbal drugs for anti-human immunodeficiency virus type 1 (HIV-1) activity. *Phytotherapy Research* (2002), 16(S1), 186-189.
- Kaempferol acetylrhamnosides from the rhizome of *Dryopteris crassirhizoma* and their inhibitory effects on three different activities of human immunodeficiency virus-1 reverse transcriptase. *Chemical & Pharmaceutical Bulletin* (2001), 49(5), 546-550.
- Detection of antiinflammatory agents from natural products as inhibitors of cyclooxygenase I and II. *Natural Product Sciences* (1997), 3(1), 19-28.
- Fern constituent: a new triterpenoid hydrocarbon, trisnorhopane, isolated from the leaves of *Dryopteris crassirhizoma* and *Gleichenia japonica. Chemical & Pharmaceutical Bulletin* (1994), 42(2), 377-378.
- Antibacterial effect of *Dryopteris crassirhizoma* against methicillin-resistant *Staphylococcus aureus. Fitoterapia* (2007), 78(6), 430-433.

광나무 *Ligustrum japonicum* Thunberg

- A new neuroprotective compound of *Ligustrum japonicum* leaves. *Planta Medica* (2006), 72(1), 62-64.
- Screening and isolation of antibiotic resistance inhibitors from herb materials-resistance inhibition of volatile components of Korean aromatic herbs. *Archives of Pharmacal Research* (1998), 21(2), 223.
- Screening and isolation of antibiotic resistance inhibitors from herb materials-resistance inhibition of volatile components of Korean aromatic herbs. *Archives of Pharmacal Research* (1998), 21(1), 62-66.
- Antimicrobial activities of volatile essential oils from Korean aromatic plants. *Natural Product Sciences* (1997), 3(2), 141-147.
- New secoiridoid glucosides from *Ligustrum japonicum. Planta Medica* (1987), 53(5), 427-431.
- Studies on the constituents of *Ligustrum japonicum.* XI. On secoiridoids of the fruits of *Ligustrum japonicum* Thunb. and *L. lucidum Ait. Yakugaku Zasshi* (1985), 105(2), 142-147.

광대수염 *Lamium album* Linné var. *barbatum* (Sieb. Et Zucc.) FR. et SAV

- Lamiridosins, Hepatitis C Virus Entry Inhibitors from *Lamium album. Journal of Natural Products* (2009), 72(12), 2158-2162.
- *Lamium album* extracts express free radical scavenging and cytotoxic activities. *Polish Journal of Environmental Studies* (2008), 17(4), 569-580.
- Antioxidant and free radical scavenging activities of some medicinal plants from the Lamiaceae. *Fitoterapia* (2006), 77(5), 346-53.
- Research of enzymatic activities of fresh juice and water infusions from dry herbs. *Journal of Ethnopharmacology* (2005), 99(2), 281-286.
- Antioxidant, anti-inflammatory and antiproliferative properties of sixteen water plant extracts used in the Limousin countryside as herbal teas. *Food Chemistry* (2002), 80(3), 399-407.
- Randomized controlled trial of nettle sting for treatment of base-of-thumb pain. *Journal of the Royal Society of Medicine* (2000), 93(6), 305-309.
- Phenylpropanoid esters from *Lamium album flowers. Phytochemistry* (1995), 38(4), 997-1001.
- Hemialboside, a hemiterpene glucoside from *Lamium album. Phytochemistry* (1995), 39(4), 923-924.
- Iridoid glucosides from *Lamium album. Phytochemistry* (1991), 31(1), 175-178.

괴불나무 *Lonicera maackii* Maximowicz

- HPLC determination of chlorogenic acid in flowers/flower buds of *Lonicera maackii and Lonicera chrysantha. Zhongcaoyao* (2008), 39(11), 1738-1739.
- Analysis of flavonoids extracted from Lonicera maackii. Shanxi Daxue Xuebao, Ziran Kexueban (2006), 29(3), 305-307.
- Screening of chitin synthase II inhibitors from medicinal and wild plants. *Yakhak Hoechi* (1999), 43(4), 502-508.
- The invasive shrub, *Lonicera maackii,* reduces growth and fecundity of perennial forest herbs. *Oecologia* (2004), 139(3), 359-375.

굴피나무 *Platycarya strobilacea* Siebold et Zuccarini

- Antibacterial activity of *Platycarya strobilacea* extract and stability of the extract-containing cream. *Han'guk Misaengmul-Saengmyongkong Hakhoechi* (2009), 37(2), 170-175.
- Protective effect of some medicinal plants on tert-butyl hydroperoxide-induced oxidative stress in human keratinocytes. *Natural Product Sciences* (2008), 14(4), 244-248.
- Involvement of NF-kB in the inhibitory actions of *Platycarya strobilacea* on the TNF-a-induced monocyte adhesion to colon epithelial cells and chemokine expression. *Archives of Pharmacal Research* (2008), 31(6), 727-735.
- Isolation of an antifungal compound from aerial parts of *Platycarya strobilacea. Han'guk Nonghwa Hakhoechi*

(2003), 46(3), 268-270.
- Flavonoids from the stem bark of *Platycarya strobilacea. Saengyak Hakhoechi* (1998), 29(4), 353-356.
- Distribution of ellagic acid derivatives and a diarylheptanoid in wood of *Platycarya strobilacea. Phytochemistry* (1998), 47(5), 851-854.
- Isolation of anticancer agents from the leaves of *Platycarya strobilacea* S. et Z. *Saengyak Hakhoechi* (1996), 27(3), 238-245.
- Biologically active substances from leaves of *Platycarya strobilacea.* I. *Kagawa Daigaku Nogakubu Gakujutsu Hokoku* (1977), 29(1), 197-202.
- Biologically active substances from the leaves of *Platycarya strobilacea* Sieb. et Zucc. III. *Kagawa Daigaku Nogakubu Gakujutsu Hokoku* (1979), 30(2), 215-218.
- Biologically active substances from the leaves of Platycarya strobilacea Sieb. et Zucc. II. *Kagawa Daigaku Nogakubu Gakujutsu Hokoku* (1978), 30(1), 113-116.
- Wood extractives. V. Heartwood components of *Platycarya strobilacea. Nippon Nogei Kagaku Kaishi* (1956), 30, 281-283.

금계국 *Coreopsis drummondii Torr.& Gray*

- Anti-TMV active substances from Coreopsis *drummondii. Yingyong Yu Huanjing Shengwu Xuebao* (2009), 15(5), 621-625.

금낭화 *Dicentra spectabilis* (L.) Lemaire

- Discovery of the apoptosis-inducing activity and high accumulation of the butenolides, menisdaurilide and aquilegiolide, in *Dicentra spectabilis. Planta Medica* (2007), 73(15), 1543-1547.
- Fungitoxic alkaloids from Hokkaido Papaveraceae. *Fitoterapia* (2000), 71(5), 527-534.
- Biotransformations of protoberberines in cell cultures of *Dicentra spectabilis. Phytochemistry* (1997), 46(8), 1359-1363.
- S-Adenosyl-L-methionine: (S)-7,8,13,14-tetrahydroberberine-cis-N-methyltransferase, a branch point enzyme in the biosynthesis of benzophenanthridine and protopine alkaloids. *Tetrahedron Letters* (1986), 27(46), 5603-5604.
- Purification and characterization of the berberine bridge enzyme from *Berberis beaniana* cell cultures. *Phytochemistry* (1985), 24(11), 2577-2583.

금불초 *Inula Britannica* Linné ssp. *Japonica* Kitamuraum

- Secondary metabolites from *Inula britannica* L. and their biological activities. *Molecules* (2010), 15 1562-1577.
- In silico search for multi-target anti-inflammatories in Chinese herbs and formulas. *Bioorganic & Medicinal Chemistry* (2010), 18(6), 2204-2218.
- The sesquiterpene lactone eupatolide sensitizes breast cancer cells to TRAIL through down-regulation of c-FLIP expression. *Oncology Reports* (2010), 23(1), 229-237.
- 1,6-O,O-diacetylbritannilactones inhibits Ik B kinase b-dependent NF-k B activation. *Phytomedicine* (2009), 16(2-3), 156-160.
- Sesquiterpene lactones and their anti-tumor activity from the flowers of *Inula britannica. Letters in Drug Design & Discovery* (2008), 5(7), 433-436.
- Simultaneous quantification of Six sesquiterpene lactones in *Inula britannica* L. by RP-LC. *Chromatographia* (2008), 68(3/4), 281-285.
- Acetylbritannilactone suppresses lipopolysaccharide-induced vascular smooth muscle cell inflammatory response. *European Journal of Pharmacology* (2007), 577(1-3), 28-34.
- The *in vitro* antibacterial activity of dietary spice and medicinal herb extracts. *International Journal of Food Microbiology* (2007), 117(1), 112-119.

- Sesquiterpene lactones from Inula britannica and their cytotoxic and apoptotic effects on human cancer cell lines. *Journal of Natural Products* (2006), 69(4), 531-535.
- New sesquiterpene dimers from *Inula britannica* inhibit NF-kB activation and NO and TNF-α production in LPS-stimulated RAW264.7 cells. *Planta Medica* (2006), 72(1), 40-45.
- Apoptotic potential of sesquiterpene lactone ergolide through the inhibition of NF-kB signaling pathway. *Journal of Pharmacy and Pharmacology* (2005), 57(12), 1591-1597.
- X-ray crystallography of a new sesquiterpene lactone isolated from *Inula britannica var. chinensis. Natural Product Sciences* (2003), 9(1), 28-30.
- Flavonoids of *Inula britannica* protect cultured cortical cells from necrotic cell death induced by glutamate. *Free Radical Biology & Medicine* (2002), 32(7), 596-604.
- A new nonpeptide tachykinin NK1 receptor antagonist isolated from the plants of Compositae. *Chemical & Pharmaceutical Bulletin* (2002), 50(1), 47-52.
- Acylated flavonol glycosides from the flower of *Inula britannica. Journal of Natural Products* (2000), 63(1), 34-36.
- Sesquiterpene lactones from *Inula britannica. Phytochemistry* (1993), 34(1), 249-252.
- Seven sesquiterpene lactones from *Inula britannica* var. *chinensis. Phytochemistry* (1981), 20(2), 271-273.
- Polyacetylenic compounds. Part 255. New acetylenic compounds from Leucanthemum species and a structure revision of a germacranolide. *Phytochemistry* (1980), 19(5), 841-844.

기린초 *Sedum kamtschaticum* Fischer

- Anti-inflammatory activity of *Sedum kamtschaticum. Journal of ethnopharmacology* (2004), 90(2-3), 409-414.
- Inhibition of carbohydrate-digesting enzymes and amelioration of glucose tolerance by Korean medicinal herbs. *Journal of Food Science and Nutrition* (2002), 7(1), 62-66.
- Chemical composition of certain Sedum species of Kazakhstan. *Chemistry of Natural Compounds* (2001), 37(3), 219-223.
- The effects of gibberellin on the germination of the seeds of *Sedum kamtschaticum. Shokubutsugaku Zasshi* (1961), 74, 404-411.

긴병꽃풀 *Glechoma hederacea* Linné var. *longituba* Nakai

- Antioxidant effects of *Glechoma hederacea* as a food additive. *Natural Product Communications* (2010), 5(1), 61-63.
- Lamiaceae often used in Portuguese folk medicine as a source of powerful antioxidants: Vitamins and phenolics. *LWT--Food Science and Technology* (2010), 43(3), 544-550.
- Anti-trichophyton activity of hydrosols, herbal teas and related essential oils. *International Journal of Essential Oil Therapeutics* (2008), 2(4), 139-144.
- The production of plant secondary metabolites using bioreactors. *Acta Horticulturae* (2007), 764, 95-103.
- Hederacine A and hederacine B from *Glechoma hederacea* inhibit the growth of colorectal cancer cells in vitro. *Natural Product Communications* (2006), 1(1), 33-35.
- The chemotaxonomic significance of two bioactive caffeic acid esters, nepetoidins A and B, in the Lamiaceae. *Phytochemistry* (2003), 64(2), 519-528.
- Isolation, structure elucidation and biological activity of hederacine A and B, two unique alkaloids from *Glechoma hederacea. Tetrahedron* (2003), 59(34), 6403-6407.
- Chemical composition and electron donating and nitrite scavenging activities of *Glechoma hederacea* var. longituba N. *Journal of Food Science and Nutrition* (2001), 6(3), 142-146.
- The components of tannic activities in Labiatae plants. I. Rosmarinic acid from Labiatae plants in Japan. *Yakugaku Zasshi* (1986), 106(12), 1108-1111.
- Inhibitory effects of ursolic and oleanolic acid on skin tumor promotion by 12-O-tetradecanoylphorbol 13-acetate. *Cancer Letters* (1986), 33(3), 279-285.

- Screening seeds of some Scottish plants for free radical scavenging activity. *Phytotherapy research:* PTR (2007), 21(7), 615-21.
- Biological activity of *Glechoma hederacea. Fitoterapia* (2002), 73(7-8), 721-723.

긴산꼬리풀 *Pseudolysimachion kiusianum* (Furumi) Holub var. *japonicum* (Miq.) Yamazaki

- Pharmacokinetics of verproside after intravenous and oral administration in rats. *Archives of Pharmacal Research* (2009), 32(4), 559-564.
- Discovering protein kinase C active plants growing in Finland utilizing automated bioassay combined to LC/MS. *Natural Product Communications* (2009), 4(1), 139-142.
- Acylated flavone glycosides from Veronica. *Phytochemistry* (2003), 64(7), 1295-1301.
- Isolation and identification of some components of the Veronica longifolia and Veronica scutellata herbs. *Acta Poloniae Pharmaceutica* (1980), 37(5), 567-572.

까마귀밥여름나무 *Ribes fasciculatum* Sieboldet Zuccarini var. *chinense* Maximowicz

- New inhibitor against nuclear factor of activated T cells transcription from *Ribes fasciculatum* var. Chinense. *Chemical & Pharmaceutical Bulletin* (2005), 53(1), 114-117.

까마중 *Solanum nigrum* Linné

- Polyphenol-Rich extracts from *Solanum nigrum* attenuated PKC a-mediated migration and invasion of hepatocellular carcinoma cells. *Journal of Agricultural and Food Chemistry* (2010), 58(9), 5806-5814.
- *Solanum nigrum* L. extract inhibits 2-acetylaminofluorene-induced hepatocarcinogenesis through overexpression of glutathione S-transferase and antioxidant enzymes. *Journal of Agricultural and Food Chemistry* (2009), 57(18), 8628-8634.
- Antinociceptive, anti-inflammatory and antipyretic effects of *Solanum nigrum* aqueous extract in animal models. *Methods and Findings in Experimental and Clinical Pharmacology* (2009), 31(2), 81-88.
- Hepatoprotective and antioxidant effects of total extracts and stereoidal saponins of *Solanum xanthocarpum* and *Solanum nigrum* in paracetamol induced hepatotoxicity in rats. *Pharmacologyonline* (2009), (1), 757-768.
- Hepatic tissue regeneration by OptiLiv in oestrogen induced hepatotoxicity. *Indian Research Communication* (2008), 2(1), 47-52.
- Apoptotic effects of Tian-Long compound on endometrial adenocarcinoma cells in vitro. *Medical Molecular Morphology* (2009), 42(1), 32-39.
- Effects of *Solanum nigrum* fruits on lipid levels and antioxidant defenses in rats with fructose induced hyperlipidemia and hyperinsulinaemia. *Pharmacologyonline* (2008), (3), 797-807.
- *Solanum nigrum* linn: a phytopharmacological review. *Pharmacologyonline* (2008), (3), 140-163.
- Antilipidemic effect of livina, a polyherbal liquid formulation on high fat diet induced obesity in Swiss albino mice. *Journal of Pharmaceutical Research* (2008), 7(3), 186-191.
- Antitumor effects of total alkaloids isolated from *Solanum nigrum* in vitro and in vivo. *Pharmazie* (2008), 63(7), 534-538.
- Peroxidase activity, chlorophylls and antioxidant profile of two leaf vegetables (*Solanum nigrum* L. and *Amaranthus cruentus* L.) under six pretreatment methods before cooking. *International Journal of Food Science and Technology* (2008), 43(1), 173-178.
- Steroidal Saponins from *Solanum nigrum. Journal of Natural Products* (2006), 69(8), 1158-1163.
- 150kDa glycoprotein isolated from *Solanum nigrum* Linne enhances activities of detoxicant enzymes and lowers plasmic cholesterol in mouse. *Pharmacological Research* (2005), 51(5), 399-408.
- Antioxidative and antimicrobial effects of glycoprotein isolated from *Solanum nigrum* Linne. *Food Science and Biotechnology* (2002), 11(5), 484-489.
- Steroidal oligoglycosides from *Solanum nigrum. Chemical & Pharmaceutical Bulletin* (2000), 48(7), 1062-1064.

까치수영 *Lysimachia barystachys* Bunge

- Qualitative and quantitative LC profile of embelin and rapanone in selected Lysimachia species. *Chromatographia* (2008), 67(5/6), 471-475
- Inhibition of carbohydrate-digesting enzymes and amelioration of glucose tolerance by Korean medicinal herbs. *Journal of Food Science and Nutrition* (2002), 7(1), 62-66.
- Flavonol glycosides from *Lysimachia barystachys. Biochemical Systematics and Ecology* (1992), 20(7), 707-708.
- Occurrence of alkaloids in Korean medicinal plants. *Soul Taehakkyo Saengyak Yonguso Opjukjip* (1978), 17, 17-19.

꼬리조팝나무 *Spiraea salicifolia* Linné

- Phenolic compounds from leaves of *Spiraea salicifolia. Saengyak Hakhoechi* (1996), 27(3), 178-183.

꼬리풀 *Pseudolysimachion linariaefolium* (Pall.) Holub

- Scavenging effect of korean medicinal plants on the peroxynitrite and total ROS. *Natural Product Sciences* (2003), 9(2), 73-79.
- Analysis of chemical constituents of essential oil in *Veronica linariaefolia* by gas chromatography-mass spectrometry. *Fenxi Huaxue* (2002), 30(7), 822-825.

꽃다지 *Drada nemorosa* Linné var. *hebecarpa* Ledebour

- Antioxidant polyphenol glycosides from the plant *Draba nemorosa. Bulletin of the Korean Chemical Society* (2007), 28(5), 827-831.
- Quantification of cyanamide contents in herbaceous plants. *Bioscience, Biotechnology, and Biochemistry* (2006), 70(9), 2310-2312.
- Lipoxygenase inhibitor from defatted nutmeg seed. *Journal of Food Science and Nutrition* (1998), 3(3), 216-220.

꽃마리 *Trigonotis peduncularis* (Trevir.) Bentham

- A new acyclic diterpene from *Trigonotis peduncularis. Bulletin of the Korean Chemical Society* (2008), 29(11), 2267-2269.
- Identification of sucrose diesters of aryldihydronaphthalene-type lignans from *Trigonotis peduncularis* and the nature of their fluorescence. *Journal of Natural Products* (2008), 71(7), 1178-1181.

꽃무릇 *Lycoris radiate* (L'Heritier) Herbet

- Fingerprint and contents of three alkaloids in *Lycoris radiate* (L'Her.) Herb. *Shizhen Guoyi Guoyao* (2009), 20(4), 839-841.
- Extraction and HPLC determination of galanthamine and lycoramine in *Lycoris radiate. Yaowu Fenxi Zazhi* (2009), 29(1), 104-106.
- Determination of total alkaloids in bulb of *Lycoris radiate* by UV-spectrophotometry. *Shizhen Guoyi Guoyao* (2007), 18(7), 1695-1696.

꽃범의꼬리 *Physostegia virginiana*

- Study of the oleanolic and ursolic acid contents of some species of the Lamiaceae. *Biochemical Systematics and Ecology* (2006), 34(5), 392-396.
- Characterization of betaines using electrospray MS/MS. *Phytochemistry* (2002), 59(7), 759-765.
- A new allenic fatty acid in Phlomis seed oil. *Fett/Lipid* (1997), 99(3), 74-78.
- Distribution of iridoids in different populations of *Physostegia virginiana* and some remarks on iridoids from *Avicennia officinalis* and *Scrophularia ningpoensis. Phytochemistry* (1996), 41(2), 489-498.
- Iridoids in *Physostegia virginiana. Phytochemistry* (1989), 28(11), 3055-3057.
- Bisdeoxydihydromonotropein from *Physostegia virginiana. Phytochemistry* (1970), 9(3), 641-644.

꽃창포 *Iris ensata* Thunberg var. *espontanea* (Mak.) Nakai

- A new isolate of iris severe mosaic virus causing yellow mosaic in *Iris ensata* Thunb. *Journal of Nanoscience and Nanotechnology* (2010), 10(2), 726-730.
- Western-medicine-validated anti-tumor agents and traditional Chinese medicine. *Trends in Molecular Medicine* (2008), 14(1), 1-2.
- Flavones from Callus Tissue of *Iris ensata. Chemistry of Natural Compounds* (2005), 41(5), 539-541.
- Characterization of anthocyanins in flowers of Japanese garden iris, *Iris ensata* Thunb. *Cytologia* (2003), 68(2), 205-210.
- Determining acetylcholinesterase inhibitory activity in plant extracts using a fluorimetric flow assay. *Phytochemical Analysis* (2003), 14(3), 145-149.

꽈리 *Physalis alkekengi* Linné var. *franchetii* (Masters) Hortorum

- Study on biological activities of *Physalis alkekengi* var. *francheti* polysaccharide. *Journal of the Science of Food and Agriculture* (2009), 89(9), 1593-1598.
- Polysaccharides from fruit calyx of *Physalis alkekengi* var. *francheti*: Isolation, purification, structural features and antioxidant activities. *Carbohydrate Polymers* (2009), 77(2), 188-193.
- Effects of alcoholic extract of *Physalis alkekengi* on the reproductive system, spermatogenesis and sex hormones of adult NMRI mice. *Pharmacologyonline* (2008), (3), 110-118.
- Steroids and flavonoids from *Physalis alkekengi* var. *franchetii* and their inhibitory effects on nitric oxide production. *Journal of Natural Products* (2008), 71(4), 642-646.
- Inhibition of carbohydrate-digesting enzymes and amelioration of glucose tolerance by Korean medicinal herbs. *Journal of Food Science and Nutrition* (2002), 7(1), 62-66.
- Isolation of (25S)-25,27-dihydrophysalin A from *Physalis alkekengi* var. *francheti. Chemistry Express* (1989), 4(2), 97-100.
- Structure of physalin M isolated from *Physalis alkekengi* var. *francheti. Bulletin of the Chemical Society of Japan* (1988), 61(7), 2696-2968.
- A new physalin from *Physalis alkekengi*: structure of physalin L. *Phytochemistry* (1987), 26(12), 3313-3317.

꽝꽝나무 *Ilex crenata* Thunberg

- Ilexosides A, B, C and D, anti-allergic 18,19-seco-ursane glycosides from fruit of *Ilex crenata. Tetrahedron Letters* (1991), 32(29), 3535-3538.
- Ilexosides E, F, G, H and I, novel 18,19-seco-ursane glycosides from fruit of *Ilex crenata. Tetrahedron* (1991), 47(35), 7219-7126.
- Triterpenoid saponins of aquifoliaceous plants. V. Ilexosides XV-XIX from the barks of *Ilex crenata* Thunb. *Chemical & Pharmaceutical Bulletin* (1992), 40(8), 1990-1992.
- Triterpenoid saponins from *Ilex crenata* fruit. *Phytochemistry* (1992), 31(10), 3553-3557.
- Saponin from Ilex spp. Part 3. Triterpene saponins from fruit of *Ilex crenata Phytochemistry* (1992), 31(8), 2809-2812.

꿀풀 *Prunella vulgaris* Linné var. *asiatica* (Nak.) Hara

- Effect of phytohormones on micropropagation of self-heal (*Prunella vulgaris* L.). *Journal of Herbs, Spices & Medicinal Plants* (2009), 15(4), 293-302.
- The antioxidant properties of *Prunella vulgaris* L. *Acta Alimentaria* (2008), 37(2), 293-300.
- Heme oxygenase-1 inducing constituent of *Prunella vulgaris* in HepG2 cells. *Biological & Pharmaceutical Bulletin* (2008), 31(3), 531-533.

- Triterpenoic acids of *Prunella vulgaris* var. *lilacina* and their cytotoxic activities in vitro. *Archives of pharmacal research* (2008), 31(12), 1578-1583.
- Isolation, purification and antioxidant activity of polysaccharide of *Prunella vulgaris* (Labiatae). *Yunnan Zhiwu Yanjiu* (2006), 28(4), 410-414.
- Photoprotective properties of *Prunella vulgaris* and rosmarinic acid on human keratinocytes. *Journal of Photochemistry and Photobiology, B: Biology* (2006), 84(3), 167-174.
- Identification of inhibitors of the HIV-1 gp41 six-helix bundle formation from extracts of Chinese medicinal herbs *Prunella vulgaris* and *Rhizoma cibotte. Life Sciences* (2002), 71(15), 1779-1791.
- Antiinflammatory properties, antibacterial and antifungal activities of the extract from *Prunella vulgaris* L. above-ground part. *Rastitel'nye Resursy* (2001), 37(4), 92-96.
- A new phenylpropanoid and triterpenoids from *Prunella vulgaris. Journal of Chinese Pharmaceutical Sciences* (2000), 9(3), 128-130.
- Structure identification of new compound Vulgarsaponin A from *Prunella vulgaris. Yaoxue Xuebao* (2000), 35(1), 29-31.
- Two new ursane glycosides from *Prunella vulgaris* in France. *Yunnan Zhiwu Yanjiu* (1995), 17(4), 468-472.
- Isolation, purification, and partial characterization of prunellin, an anti-HIV component from aqueous extracts of *Prunella vulgaris. Antiviral Research* (1989), 11(5-6), 263-273.

나도송이풀 *Phtheirospermum japonicum* (Tjunb.) Kanitz

- A new phenolic glycoside from *Phtheirospermum japonicum. Journal of Natural Products* (1988), 51(1), 180-3.

나래미역취 *Solidago virgaurea* Linneé ssp. *gigantean* (Nak.) Kitamura

- Antibacterial clerodane diterpenes from goldenrod (*Solidago virgaurea*). *Phytochemistry* (2009), 71(1), 104-109.
- Qualitative and quantitative determination of the caffeoylquinic acids on the Korean mountainous vegetables used for Chwinamul and their peroxynitrite-scavenging effect. *Archives of Pharmacal Research* (2009), 32(10), 1361-1367.
- Screening of selected food and medicinal plant extracts for pancreatic lipase inhibition. *Phytotherapy Research* (2009), 23(6), 874-877.
- Antioxidant and antimicrobial activities of *Solidago virgaurea* extracts. *African Journal of Biotechnology* (2009), 8(2), 274-279.
- Immunobiological activity of a new benzyl benzoate from the aerial parts of *Solidago virgaurea* var. *gigantea. Archives of Pharmacal Research* (2005), 28(1), 49-54.
- Phytochemical constituents of the aerial parts from *Solidago virgaurea* var. *gigantea. Archives of Pharmacal Research* (2004), 27(2), 164-168.
- Ethnomedicinally selected plants as sources of potential analgesic compounds: indication of *in vitro* biological activity in receptor binding assays. *Phytotherapy Research* (2000), 14(1), 24-29.
- Pharmaceutical significance of species of the genus Solidago. Part 2. Saponins of the species *Solidago canadensis* and *Solidago gigantea. Ceska a Slovenska Farmacie* (1999), 48(3), 113-116.
- Investigation of the antimycotic activity of *Solidago virgaurea* and *Solidago gigantea* extracts. *Pharmaceutical and Pharmacological Letters* (1998), 8(2), 85-86.
- Antioxidative properties of alcoholic extracts from Fraxinus excelsior, *Populus tremula* and *Solidago virgaurea. Arzneimittel-Forschung* (1995), 45(2), 174-176.
- The main saponins of medicinally used species of the genus Solidago. *Pharmazie* (1991), 46(6), 405-408.
- Virgaureasaponin 3, a 3,28-bisdesmosidic triterpenoid saponin from *Solidago virgaurea. Phytochemistry* (1992), 31(2), 621-623.
- Virgaureasaponin 1, a new bisdesmoside triterpenoid saponin from *Solidago virgaurea L. Pharmazie* (1987), 42(8), 541-543.

- Virgaureosid A - a new bisdesmosidic phenol glycoside from *Solidago virgaurea* L. *Pharmazie* (1985), 40(11), 795-796.
- Saponins of the genus Solidago. Part 3. Saponins of *Solidago virgaurea* L. var leiocarpa (Benth.) A. Gray. *Pharmazie* (1979), 34(5-6), 360-361.

나무수국 *Hydrangea paniculata* Siebold

- Plant mucilages. XX. The location of O-acetyl groups in paniculatan and the influence of deacetylation on its physical properties. *Chemical & Pharmaceutical Bulletin* (1978), 26(10), 3215-3218.
- Plant mucilages. XVII. Partial hydrolysis and a possible structure of paniculatan. *Chemical & Pharmaceutical Bulletin* (1977), 25(11), 2910-2916.
- Plant mucilages. XV. The main structural features of the backbone chain of paniculatan. *Chemical & Pharmaceutical Bulletin* (1977), 25(5), 968-973.
- Plant mucilages. XI. Isolation and characterization of a mucous polysaccharide, "paniculatan," from the barks of *Hydrangea paniculata. Chemical & Pharmaceutical Bulletin* (1976), 24(2), 230-234.

낙지다리 *Penthorum chinense* Pursh

- Extraction of polysaccharide from *Penthorum chinense. Zhongyaocai* (2009), 32(1), 121-123.
- PR-HPLC determination of gallic acid in *Penthorum chinense* Pursh. *Zhongnan Yaoxue* (2008), 6(6), 717-719.
- Optimizing the extracting technique of total flavonoids from *Penthorum chinense. Zhongyaocai* (2006), 29(9), 977-979.
- Optimization of extraction process for isolating bioactive constituents in Gansu effervescent tablets. *Zhongguo Zhongyao Zazhi* (2006), 31(7), 603-605.
- Determination of quercetin in *Penthorum chinense* by RP-HPLC assay. *Zhongguo Yaoxue Zazhi* (2004), 39(2), 97-98.

남천 *Nandina domestica* Thunberg

- b2-adrenoceptor-mediated tracheal relaxation induced by higenamine from *Nandina domestica* Thunberg. *Planta Medica* (2009), 75(13), 1393-1399.
- Antifungal potential of essential oil and various organic extracts of *Nandina domestica* Thunb. against skin infectious fungal pathogens. *Applied Microbiology and Biotechnology* (2009), 83(6), 1127-1133.
- Chemical composition and *in vitro* control of agricultural plant pathogens by the essential oil and various extracts of *Nandina domestica* Thunb. *Journal of the Science of Food and Agriculture* (2009), 89(1), 109-116.
- Chemical composition and inhibitory parameters of essential oil and extracts of *Nandina domestica* Thunb. to control food-borne pathogenic and spoilage bacteria. *International Journal of Food Microbiology* (2008), 125(2), 117-122.
- Serotonergic receptor antagonist from *Nandina domestica* Thunberg. *Journal of Pharmaceutical Sciences* (1984), 73(4), 568-570.
- Antimicrobial activity of four species of Berberidaceae. *Fitoterapia* (2007), 78(5), 379-381.

낭아초 *Indigofera pseudo-tinctoria* Matsum

- Flavonoids from *Indigofera pseudo-tinctoria* stem. *Saengyak Hakhoechi* (2000), 31(3), 280-283.

냉이 *Capsella bursa-pastoris* (L.) Medicus

- *In vitro* screening for the tumoricidal properties of international medicinal herbs. *Phytotherapy Research* (2009), 23(3), 385-398.
- *In vitro* antioxidant capacity of honeybee-collected pollen of selected floral origin harvested from Romania. *Food Chemistry* (2009), 115(3), 878-883.

- Evaluation of the hepatoprotective effect of *Ephedra foliate, Alhagi maurorum, Capsella bursa-pastoris* and *Hibiscus sabdariffa* against experimentally induced liver injury in rats. *Natural Product Sciences* (2008), 14(2), 95-99.
- Antioxidant activity and cytotoxicity of methanol extracts from aerial parts of Korean salad plants. *BioFactors* (2007), 30(2), 79-89.
- Screening of Chinese brassica species for anti-cancer sulforaphane and erucin. *African Journal of Biotechnology* (2008), 7(2), 147-152.
- Analysis of oxalic acid of various vegetables consumed in Korea. *Food Science and Biotechnology* (2007), 16(4), 650-654.
- Inhibitory effects of plant extracts on tyrosinase, L-DOPA oxidation, and melanin synthesis. *Journal of Toxicology and Environmental Health, Part A* (2007), 70(5), 393-407.
- Spatial patterns and species performances in experimental plant communities. *Oecologia* (2005), 145(4), 619-628.
- Structural characterization of a flavonoid compound scavenging superoxide anion radical isolated from *Capsella bursa-pastoris. Journal of Biochemistry and Molecular Biology* (1996), 29(5), 423-428.
- Effects of interactions between nutrient supply and rust infection of Senecio vulgaris L. on competition with *Capsella bursa-pastoris* (L.) Medic. *New Phytologist* (1990), 114(4), 667-74.
- Studies on *Capsella bursa-pastoriss.* II. Diuretic, anti-inflammatory and anti-ulcer action of ethanol extracts of the herb. *Archives internationales de pharmacodynamie et de therapie* (1969), 178(2), 392-399.

냉초 *Veronicastrum sibiricum* (Linné) Pennell

- Immunosuppressive diterpenes from *Veronicastrum sibiricum. Chemical & Pharmaceutical Bulletin* (2004), 52(1), 136-137.
- Structures of new cinnamoyl glucoside from the roots of *Veronicastrum sibiricum. Yaoxue Xuebao* (1995), 30(10), 752-756.

노간주나무 *Juniperus rigida* Siebold & Zuccarini

- The effect of the oil and supercritical fluid CO_2 extract of *Juniperus rigida* Sieb. on the growth performance of rat adrenal nerve cells. *Journal of Essential Oil Research* (2004), 16(2), 151-156.
- Phenolic constituents of *Juniperus rigida* leaves. *Fitoterapia* (1993), 64(3), 279-280.
- Identity of cadinenol with (+)-epicubenol. *Phytochemistry* (1972), 11(11), 3355-3357.
- New diterpene from *Juniperus rigida. Phytochemistry* (1972), 11(2), 841-842.
- Terpenoids. XXIX. Diterpenes in the wood of *Juniperus rigida. Mokuzai Gakkaishi* (1971), 17(7), 306-10.
- Terpenoids. XXIV. Chemotaxonomy of the Cupressaceae. 3. Sesquiterpene hydrocarbons in *Juniperus rigida* wood. *Mokuzai Gakkaishi* (1969), 15(8), 341-343.
- Terpenoids. XXV. New diterpene aldehyde from *Juniperus rigida* wood. *Mokuzai Gakkaishi* (1969), 15(8), 344.

노랑꽃창포 *Iris pseudoacorus* Linné

- Purification of eutrophicated water by *Iris pseudoacorus. Nongye Huanjing Kexue Xuebao* (2006), 25(2), 448-452.

노랑투구꽃 *Lycoctonum sibiricum* (Poir.) Nakai

- Crystal structure of tuguaconitine, a diterpene alkaloid from *Aconitum sibiricum. Archives of Pharmacal Research* (2008), 31(2), 259-263.
- Studies on Korean Aconitum species. (I). An alkaloid of *Aconitum sibiricum.* and comparison of toxicities among related Aconitum species. *Saengyak Hakhoechi* (1984), 15(2), 108-113.

노루발풀 *Pyrola japonica* Kienze ex Aiefeld

- Crystal Phenolic glycosides from *Pyrola japonica. Chem & Pharma. Bulletin* (2004), 52(6), 714-717.
- A new naphthoquinone from *Pyrola japonica. Archives of Pharmacal Research* (2001), 24(6), 522-523.
- Occurrence of hydroquinone-type glucosides, chimaphilin and monotropein in Pyrolaceae. *Chemical & Pharmaceutical bulletin* (1964), 12(2), 255-256.
- The oxidation of arbutin by isolated chloroplasts of arbutin-containing plants. *Phytochemistry* (1963) 2(4), 385-395.
- Constisuents of Pirola plants. VII. Constituents of *Pyrola japonica.* 6. *Yakugaku Zasshi* (1958), 78, 298-300.
- Constituents of *Pyrola japonica.* V. Constitution of pirolatin. *Pharmaceutical Bulletin* (1954), 2, 359-367.
- Constituents of *Pyrola japonica.* IV. Constitution of pirolatin. *Pharmaceutical Bulletin* (1953), 1, 401-404.
- Constituents of *Pyrola japonica.* III. Constitution of pirolatin. 2. *Yakugaku Zasshi* (1952), 72, 731-734.
- Constituents of *Pyrola japonica.* I. *Yakugaku Zasshi* (1952), 72, 223-227.

노루오줌 *Astilbe chinensis* (Maxim.) Franchet et Savatier var. *chinensis*

- Cytotoxic Triterpenoids from the Rhizomes of *Astilbe chinensis. Journal of Natural Products* (2009), 72(7), 1241-1244.
- Protective effect of some medicinal plants on tert-butyl hydroperoxide-induced oxidative stress in human keratinocytes. *Natural Product Sciences* (2008), 14(4), 244-248.
- Two new triterpenes from *Astilbe chinensis. Chinese Chemical Letters* (2006), 17(5), 628-630.
- Induction of apoptosis in HeLa cells by 3B-hydroxy-12-oleanen-27-oic acid from the rhizomes of *Astilbe chinensis. Bioorganic & Medicinal Chemistry* (2006), 14(4), 1189-1198.
- Antiinflammatory activity of astilbic acid from *Astilbe chinensis. Biological & Pharmaceutical Bulletin* (2005), 28(1), 24-26.
- Effect of the rhizomes of Astilbe chinensis on UVB-induced inflammatory response. *Phytotherapy research* (2004), 18(12), 1000-1004.

노박덩굴 *Celastrus orbiculatus* Thunberg.

- Cytotoxic Dihydroagarofuranoid Sesquiterpenes from the Seeds of *Celastrus orbiculatus. Journal of Natural Products* (2008), 71(6), 1005-1010.
- Cytotoxic sesquiterpenoids from the ethanol extract of fruits of *Celastrus orbiculatus. Journal of Ethnopharmacology* (2008), 117(1), 175-177.
- Sesquiterpene esters from the fruits of *Celastrus orbiculatus. Chemistry Letters* (2005), 34(6), 764-765.
- A new alkaloid from the fruits of *Celastrus orbiculatus. Fitoterapia* (2005), 76(2), 273-275.
- A new sesquiterpene ester from the fruits of *Celastrus orbiculatus. Journal of Asian Natural Products Research* (2005), 7(2), 157-160.
- Sesquiterpene esters from the fruits of *Celastrus orbiculatus. Chemical & Pharmaceutical Bulletin* (2004), 52(9), 1134-1136.
- A new sesquiterpene ester from the fruits of *Celastrus orbiculatus. Journal of Asian Natural Products Research* (2003), 5(3), 205-208.
- Antiinflammatory Constituents of *Celastrus orbiculatus* Inhibit the NF-k B Activation and NO Production. *Journal of Natural Products* (2002), 65(1), 89-91.
- Sesquiterpene esters from *Celastrus orbiculatus* and their structure-activity relationship on the modulation of multi-drug resistance. *Journal of Natural Products* (1999), 62(5), 697-700.
- (-)-Epiafzelechin: cyclooxygenase-1 inhibitor and anti-inflammatory agent from aerial parts of *Celastrus orbiculatus. Planta medica* (1999), 65(5), 460-462.
- A new sesquiterpene ester from *Celastrus orbiculatus* reversing multidrug resistance in cancer cells. *Journal of Natural Products* (1998), 61(1), 108-111.

누린내풀 *Caryopteris divaricata* (Sieb. & Zucc.) Maximowicz

- Absolute configuration of caryoptin and 3-epicaryoptin. Exception to the exciton chirality method. *Tetrahedron Letters* (1974), (43), 3753-3756.
- Antifeeding active substances for insect n *Caryopteris divaricata. Agricultural and Biological Chemistry* (1974), 38(4), 823-826.
- Diterpenes from *Caryopteris divaricata. Phytochemistry* (1974), 13(6), 1019-1020.
- Antifeeding active substances for insects in plants. *Agricultural and Biological Chemistry* (1974), 38(5), 1045-1048.
- Diterpenoids from *Caryopteris divaricata.* Phytochemistry (1973), 12(7), 1833-1834.

능소화나무 *Campsis grandifolia* (*Thunb.*) K.Schum.

- Insulin-mimetic and insulin-sensitizing activities of a pentacyclic triterpenoid insulin receptor activator. *Biochemical Journal* (2007), 403(2), 243-250.
- Inhibitory effect of Yunnan traditional medicines on hepatitis C viral polymerase. *Journal of Natural Medicines* (2006), 60(3), 217-224.
- Two new non-glycosidic iridoids from the leaves of *Campsis grandiflora. Planta Medica* (2005), 71(6), 578-580.
- Development of biologically active compounds from edible plant sources XIV. Cyclohexylethanoids from the flower of *Campsis grandiflora* K. Schum. *Agricultural Chemistry and Biotechnology* (2005), 48(1), 35-37.
- Anti-platelet pentacyclic triterpenoids from leaves of *Campsis grandiflora. Archives of Pharmacal Research* (2004), 27(4), 376-380.
- Antioxidative and acute anti-inflammatory effects of *Campsis grandiflora* flower. *Journal of ethnopharmacology* (2006), 103(2), 223-228.

다닥냉이 *Lepidium apetalum* Willd.

- Mast cell-mediated allergic response is suppressed by Sophorae flos: inhibition of Src-family kinase. *Experimental Biology and Medicine* (2008), 233(10), 1271-1279.
- Inhibition of skin pigmentation by an extract of *Lepidium apetalum* and its possible implication in IL-6 mediated signaling. *Pigment Cell Research* (2005), 18(6), 439-446.
- Electrochemistry of sinapine and its detection in medicinal plants. *Analytical and Bioanalytical Chemistry* (2005), 382(4), 1196-1201.

닥나무 *Broussonetia kazinoki* Siebold

- Tyrosinase inhibitory effects of 1,3-diphenylpropanes from *Broussonetia kazinoki. Bioorganic & Medicinal Chemistry* (2009), 17(1), 35-41.
- Antihyperglycemic Effect of Stem Bark Powder from Paper Mulberry (*Broussonetia kazinoki* Sieb.) in Type 2 Diabetic Otsuka Long-Evans Tokushima Fatty Rats. *Journal of Medicinal Food* (2008), 11(3), 499-505.
- Inhibition of nitric oxide production on LPS-activated macrophages by kazinol B from *Broussonetia kazinoki. Fitoterapia* (2003), 74(4), 350-354.
- Two new pyrrolidine alkaloids, broussonetines Y and Z from *Broussonetia kazinoki* SIEB. and activity of glycosidases inhibition by N-alkylation of broussonetines. *Natural Medicines* (2003), 57(2), 68-72.
- Studies on the constituents of Broussonetia species X. Six new alkaloids from *Broussonetia kazinoki* Sieb. *Chemical & Pharmaceutical Bulletin* (2001), 49(11), 1487-1491.
- Studies on the constituents of Broussonetia species VIII. Four new pyrrolidine alkaloids, broussonetines R, S, T, and V and a new pyrroline alkaloid, broussonetine U, from *Broussonetia kazinoki* SIEB. *Chemical & Pharmaceutical Bulletin* (2001), 49(4), 492-496.
- A new isoprenylated flavonol from the leaves of *Broussonetia kazinoki. Chinese Chemical Letters* (2001), 12(2), 141-142.
- Five new diprenylated flavonols from the leaves of *Broussonetia kazinoki. Journal of Natural Products* (2001),

64(9), 1206-1209.

- Studies on the constituents of Broussonetia species. VII. Four new pyrrolidine alkaloids, broussonetines M, O, P, and Q, as inhibitors of glycosidase, from *Broussonetia kazinoki* Sieb. *Chemical & Pharmaceutical Bulletin* (2000), 48(9), 1281-1285.
- Cytotoxic Isoprenylated Flavans of *Broussonetia kazinoki. Journal of Natural Products* (1999), 62(1), 164-166.
- A new pyrrolizidine alkaloid, broussonetine N, as an inhibitor of glycosidase, from *Broussonetia kazinoki* Sieb. and absolute stereostructures of broussonetines A and B. *Chemical & Pharmaceutical Bulletin* (1999), 47(6), 907-908.
- Studies on the constituents of Broussonetia species. V. Two new pyrrolidine alkaloids, broussonetines K and L, as inhibitors of glycosidase, from *Broussonetia kazinoki* SIEB. *Chemical & Pharmaceutical Bulletin* (1999), 47(4), 472-476.
- Studies on the constituents of Broussonetia species. IV. Two new pyrrolidinyl piperidine alkaloids, broussonetines I and J, from *Broussonetia kazinoki* Sieb. *Chemical & Pharmaceutical Bulletin* (1998), 46(9), 1416-1420.
- Studies on the constituents of Broussonetia species. III. Two new pyrrolidine alkaloids, broussonetines G and H, as inhibitors of glycosidase, from *Broussonetia kazinoki* SIEB. *Chemical & Pharmaceutical Bulletin* (1998), 46(6), 1048-1050.
- Antioxidant components from *Broussonetia kazinoki. Yakhak Hoechi* (1997), 41(4), 439-443.
- Studies on the constituents of Broussonetia species. II. Six new pyrrolidine alkaloids, broussonetine A, B, E, F and broussonetinine A and B, as inhibitors of glycosidases from *Broussonetia kazinoki* Sieb. *Chemical & Pharmaceutical Bulletin* (1997), 45(4), 700-705.
- Studies on the constituents of Broussonetia species. I. Two new pyrrolidine alkaloids, broussonetines C and D, as β-galactosidase and β-mannosidase inhibitors from *Broussonetia kazinoki Sieb. Chemical & Pharmaceutical Bulletin* (1997), 45(3), 505-508.
- Volatile aroma components and fatty acids in fruit of *Broussonetia kazinoki* Siebold. *Han'guk Yongyang Siklyong Hakhoechi* (1994), 23(1), 130-136.

담쟁이덩굴 *Parthenocissus tricuspidata* (Siebold & Zucc.) Planch

- Antimalarial activity of a new stilbene glycoside from *Parthenocissus tricuspidata* in mice. *Antimicrobial Agents and Chemotherapy* (2008), 52(9), 3451-3453.
- Inhibitory effects of plant extracts on tyrosinase, L-DOPA oxidation, and melanin synthesis. *Journal of Toxicology and Environmental Health, Part A* (2007), 70(5), 393-407.
- Antiplasmodial activity of novel stilbene derivatives isolated from *Parthenocissus tricuspidata* from South Korea. *Parasitology research* (2007), 101(1), 237-241.
- Two new antioxidant stilbene dimers, parthenostilbenins A and B from *Parthenocissus tricuspidata. Planta Medica* (2005), 71(10), 973-976.
- Antioxidant caffeic acid derivatives from leaves of *Parthenocissus tricuspidata. Archives of Pharmacal Research* (2004), 27(3), 300-304.
- A resveratrol dimer from *Parthenocissus tricuspidata. Phytochemistry* (1998), 48(7), 1241-1243.
- Flavonol glycosides from *Parthenocissus tricuspidata* leaves. *Yakhak Hoechi* (1995), 39(3), 289-296.
- A resveratrol dimer from *Parthenocissus tricuspidata. Phytochemistry* (1991), 30(9), 3144-3146.

당매자나무 *Berberis poiretii* Schneider

- The chemical constituents of the red pigments from the fruit of *Berberis poiretii* Schneid. *Tianran Chanwu Yanjiu Yu Kaifa* (1992), 4(4), 23-26.
- Active constituents of the root of *Berberis poiretii. Tianran Chanwu Yanjiu Yu Kaifa* (1989), 1(2), 23-26.

더위지기 *Artemisia iwayomogi* Kitamura

- Antibacterial effects of vulgarone B from *Artemisia iwayomogi* alone and in combination with oxacillin. *Archives of Pharmacal Research* (2009), 32(12), 1711-1719.
- MAPK activation is necessary to the apoptotic death of KB cells induced by the essential oil isolated from *Artemisia iwayomogi. J. of Ethnopharmacology* (2009), 123(2), 308-314.
- Cytoprotective activity of annphenone against oxidative stress-induced apoptosis in V79-4 lung fibroblast cells. *Cell Biology International* (2008), 32(9), 1099-1107.
- Application of the multiplex PCR method for discrimination of *Artemisia iwayomogi* from other Artemisia herbs. *Biological & Pharmaceutical Bulletin* (2008), 31(4), 685-690.
- AIP1, a carbohydrate fraction from *Artemisia iwayomogi,* modulates the functional differentiation of bone marrow-derived dendritic cells. *International Immunopharmacology* (2008), 8(4), 534-541.
- Chemical composition and antibacterial activity against oral bacteria by the essential oil of *Artemisia iwayomogi. Journal of Bacteriology and Virology* (2007), 37(3), 129-136.
- A carbohydrate fraction, AIP1 from *Artemisia iwayomogi* suppresses pulmonary eosinophilia and Th2-type cytokine production in an ovalbumin-induced allergic asthma. Down-regulation of TNF-a expression in the lung. *International Immunopharmacology* (2007), 8(1), 117-125.
- Artemisia iwayomogi inhibits immediate-type allergic reaction and inflammatory cytokine secretion. *Immunopharmacology and Immunotoxicology* (2006), 28(3), 421-430.
- Chemical composition and antibacterial activity of essential oil of *Artemisia iwayomogi. Planta Medica* (2003), 69(12), 1159-1162.
- Inhibitory effects of a crude polysaccharide of the water extract of *Artemisia iwayomogi* Kitamura on melanin biosynthesis. *Yakhak Hoechi* (2001), 45(6), 701-707.
- Chlorogenic acid, an antioxidant principle from the aerial parts of *Artemisia iwayomogi* that acts on 1,1-diphenyl-2-picrylhydrazyl radical. *Archives of Pharmacal Research* (1997), 20(2), 148-154.
- Active components from *Artemisia iwayomogi* displaying ONOO(-) scavenging activity. *Phytotherapy research* (2004), 18(1), 1-7.

도깨비바늘 *Bidens bipinnata* Linneé

- Protective effects of total flavonoids of *Bidens bipinnata* against carbon tetrachloride-induced liver fibrosis in rats. *Journal of Pharmacy and Pharmacology* (2008), 60(10), 1393-1402.
- Protective effect of total flavonoids from *Bidens bipinnata* L. against carbon tetrachloride- induced liver injury in mice. *Journal of Pharmacy and Pharmacology* (2007), 59(7), 1017-1025.
- New flavanone and chalcone glucosides from *Bidens bipinnata* Linn. *Journal of Asian Natural Products Research* (2005), 7(1), 67-70.
- New acetylenic glucosides from *Bidens bipinnata* Linne. *Chemical & Pharmaceutical Bulletin* (2004), 52(4), 439-440.
- A new aurone glucoside and a new chalcone glucoside from *Bidens bipinnata* linne. *Heterocycles* (2003), 61, 557-561.
- Chemical constituents of *Bidens bipinnata. Yunnan Zhiwu Yanjiu* (1997), 19(3), 311-315.

도꼬마리 *Xanthium strumarium* Linné

- The antiprotozoal activity of sixteen asteraceae species native to sudan and bioactivity-guided isolation of xanthanolides from *Xanthium brasilicum. Planta Medica* (2009), 75(12), 1363-1368.
- Xanthanolides with antitumour activity from *Xanthium brasilicum. Zeitschrift fuer Naturforschung, C: Journal of Biosciences* (2009), 64(5/6), 343-349.
- A new bioactive xanthanolide from *Xanthium brasilicum. Natural Product Research, Part B: Bioactive Natural*

Products (2009), 23(4), 388-392.

- Apoptotic cell death through inhibition of protein kinase CKII activity by 3,4-dihydroxybenzaldehyde purified from *Xanthium brasilicum. Natural Product Research, Part B: Bioactive Natural Products* (2008), 22(16), 1441-1450.
- (-)-Xanthienopyran, a new inhibitor of superoxide anion generation by activated neutrophils, and further constituents of the seeds of *Xanthium brasilicum. Planta Medica* (2008), 74(10), 1276-1279.
- Inhibition of lipopolysaccharide-induced inducible nitric oxide synthase and cyclooxygenase-2 expression by xanthanolides isolated from *Xanthium brasilicum. Bioorganic & Medicinal Chemistry Letters* (2008), 18(6), 2179-2182.
- Bioactivity-guided fractionation for anti-inflammatory and analgesic properties and constituents of *Xanthium brasilicum* L. *Phytomedicine* (2007), 14(12), 825-829.
- Xanthatin and xanthinosin from the burs of *Xanthium brasilicum* L. as potential anticancer agents. *Canadian Journal of Physiology and Pharmacology* (2007), 85(11), 1160-1172.
- Caffeic acid as active principle from the fruit of *Xanthium brasilicum* to lower plasma glucose in diabetic rats. *Planta Medica* (2000), 66(3), 228-230.

도둑놈의지팡이 *Sophora flavescens* Aiton

- Neuroprotective effects of an alkaloid-free ethyl acetate extract from the root of *Sophora flavescens* Ait. against focal cerebral ischemia in rats. *Phytomedicine* (2009), 16(11), 1042-1051.
- Antiarrhythmic properties of long-term treatment with matrine in arrhythmic rat induced by coronary ligation. *Biological & Pharmaceutical Bulletin* (2009), 32(9), 1521-1526.
- Effects of oxymatrine from Ku Shen on cancer cells. *Anti-Cancer Agents in Medicinal Chemistry* (2009), 9(8), 823-826.
- Antibacterial activity of sophoraflavanone G Isolated from the roots of *Sophora flavescens* against methicillin-resistant Staphylococcus aureus. Phytotherapy Research (2009), 23(9), 1326-1331.
- Hepatoprotective and anti-hepatocarcinogenic effects of glycyrrhizin and matrine. *Chemico-Biological Interactions* (2009), 181(1), 15-19.
- Anti-Inflammatory and Antiproliferative Activities of Trifolirhizin, a Flavonoid from *Sophora flavescens* Roots. *Journal of Agricultural and Food Chemistry* (2009), 57(11), 4580-4585.
- Low density lipoprotein (LDL)-antioxidant flavonoids from roots of *Sophora flavescens. Biological & Pharmaceutical Bulletin* (2008), 31(11), 2097-2102.
- BACE1 inhibitory effects of lavandulyl flavanones from *Sophora flavescens. Bioorganic & Medicinal Chemistry* (2008), 16(14), 6669-6674.
- Re-evaluation of the antioxidant prenylated flavonoids from the roots of *Sophora flavescens. Biological & Pharmaceutical Bulletin* (2008), 31(5), 908-915.

독미나리 *Cicuta virosa* Linné

- Virol A, a toxic trans-polyacetylenic alcohol of *Cicuta virosa,* selectively inhibits the GABA-induced Cl-current in acutely dissociated rat hippocampal CA1 neurons. *Brain Research* (2001), 889(1,2), 174-180.
- Exploring the structural basis of neurotoxicity in C17-Polyacetylenes Isolated from Water Hemlock. *Journal of Medicinal Chemistry* (2000), 43(23), 4508-4515.
- Absolute stereochemistry of cicutoxin and related toxic polyacetylenic alcohols from *Cicuta virosa. Tetrahedron* (1999), 55(41), 12087-12098.
- Syntheses and stereochemical assignment of toxic C17-polyacetylenic alcohols, virols A, B, and C, isolated from water hemlock (*Cicuta virosa*). *Tetrahedron* (1999), 55(31), 9469-9480.
- Effects of cicutoxin and related polyacetylenes from *Cicuta virosa* on neuronal action potentials. A comparative study on the mechanism of the convulsive action. *Planta Medica* (1997), 63(2), 120-124.
- Cicutoxin from Cicuta virosa - a new and potent potassium channel blocker in T lymphocytes. *Biochemical and*

Biophysical Research Communications (1996), 219(2), 332-336.
- Polyacetylenes from water hemlock, *Cicuta virosa. Planta Medica* (1995), 61(5), 439-445.

돌나물 *Sedum sarmentosum* Bunge

- Antitumor Activity of the Aqueous Extract from *Sedum sarmentosum* Bunge In Vitro. *Cancer Biotherapy and Radiopharmaceuticals* (2010), 25(1), 81-88.
- Estrogenic effects of *Sedum sarmentosum* bunge in ovariectomized rats. *Journal of Nutritional Science and Vitaminology* (2004), 50(2), 100-105.
- Anti-inflammatory, anti-angiogenic and anti-nociceptive activities of *Sedum sarmentosum* extract. *Journal of ethnopharmacology* (2008), 116(1), 138-143.
- Estrogenic effects of *Sedum sarmentosum* Bunge in ovariectomized rats. *Journal of nutritional science and vitaminology* (2004), 50(2), 100-105.
- Antiproliferative effects of alkaloids from *Sedum sarmentosum* on murine and human hepatoma cell lines. *Journal of ethnopharmacology* (2000), 70(2), 177-182.
- Water Dropwort (*Ostericum sieboldii*) and Sedum (*Sedum sarmentosum*) Delay H_2O_2-Induced Senescence in Human Diploid Fibroblasts. *Journal of Medicinal Food* (2009), 12(3), 485-492.
- Novel megastigmanes with lipid accumulation inhibitory and lipid metabolism-promoting activities in HepG2 cells from *Sedum sarmentosum. Tetrahedron* (2009), 65(21), 4142-4148.
- Immunosuppressive activity of the ethanol extract of *Sedum sarmentosum* and its fractions on specific antibody and cellular responses to ovalbumin in mice. *Chemistry & Biodiversity* (2008), 5(12), 2699-2709.
- Bioactive constituents from Chinese natural medicines. XXIII. Absolute structures of new megastigmane glycosides, sedumosides A4, A5, A6, H, and I, and hepatoprotective megastigmanes from *Sedum sarmentosum. Chemical & Pharmaceutical Bulletin* (2007), 55(8), 1185-1191.
- Bioactive constituents from chinese natural medicines. XXV. New flavonol bisdesmosides, sarmenosides I, II, III, and IV, with hepatoprotective activity from *Sedum sarmentosum* (Crassulaceae). *Heterocycles* (2007), 71(7), 1565-1576.
- Bioactive constituents from Chinese natural medicines. XXII. Absolute structures of new megastigmane glycosides, sedumosides E1, E2, E3, F1, F2, and G, from *Sedum sarmentosum* (Crassulaceae). *Chemical & Pharmaceutical Bulletin* (2007), 55(3), 435-441.
- Megastigmanes and their glucosides from the whole plant of *Sedum sarmentosum. Journal of Natural Products* (2007), 70(4), 575-583.
- Isolation of angiotensin converting enzyme (ACE) inhibitory flavonoids from *Sedum sarmentosum. Biological & Pharmaceutical Bulletin* (2004), 27(12), 2035-2037.

돌단풍 *Aceriphyllum rossii* Engler

- Potent anticariogenic activity of *Aceriphyllum rossii* and its components, aceriphyllic acid A and 3-oxoolean-12-en-27-oic acid. *Journal of Food Science* (2010), 75(2), M78-M82.
- Olean-27-carboxylic acid-type triterpenes with potent antibacterial activity from *Aceriphyllum rossii. Journal of Agricultural and Food Chemistry* (2008), 56(24), 11752-11756.

돼지감자 *Helianthus tuberosus* Linné

- Physiological response to diets fortified with Jerusalem artichoke tubers (*Helianthus tuberosus* L.) powder by diabetic rats. *American-Eurasian Journal of Agricultural & Environmental Sciences* (2009), 5(5), 682-688.
- Bioactive constituents of *Helianthus tuberosus* (Jerusalem artichoke). *Phytochemistry Letters* (2009), 2(1), 15-18.
- Stressed Jerusalem artichoke tubers (*Helianthus tuberosus* L.) excrete a protein fraction with specific cytotoxicity on plant and animal tumor cell. *Biochimica et Biophysica Acta*, General Subjects (2007), 1770(9), 1324-1330.

- Examination of microelements in medicinal plants of the carpathian basin. *Acta Alimentaria* (2007), 36(2), 231-236.
- Phytochemical and biological study of *Helianthus tuberosus* L. *Egyptian Journal of Biomedical Sciences* (2005), 18 134-147.
- Tuber vegetative stages and cell cycle in *Helianthus tuberosus* : proteins pattern and their modification by spermidine. *Journal of Plant Physiology* (2000), 156(1), 17-25.
- Evidence for the cell wall involvement in temporal changes in freezing tolerance of Jerusalem artichoke (*Helianthus tuberosus* L.) tubers during cold acclimation. *Plant & cell physiology* (1998), 39(1), 97-105.
- Molecular cloning and physiological analysis of an invertase isoenzyme in Helianthus tissues. *Biochemistry and molecular biology international* (1993), 31(5), 955-966.
- Haem synthesis during cytochrome P-450 induction in higher plants. 5-Aminolaevulinic acid synthesis through a five-carbon pathway in *Helianthus tuberosus* tuber tissues aged in the dark. *The Biochemical journal* (1988), 249(2), 473-480.
- Autocatalytic inactivation of plant cytochrome P-450 enzymes: selective inactivation of the lauric acid in-chain hydroxylase from *Helianthus tuberosus* L. by unsaturated substrate analogs. *Archives of biochemistry and biophysics* (1984), 232(1), 1-7.
- Studies on induced tracheary element differentiation in cultured tissues of tubers of the Jerusalem artichoke, *Helianthus tuberosus. The Histochemical journal* (1983), 15(5), 427-436.
- Autocatalytic inactivation of plant cytochrome P-450 enzymes: selective inactivation of cinnamic acid 4-hydroxylase from *Helianthus tuberosus* by 1-aminobenzotriazole. *Archives of biochemistry and biophysics* (1982), 216(2), 522-529.
- A specific role for Ca^{2+} in the oxidation of exogenous NADH by Jerusalem-artichoke (*Helianthus tuberosus*) mitochondria. *The Biochemical journal* (1981), 194(2), 487-495.
- Effect of various inhibitors of polyamine synthesis on the growth of *Helianthus tuberosus. Medical biology* (1981), 59(5-6), 403-409.
- Antibiotics in plant tissue culture: rifampicin effectively controls bacterial contaminants without affecting the growth of short-term explant cultures of *Helianthus tuberosus. Plant Science Letters* (1981), 21(3), 235-240.
- A metallothionein-like gene htMT2 strongly expressed in internodes and nodes of *Helianthus tuberosus* and effects of metal ion treatment on its expression. *Planta* (2004), 218(3), 449-455.
- Purification and characterization of two lectins from calllus of *Helianthus tuberosus. Bioscience, biotechnology, and biochemistry* (1996), 60(2), 259-262.
- Recovery of inulin from Jerusalem artichoke (*Helianthus tuberosus* L.) in the small intestine of man. *The British journal of nutrition* (1995), 74(1), 101-113.
- Fructans of Jerusalem artichokes: intestinal transport, absorption, fermentation, and influence on blood glucose, insulin, and C-peptide responses in healthy subjects. *The American journal of clinical nutrition* (1990), 52(4), 675-681.
- Purification and characterization of the NADPH-cytochrome P-450 (cytochrome c) reductase from higher-plant microsomal fraction. *The Biochemical journal* (1986), 235(2), 365-73.
- Autocatalytic inactivation of plant cytochrome P-450 enzymes: selective inactivation of the lauric acid in-chain hydroxylase from *Helianthus tuberosus* L. by unsaturated substrate analogs. *Archives of biochemistry and biophysics* (1984), 232(1), 1-7.

두충 *Eucommia ulmoides* Oliver

- Studies on a chlorogenic acid-producing endophytic fungi isolated from *Eucommia ulmoides* Oliver. *Journal of Industrial Microbiology & Biotechnology* (2010), 37(5), 447-454.
- Influence of disulfide bonds on the conformation of the antifungal protein from *Eucommia ulmoides* Oliver. *Open*

Structural Biology Journal (2009), 3, 94-103.
- Comparative analysis of chemical components between barks and leaves of *Eucommia ulmoides* Oliver. *Journal of Central South University of Technology* (2009), 16(3), 371-379.
- Production of Eucommia-rubber from *Eucommia ulmoides* Oliv. (Hardy Rubber Tree). *Plant Biotechnology* (2009), 26(1), 71-79.
- Simultaneous determination of ten bioactive constituents in *Eucommia ulmoides* leaves and Tochu tea products by high-performance liquid chromatography-diode array detector-mass spectrometry (HPLC-DAD-MS). *Journal of Traditional Medicines* (2008), 25(4), 112-118.
- Inhibitory effects of total extract and flavonols from hardy rubber tree (*Eucommia ulmoides* Oliver) leaves on the glycation of hemoglobin. *Food Science and Biotechnology* (2006), 15(4), 603-605.
- A new monoterpene from the bark of *Eucommia ulmoides. Journal of Asian natural products research* (2002), 4(3), 201-204.
- Granuloma maturation in the rat is advanced by the oral administration of *Eucommia ulmoides* OLIVER leaf. *Biological & pharmaceutical bulletin* (2000), 23(1), 60-65.
- Reactive oxygen species scavenging activity of Du-zhong (*Eucommia ulmoides* Oliv.) and its active compounds. *Journal of agricultural and food chemistry* (2000), 48(8), 3431-3436.
- Improvement in the turnover rate of the stratum corneum in false aged model rats by the administration of geniposidic acid in *Eucommia ulmoides* Oliver Leaf. *Biological & pharmaceutical bulletin* (1999), 22(6), 582-585.
- Changes in lactate dehydrogenase and 3-hydroxyacetyl-CoA dehydrogenase activities in rat skeletal muscle by the administration of *Eucommia ulmoides* OLIVER leaf with spontaneous running-training. *Biological & pharmaceutical bulletin* (1999), 22(9), 941-946.
- The promoting effects of geniposidic acid and aucubin in *Eucommia ulmoides* Oliver leaves on collagen synthesis. *Biological & pharmaceutical bulletin* (1998), 21(12), 1306-1310.
- Isolation and synthesis of pinoresinol diglucoside, a major antihypertensive principle of Tu-Chung (*Eucommia ulmoides, Oliver). Journal of the American Chemical Society* (1976), 98(17), 5412-5413.
- A contribution to our knowledge of Tu-chung- *Eucommia ulmoides. The American journal of Chinese medicine* (1979), 7(1), 5-37.

둑새풀 *Alopecurus aequalis* SOBOL

- Cloning and expression analysis of alpha-tubulin genes in water foxtail (*Alopecurus aequalis*). *Weed Science* (2010), 58(2), 89-95.
- The impact of copper pollution on water foxtail (*Alopecurus aequalis* Sobol.) populations and winter weed communities in rice fields. *Agro-Ecosystems* (1980), 6(1), 33-49.

때죽나무 *Styrax japonica* Sieb. Et Zucc.

- Isolation of new egonol compounds from seeds of *Styrax japonica* Sieb. et Zucc. *J. of Oleo Science* (2002), 51(3), 151-155.
- Styraxoside A isolated from the stem bark of *Styrax japonica* inhibits lipopolysaccharide-induced expression of inducible nitric oxide synthase and cyclooxygenase-2 in RAW 264.7 cells by suppressing nuclear factor-kappa B activation. *Biol. & Pharma. Bull.* (2007), 30(1), 139-144.
- Anti-complement activity of norlignans and terpenes from the stem bark of *Styrax japonica. Planta Medica* (2004), 70(12), 1210-1215.
- Phytochemical studies on seeds of *Styrax japonica* Sieb. et Zucc. Agric. *Chem. and Biotech.* (2002), 45(1), 28-30.
- Antisweet natural products. XV. Structures of jegosaponins A-D from *Styrax japonica* SIEB. et ZUCC. *Chemical & Pharmaceutical Bulletin* (2000), 48(7), 1093-1096.
- Triterpenoid from *Styrax japonica* SIEB. et ZUCC, and its effects on the expression of matrix metalloproteinases-1

and type 1 procollagen caused by ultraviolet irradiated cultured primary human skin fibroblasts. *Biological & pharmaceutical bulletin* (2005), 28(10), 2003-2006.

- Styraxoside A isolated from the stem bark of *Styrax japonica* inhibits lipopolysaccharide-induced expression of inducible nitric oxide synthase and cyclooxygenase-2 in RAW 264.7 cells by suppressing nuclear factor-kappa B activation. *Biological & pharmaceutical bulletin* (2007), 30(1), 139-144.
- Pentacyclic triterpenoids and their cytotoxicity from the stem bark of *Styrax japonica S. et Z. Archives of pharmacal research* (2004), 27(3), 283-286.
- Matrix metalloproteinase-1 inhibitor from the stem bark of *Styrax japonica* S. et Z. *Chemical & pharmaceutical bulletin* (2004), 52(12), 1466-1469.
- New furofuran and butyrolactone lignans with antioxidant activity from the stem bark of *Styrax japonica. Journal of natural products* (2004), 67(12), 1980-1984.
- Erythrodiol-3-acetate, pentacyclic triterpenoid from *Styrax japonica*, expressions of matrix metalloproteinase -1, 2 in cultured human skin fibroblasts. *Journal of ethnopharmacology* (2005), 97(3), 567-571.
- A new lignan glycoside from the stem bark of *Styrax japonica* S. et Z. *Archives of pharmacal research* (2007), 30(4), 425-430.

떡쑥 Gnaphalium affine D. Don

- Insect Antifeedant Flavonoids from *Gnaphalium affine* D. Don. *Journal of Agricultural and Food Chemistry* (2000), 48(5), 1888-1891.
- Search for naturally occurring substances to prevent the complications of diabetes. III. Studies on active substances from *Gnaphalium affine. Natural Medicines* (1995), 49(3), 266-268.
- Dehydro-para-asebotin, a new chalcone glucoside in the flowers of *Gnaphalium affine* D. Don. *Chemical & pharmaceutical bulletin* (1974), 22(8), 1800-1805.
- Flavonoids in the flowers of *Gnaphalium affine. Agricultural and Biological Chemistry* (1975), 39(11), 2237-2238.
- Isolation of GnafC, a polysaccharide constituent of *Gnaphalium affine*, and synergistic effects of GnafC and ascorbate on the phenotypic expression of osteoblastic MC3T3-E1 cells. *Bioscience, Biotechnology, and Biochemistry* (2003), 67(10), 2068-2074.

매듭풀 *Kummerowia striata* Schindler

- Anti-inflammatory effects of ethanol extract from *Kummerowia striata* (Thunb.) Schindl on lps-stimulated RAW 264.7 cell. *Inflammation* (2008), 31(3), 154-66.
- Inhibitory effect of luteolin 4'-O-glucoside from *Kummerowia striata* and other flavonoids on interleukin-5 bioactivity. *Planta medica* (1999), 65(5), 457-459.
- Anti-AIDS agents. 12. apigenin-7-O-β-D-glucopyranoside, an anti-HIV principle from *Kummerowia striata. Bioorganic & Medicinal Chemistry Letters* (1994), 4(3), 455-458.

매실나무 *Prunus mume* Siebold et Zuccarini

- Isolation and structural determination of squalene synthase inhibitor from *Prunus mume* fruit. *Journal of microbiology and biotechnology* (2007), 17(12), 1970-1975.
- Isolation and characterization of a new compound from *Prunus mume* fruit that inhibits cancer cells. *Journal of agricultural and food chemistry* (2006), 54(6), 2123-2128.
- Effects of benzyl glucoside and chlorogenic acid from *Prunus mume* on adrenocorticotropic hormone (ACTH) and catecholamine levels in plasma of experimental menopausal model rats. *Biological & pharmaceutical bulletin* (2004), 27(1), 136-137.
- Suppressive effect of the SOS-inducing activity of chemical mutagen by citric acid esters from *Prunus mume* Sieb. Et Zucc. using the Salmonella typhimurium TA1535/pSK1002 umu test. *Natural product research* (2003), 17(5),

319-323.
- Medicinal flowers. VIII. Radical scavenging constituents from the flowers of *Prunus mume* : structure of prunose III. *Chemical & pharmaceutical bulletin* (2003), 51(4), 440-443.
- New flavonol oligoglycosides and polyacylated sucroses with inhibitory effects on aldose reductase and platelet aggregation from the flowers of *Prunus mume. Journal of natural products* (2002), 65(8), 1151-1155.
- Mumefural, citric acid derivative improving blood fluidity from fruit-juice concentrate of Japanese apricot (*Prunus mume* Sieb. et Zucc). *Journal of agricultural and food chemistry* (1999), 47(3), 828-831.
- Architecture of alkaline-soluble and bioactive polysaccharide from the kernels of *Prunus mume* Sieb. et Zucc. assessed by anti P-1 antibody. *Bioscience, biotechnology, and biochemistry* (1996), 60(11), 1831-1836.
- Immunochemical characterization of alkaline-soluble polysaccharide, P-1, from the kernels of *Prunus mume* Sieb. et Zucc. *Bioscience, biotechnology, and biochemistry* (1996), 60(7), 1136-1139.
- Structural analysis of alkaline-soluble polysaccharide, P-1, from the kernels of *Prunus mume* Sieb. et Zucc. *Biological & pharmaceutical bulletin* (1995), 18(3), 377-381.
- Biological activity and structural characterization of alkaline-soluble polysaccharides from the kernels of *Prunus mume* Sieb. et Zacc. *Biological & pharmaceutical bulletin* (1994), 17(3), 386-390.
- The screening of Chinese crude drugs for Ca^{2+} antagonist activity: identification of active principles from the aerial part of Pogostemon cablin and the fruits of *Prunus mume. Chemical & pharmaceutical bulletin* (1989), 37(2), 345-348.

맥문동 *Liriope platyphylla* WangetTang

- Induction of nerve growth factor by butanol fraction of *Liriope platyphylla* in C6 and primary astrocyte cells. *Biological & pharmaceutical bulletin* (2004), 27(8), 1257-1260.
- The insulin sensitizing effect of homoisoflavone-enriched fraction in *Liriope platyphylla* Wang et Tang via PI3-kinase pathway. *Life sciences* (2004), 75(22), 2653-2664.
- Comparative studies on the constituents of ophiopogonis tuber and its congeners. I. Studies of the constituents of the subterranean part of *Liriope platyphylla* Wang et Tang. (1). *Chemical & Pharmaceutical Bulletin* (1983), 31(6), 1980-1990.
- Induction of nerve growth factor by butanol fraction of *Liriope platyphylla* in C6 and primary astrocyte cells. *Biological & Pharmaceutical Bulletin* (2004), 27(8), 1257-1260.
- The insulin sensitizing effect of homoisoflavone-enriched fraction in *Liriope platyphylla* Wang et Tang via PI3-kinase pathway. *Life Sciences* (2004), 75(22), 2653-2664.

머루 *Vitis coignetiae* Pulliat

- Resveratrol, purified from the stem of *Vitis coignetiae* Pulliat, inhibits food intake in C57BL/6J Mice. *Archives of Pharmacal Research* (2010), 33(5), 775-780.
- Analysis and tentative structure elucidation of new anthocyanins in fruit peel of *Vitis coignetiae* Pulliat (meoru) using LC-MS/MS: contribution to the overall antioxidant activity. *Journal of Separation Science* (2010), 33(9), 1192-1197.
- Antimicrobial activity of resveratrol oligomers and flavonoids from the stems of *Vitis coignetiae* Pulliat and the seeds of Perilla frutescens (L.) Britton. *Yakhak Hoechi* (2010), 54(1), 22-26.
- Resveratrol, purified from the stem of *Vitis coignetiae* Pulliat, inhibits food intake in C57BL/6J Mice. *Archives of pharmacal research* (2010), 33(5), 775-780.
- Anti-Invasive Activity of Anthocyanins Isolated from *Vitis coignetiae* in Human Hepato carcinoma Cells. *Journal of Medicinal Food* (2009), 12(5), 967-972.
- Beneficial effects of *Vitis coignetiae* Pulliat leaves on nonalcoholic steatohepatitis in a rat model. *Acta medica Okayama* (2009), 63(2), 105-111.

- Effects of the major anthocyanin of wild grape (*Vitis coignetiae*) on serum lipid levels in rats. *Agricultural and Biological Chemistry* (1991), 55(1), 285-287.
- Vitisin A and cis-vitisin A, strongly hepatotoxic plant oligostilbenes from *Vitis coignetiae* (Vitaceae). *Journal of Organic Chemistry* (1993), 58(4), 850-853.
- Absolute configurations of some oligostilbenes from *Vitis coignetiae and Vitis vinifera* 'Kyohou'. *Tetrahedron* (1998), 54(24), 6651-6660.

머위 *Petasites japonicus* (Sieb. Et Zucc.) Maximowicz

- Suppression of murine preadipocyte differentiation and reduction of visceral fat accumulation by a *Petasites japonicus* ethanol extract in mice fed a high-fat diet. *Bioscience, Biotechnology, and Biochemistry* (2010), 74(3), 499-503.
- Antimutagenic and anticarcinogenic effect of methanol extracts of *Petasites japonicus* Maxim leaves. *Journal of veterinary science* (2010), 11(1), 51-58.
- Anti-allergic effect of *Petasites japonicus* fermented with lactic acid bacteria in mice. *Food and Agricultural Immunology* (2009), 20(2), 155-164.
- Ihibitory effects of flavonoids isolated from leaves of *Petasites japonicus* on β-secretase (BACE1). *Food Science and Biotechnology* (2008), 17(6), 1165-1170.
- A new furofuran lignan with antioxidant and antiseizure activities from the leaves of *Petasites japonicus. Archives of pharmacal research* (2005), 28(9), 1023-1026.
- Protection by petaslignolide A, a major neuroprotective compound in the butanol extract of *Petasites japonicus* leaves, against oxidative damage in the brains of mice challenged with kainic acid. *Journal of agricultural and food chemistry* (2005), 53(22), 8526-8532.
- Biosynthesis of fukinolic acid isolated from *Petasites japonicus. Bioscience, biotechnology, and biochemistry* (2004), 68(10), 2212-2214.
- Isolation and measurement of quercetin glucosides in flower buds of Japanese butterbur (*Petasites japonicus* subsp. gigantea Kitam.). *Bioscience, biotechnology, and biochemistry* (2002), 66(7), 1571-1575.
- Allelopathic sesquiterpenoids from rhizomes of *Petasites japonicus* ssp. giganteus Kitam. *Phytochemistry* (2001), 57(1), 109-113.
- Studies on the *Petasites japonicus* Makino. *Journal of the Pharmaceutical Society of Japan* (1962), 82, 1070-1072.
- Studies on the *Petasites japonicus* Makino. IV. On the components of the volatle oil. *Journal of the Pharmaceutical Society of Japan* (1971), 91(7), 775-778.
- Studies on the constituents of the flower stalk of *Petasites japonicus* Maxim. V. On the components of the volatile oil. (2). *Journal of the Pharmaceutical Society of Japan* (1972), 92(2), 210-213.
- Fukinotoxin, a new pyrrolizidine alkaloid from *Petasites japonicus. Chemical & pharmaceutical bulletin* (1976), 24(5), 1120-1122.
- Separation and determination of macrocyclic pyrrolizidine alkaloids of the otonecine type present in the edible plant *Petasites japonicus* by reversed-phase high-performance liquid chromatography. *Journal of chromatography* (1983), 257(1), 146-150.

메꽃 *Calystegia japonica* Choisy

- Studies on the purgative drugs. IV. On the constituents of *Calystegia japonica* Choisy. *Journal of the Pharmaceutical Society of Japan* (1977), 97(12), 1369-1371.
- Flavonic glycosides of the leaves of *Calystegia japonica* and *C. hederacea. Bulletin de la Societe de Chimie Biologique* (1956), 38, 921-922.

명아주 *Chenopodium album* Linné var. *centrorubrum* Makino

- Contribution of photosynthetic electron transport, heat dissipation, and recovery of photoinactivated photosystem II to photoprotection at different temperatures in *Chenopodium album* leaves. *Plant & cell physiology* (2003), 44(8), 828-835.
- Cinnamic acid amides from *Chenopodium album*: effects on seeds germination and plant growth. *Phytochemistry* (2003), 64(8), 1381-1387.
- Separate localization of light signal perception for sun or shade type chloroplast and palisade tissue differentiation in *Chenopodium album. Plant & cell physiology* (2001), 42(12), 1303-1310.
- Effect of domestic processing on total and extractable calcium and zinc content of bathua (*Chenopodium album*) and fenugreek (*Trigonella foenum* graecum) leaves. *Plant foods for human nutrition* (1999), 53(3), 255-263.
- Isolation of polyribosomes from leaves of *Chenopodium album. Biochimica et biophysica acta* (1967), 149(2), 598-600.

모감주나무 *Koelreuteria paniculata* Laxmann

- Neutral lipids from seeds of *Cercis siliquastrum, Sapium sebiferum,* and *Koelreuteria paniculata. Chemistry of Natural Compounds* (2007), 43(4), 384-386.
- Purification and characterization of an N-acetylglucosamine-binding lectin from *Koelreuteria paniculata* seeds and its effect on the larval development of Callosobruchus maculatus (Coleoptera: Bruchidae) and *Anagasta kuehniella* (Lepidoptera: Pyralidae). *Journal of Agricultural and Food Chemistry* (2003), 51(10), 2980-2986.
- A new pseudo sesquiterpenoid from the seeds of *Koelreuteria paniculata. Chinese Chemical Letters* (2002), 13(11), 1067-1068.
- Polyphenolic compounds from the leaves of *Koelreuteria paniculata* Laxm. *Journal of Asian Natural Products Research* (2002), 4(4), 287-295.
- Evaluation of some pharmacological activities of *Koelreuteria paniculata* Laxem and Koelreuteria elegans (Seem) A. C. Sm. *Bulletin of the National Research Centre* (2002), 27(2), 149-163.
- Polyphenolic compounds from the leaves of *Koelreuteria paniculata* Laxm. *Journal of Asian natural products research* (2002), 4(4), 287-295.
- Macro-, micromorphological and preliminary phytochemical study of young stems and leaves of *Koelreuteria paniculata* Laxm. and *Koelreuteria elegans* (Seem.) A.C.Sm. Al-Azhar. J*ournal of Pharmaceutical Sciences* (2001), 27, 41-55.
- Koelreuteria saponin B from seeds of *Koelreuteria paniculata. Chemistry of Natural Compounds* (Translation of Khimiya Prirodnykh Soedinenii) (2000), 36(1), 99.
- The origin of cyanolipids in *Koelreuteria paniculata. Phytochemistry* (1976), 15(5), 842-844.

무궁화 *Hibiscus syriacus* Linneé

- Studies on isolation of naturally occurring biologically active principles. IV. Antifungal constituents in the bark of *Hibiscus syriacus* L. (author's transl). *Yakugaku zasshi* (1978), 98(11), 1508-1511.
- Plant mucilages. XL. A representative mucilage, "Hibiscus-mucilage SF," from the flower buds of *Hibiscus syriacus. Chemical & pharmaceutical bulletin* (1987), 35(6), 2360-2365.
- Three naphthalenes from root bark of *Hibiscus syriacus. Phytochemistry* (1998), 47(5), 799-802.
- Two bioactive pentacyclic triterpene esters from the root bark of *Hibiscus syriacus. Journal of natural products* (1999), 62(5), 764-766.
- Coumarins with monoamine oxidase inhibitory activity and antioxidative coumarino-lignans from *Hibiscus syriacus. Journal of natural products* (2001), 64(9), 1238-1240.
- Diversity and varietal classification of *Hibiscus syriacus* L. with the heterogeneity within retrotransposon -like elements. *Molecules and cells* (2002), 13(3), 362-8.

- The extract of Hibiscus syriacus inducing apoptosis by activating p53 and AIF in human lung cancer cells. *The American journal of Chinese medicine* (2008), 36(1), 171-184.
- Identification of carotenoid constituents in *Hibiscus syriacus. Journal of Agricultural and Food Chemistry* (1972), 20(4), 914-916.
- Plant mucilages. XL. A representative mucilage, Hibiscus-Mucilage SF, from the flower buds of *Hibiscus syriacus. Chemical & Pharmaceutical Bulletin* (1987), 35(6), 2360-2365.
- Anthocyanidin malonylglucosides in flowers of *Hibiscus syriacus. Phytochemistry* (1989), 28(5), 1503-1506.
- Anthocyanidin 3-glucosides and *in vitro* unstable anthocyanins from *Hibiscus syriacus. Journal of the Faculty of Agriculture* (1989), 33(3-4), 243-251.
- Gas chromatography-mass spectrometric analysis of oxidative degradation products of sporopollenin in *Magnolia grandiflora* (Magnoliaceae) and *Hibiscus syriacus* (Malvaceae). *Journal of Plant Research* (1996), 109(1095), 297-299.
- Hibispeptin A, a novel cyclic peptide from *Hibiscus syriacus. Tetrahedron Letters* (1998), 39(9), 993-996.
- Three naphthalenes from root bark of *Hibiscus syriacus. Phytochemistry* (1998), 47(5), 799-802.
- Two Bioactive Pentacyclic Triterpene Esters from the Root Bark of *Hibiscus syriacus. Journal of Natural Products* (1999), 62(5), 764-766.

물달개비 *Monochoria vaginalis* (L) Presl var.

- One alkenylphenol and steroids from the aquatic plant *Monochoria vaginalis. Journal of the Chinese Chemical Society* (2004), 51(1), 225-228.
- Two cerebrosides and one acylglycosyl sterol from *Monochoria vaginalis. Journal of the Chinese Chemical Society* (2003), 50(5), 1103-1107.

물레나물 *Hypericum ascyron* Linné

- Tomoeones A-H, cytotoxic phloroglucinol derivatives from *Hypericum ascyron. Phytochemistry* (2008), 69(11), 2225-2230.
- Prenylated xanthones from *Hypericum ascyron. Journal of Natural Medicines* (2007), 61(4), 371-374.
- Xanthones from *Hypericum ascyron. Phytochemistry* (1999), 52(7), 1371-1373.

물봉선 *Impatiens textori* Miquel

- An unusual acylated malvidin 3-glucoside from flowers of *Impatiens textori* Miq. (Balsaminaceae). *Phytochemistry* (2009), 70(5), 672-674.
- Effects on blood pressure decrease in response to PAF of *Impatiens textori* MIQ. *Biological & Pharmaceutical Bulletin* (2003), 26(10), 1505-1507.
- Allergy-preventive effects of the flowers of *Impatiens textori. Biological & pharmaceutical bulletin* (2010), 33(4), 714-716.

물싸리 *Potentilla fruticosa* Linné

- Antioxidant activity of *Potentilla fruticosa. Journal of the Science of Food and Agriculture* (2004), 84(15), 1997-2009.
- Hepatoprotective properties of aqueous extract from *Potentilla fruticosa* during chronic toxic hepatitis. *Bulletin of experimental biology and medicine* (2001), 131(5), 470-472.
- Chemicopharmacological characterization of dry extract from *Potentilla fruticosa. Pharmaceutical Chemistry Journal* (1999), 33(7), 379-380.
- Polyphenolic compounds from Pentaphylloides fruticosa and *P. parvifolia. Chemistry of Natural Compounds* (2007), 43(4), 476-477.
- Amino acids from *Potentilla fruticosa* and *P. parvifolia. Chemistry of Natural Compounds* (2007), 43(6), 760-761.

물칭개나물 *Veronica undulate* Wallich

- Phenylethanoid glycoside from *Veronica undulata. Phytochemistry* (1994), 36(6), 1157-1158.

미국미역취 *Solidago serotina* Aiton

- Furan-containing diterpenoids from *Solidago serotina. Acta Chemica Scandinavica* (1968), 22(1), 351-352.
- Flavonol in *Solidago serotina. Kagaku* (1952), 22, 217.
- On a diterpene from the roots of *Solidago serotina* L. and *Solidago gigantea* Ait. (Solidago serotina Ait.). *Die Pharmazie* (1965), 20(8), 523.
- Isolation of quercitrin from *Solidago virga* Aurea, *Solidago serotina,* and *Solidago canadensis.* An old medicinal plant in a new light. *Scientia Pharmaceutica* (1949), 17, 128-131.
- Constituents of Solidago species. IV. Solidagoic acids A and B, diterpenoids from *Solidago serotina* var *serotina. Canadian Journal of Chemistry* (1973), 51(9), 1332-1345.

미국자리공 *Phytolacca americana* Linné

- A contribution to the chemistry and of another form of the antiviral protein from the seeds of *Phytolacca americana* L. (pokeweed). *The Biochemical journal* (1982), 203(1), 55-59.
- Characterization of translational inhibitors from *Phytolacca americana.* Amino-terminal sequence determination and antibody-inhibitor conjugates. *Biochimica et biophysica acta* (1984), 790(2), 154-163.
- N-acetyl-D-glucosamine-asparagine structure in ribosome-inactivating proteins from the seeds of *Luffa cylindrica and Phytolacca americana. Agricultural and biological chemistry* (1991), 55(5), 1375-1381.
- The complete amino acid sequence of antiviral protein from the seeds of pokeweed (*Phytolacca americana*). *Agricultural and biological chemistry* (1990), 54(12), 3301-3318.
- Structures of americanol A and isoamericanol A having a neurotrophic property from the seeds of *Phytolacca americana. Chemical & pharmaceutical bulletin* (1992), 40(1), 252-254.
- Comparison of phytolacain R, a cysteine protease from *Phytolacca americana,* with papain. *Phytochemistry* (1995), 39(5), 997-999.
- Betacyanins from plants and cell cultures of *Phytolacca americana. Phytochemistry* (1996), 42(4), 1039-1046.
- Amino acid sequence and some properties of phytolacain R, a cysteine protease from full-growth fruits of pokeweed, *Phytolacca americana. Journal of biochemistry* (1999), 126(1), 26-33.

미나리 *Oenanthe javanica* (Blume) De Candolle

- *In vitro* antibacterial effect of the essential oil of *Oenanthe javanica* (Blume) DC. *The Indian journal of medical research* (1980), 71, 149-151.
- A new phenylpropanoid glucoside and other constituents of *Oenanthe javanica. Bioscience, biotechnology, and biochemistry* (1995), 59(3), 526-528.
- Isorhamnetin sulphate from the leaves and stems of *Oenanthe javanica* in Korea. *Planta medica* (1995), 61(4), 377-378.
- Protective effect of *Oenanthe javanica* on the hepatic lipid peroxidation in bromobenzene-treated rats and its bioactive component. *Planta medica* (1996), 62(6), 488-490.
- Antidiabetic effect of *Oenanthe javanica* flavone. *Acta pharmacologica Sinica* (2000), 21(3), 239-242.
- Effect of *Oenanthe javanica* flavone on human and duck hepatitis B virus infection. *Acta pharmacologica Sinica* (2005), 26(5), 587-592.
- Identification of characteristic aroma-active compounds from water dropwort (*Oenanthe javanica* DC.). *Journal of agricultural and food chemistry* (2005), 53(17), 6766-6770.
- *In vivo* and in vitro anti-hepatitis B virus activity of total phenolics from *Oenanthe javanica. Journal of ethnopharmacology* (2008), 118(1), 148-153.

- Cell wall polysaccharides of chinese celery (*Oenanthe javanica*). *Botanical Bulletin of Academia Sinica* (1974), 15(2), 123-131.
- Separation and identification of soluble nucleotides in Chinese celery (*Oenanthe javanica* DC). *Botanical Bulletin of Academia Sinica* (1977), 18(1), 32-38.
- *In vitro* antibacterial effect of the essential oil of *Oenanthe javanica* (Blume) DC. I*ndian Journal of Medical Research* (1980), 71(1), 149-151.
- A new phenylpropanoid glucoside and other constituents of *Oenanthe javanica. Bioscience, Biotechnology, and Biochemistry* (1995), 59(3), 526-528.

박주가리 *Metaplexis japonica* (Thunb.) Makino

- Steroidal glycosides from the roots of *Metaplexis japonica. Phytochemistry* (1998), 49(7), 2103-2108.
- Components of *Metaplexis japonica* Makino. VII. Structure of a new 7-oxygenated pregnane derivative. *Planta Medica* (1981), 41(2), 206-207.
- Seroidal glycosides from the root of *Metaplexis japonica* M. Part II. *Chemical& Pharmaceutical Bulletin* (1998), 46(11), 1752-1757.
- Studies on the constituents of Asclepiadaceae plants. XLV. On the components of *Metaplexis japonica* Makino. VI. The structures of 7-oxygenated pregnane derivatives. *Chemical & Pharmaceutical Bulletin* (1979), 27(2), 508-514.
- Components of *Metaplexis japonica. Chemical & Pharmaceutical Bulletin* (1972), 20(6), 1344-1347.
- Constituents of Asclepiadaceae plants. XVI. Components of *Metaplexis japonica.* 3. Structure of benzoylramanone. *Chemical & Pharmaceutical Bulletin* (1965), 13(11), 1332-1340.
- Cnstituents of Asclepiadaceae plants. XV. Components of *Metaplexis japonica.* 2. Hiroshi Mitsuhashi and Taro Nomura. *Chemical & Pharmaceutical Bulletin* (1965), 13(3), 274-280.
- Constituents of Asclepiadaceae plants. VIII. Components of *Metaplexis japonica.* 1. *Chemical & Pharmaceutical Bulletin* (1962), 10, 811-817.
- Moth pollination of *Metaplexis japonica* (Apocynaceae): pollinaria transfer on the tip of the proboscis. *Journal of plant research* (2005), 118(4), 257-262.
- Studies on the constituents of asclepiadaceae plants. XIX. Components of *Metaplexis japonica* Makino. IV. *Chemical & pharmaceutical bulletin* (1966), 14(7), 717-726.

박태기나무 *Cercis chinensis* Bunge

- Sudy on ultrasonic extraction of red pigment from *Cercis chinensis* Bunge. *Huaxue Yu Shengwu Gongcheng* (2009), 26(3), 38-40.
- Antioxidant compounds from *Cercis chinensis* Bunge. *Bulletin of the Korean Chemical Society* (2009), 30(11), 2765-2768.
- Extraction pigment from flower of *Cercis chinensis* redbud by alcohol and its stability. *Shipin Gongye Keji* (2009), 30(2), 268-270.
- Analysis of volatile components from flower and flower bud of *Cercis chinensis* by HS-SPME-GC-MS method. *Zhongchengyao* (2009), 31(7), 1087-1090.
- Study on stability and physico-chemical property of prepared red pigment from *Cercis chinensis* Bge. *Shipin Yu Yaopin* (2009), 11(5), 30-33.
- Carbon unloading in roots in relation to root senescence in *Cercis chinensis* seedlings under drought stress. *Forestry Studies in China* (2009), 11(2), 77-84.
- Effects of nutrition spatial heterogeneity on root traits and carbon usage by roots of *Cercis chinensis* seedlings in split root rooms. *Forestry Studies in China* (2008), 10(4), 220-228.
- Optimization study on extraction of total flavonoids from *Cercis chinensis Bge. Shizhen Guoyi Guoyao* (2007),

18(11), 2712-2713.

- Sparation, purification and spectrum analysis of total flavonoids from *Cercis chinensis. Zhongyaocai* (2007), 30(10), 1252-1255.
- Photosynthetic characteristics of *Lagerstroemia indica* L., *Cercis chinensis* Bunge and *Prunus serruiata* Lindl. *Hunan Nongye Daxue Xuebao* (2006), 32(5), 505-507.
- New dibenz[b,f]oxepins from *Cercis chinensis* Bunge. *Journal of Asian Natural Products Research* (2007), 9(7), 649-653.

발풀고사리 *Dicranopteris linearis* (Burm. F.) Underwood

- Antinociceptive, anti-inflammatory, and antipyretic properties of an aqueous extract of *Dicranopteris linearis* leaves in experimental animal models. *Journal of Natural Medicines* (2008), 62(2), 179-187.
- Antinociceptive and anti-inflammatory activities of *Dicranopteris linearis* leaves chloroform extract in experimental animals. *Yakugaku Zasshi* (2006), 126(11), 1197-1203.
- Structural differences between light and heavy rare earth element binding chlorophylls in naturally grown fern *Dicranopteris linearis. Biological Trace Element Research* (2005), 106(3), 279-297.
- Rare earth elements in naturally grown fern *Dicranopteris linearis* in relation to their variation in soils in South-Jiangxi region (Southern China). *Environmental Pollution* (2001), 114(3), 345-355.
- Chemical and chemotaxonomical studies of ferns. LXXXVIII. Chemical and chemotaxonomical studies on Dicranopteris species. *Chemical & Pharmaceutical Bulletin* (1995), 43(10), 1800-1803.
- Constituents of *Dicranopteris linearis* var *linearis. Annali di Chimica* (1971), 61(12), 814-821.
- Chemical control of weeds and trees. XIX. Treatment with ammonium sulfamate on Koshida (*Dicranopteris linearis*). *Tokyo Nogyo Daigaku Nogaku Shuho* (1970), 15(2), 97-115.
- Antinociceptive, anti-inflammatory, and antipyretic properties of an aqueous extract of *Dicranopteris linearis* leaves in experimental animal models. *Journal of natural medicines* (2008), 62(2), 179-187.
- Antinociceptive and anti-inflammatory activities of *Dicranopteris linearis* leaves chloroform extract in experimental animals. *Yakugaku zasshi* (2006), 126(11), 1197-1203.

배롱나무 *Lagerstroemia indica* Linneé

- Allergenecity and identification of specific IgE binding proteins in pollen of *Spartium junceum* L. (Fabaceae) and *Lagerstroemia indica* L. (Lytraceae): the effect of air pollution on their allergenecity. *Iranian Journal of Science and Technology* (2008), 32(A2), 129-134.
- Biphenylquinolizidine alkaloids from *Lagerstroemia indica. Journal of Natural Products* (2009), 72(4), 749-752.
- *In vitro* sprouting and subsequent growth of vegetative buds of *Lagerstroemia indica* L. in response to growth regulators and season. *Journal of Plant Science Research* (1994), 9(1-4), 108-110.
- Lythraceae alkaloids. IX. The isolation and structure elucidation of the alkaloids of *Lagerstroemia indica* L. *Journal of the American Chemical Society* (1971), 93(12), 2958-2962.
- *In vitro* response of encapsulated somatic embryos of *Lagerstroemia indica* L. *Indian journal of experimental biology* (2005), 43(6), 552-524.
- 3,3',4-Tri-O-methylellagic acid from *Lagerstroemia indica. Phytochemistry* (1972), 11(9), 2890-2891.
- Anthocyanins of *Lagerstroemia indica* flowers. *Phytochemistry* (1973), 12(9), 2304.

배암차즈기 *Salvia plebeian* R. Brown

- A new phenylbutanone glucoside from *Salvia plebeia. Natural Product Sciences* (2009), 15(2), 106-109.
- Protective effects of *Salvia plebeia* compound homoplantaginin on hepatocyte injury. *Food and Chemical Toxicology* (2009), 47(7), 1710-1715.
- Chemical fingerprint and quantitative analysis of *Salvia plebeia* R.Br. by high-performance liquid chromatography.

Journal of Pharmaceutical and Biomedical Analysis (2008), 48(1), 100-104.

- Isolation and characterization of 5-ethylhentriacontane and nonacosane from *Salvia plebeia. Asian Journal of Chemistry* (2006), 18(2), 1554-1556.
- Antioxidant activity of compounds isolated from *Salvia plebeia. Food Chemistry* (2000), 71(4), 489-493.
- The effect of *Salvia plebeia* on murine macrophage-mediated cytotoxicity. *Natural Product Sciences* (1996), 2(1), 43-47.
- Epoxysalviacoccin, a neo-clerodane diterpenoid from *Salvia plebeia. Phytochemistry* (1986), 25(1), 272-274.
- A secoisolariciresinol branched fatty diester from *Salvia plebeia* seed. *Phytochemistry* (1978), 17(1), 149-50.
- Structure of a secoisolariciresinol diester from *Salvia plebeia* seed. *Phytochemistry* (1976), 15(12), 1963-1965.
- Structure and synthesis of salvitin, a new flavone isolated from *Salvia plebeia. Indian Journal of Chemistry* (1975), 13(3), 215-217.
- Constituents of Formosan *Salvia plebeia.* I. Flavonoid components of *Salvia plebeia. Journal of the Chinese Chemical Society* (1972), 19(3), 131-141.

배초향 *Agastache rugosa* (Fisch. et Mey.) O. Kuntze

- Agastaquinone, a new cytotoxic diterpenoid quinone from *Agastache rugosa. Journal of natural products* (1995), 58(11), 1718-21.
- Miscellaneous contributions to the essential oils of the plants from various territories. XXIX. Essential oil of *Agastache rugosa* O. Kuntze. (5). Sesquiterpene hydrocarbons in the oil. *Journal of the Pharmaceutical Society of Japan* (1972), 92(7), 908-909.
- Inhibitory constituents against HIV-1 protease from *Agastache rugosa. Archives of pharmacal research* (1999), 22(1), 75-77.
- HIV integrase inhibitory activity of *Agastache rugosa. Archives of pharmacal research* (1999), 22(5), 520-523.
- Agastinol and agastenol, novel lignans from *Agastache rugosa* and their evaluation in an apoptosis inhibition assay. *Journal of natural products* (2002), 65(3), 414-416.
- Molecular cloning, functional expression and characterization of d-limonene synthase from *Agastache rugosa. Biological & pharmaceutical bulletin* (2002), 25(5), 661-665.
- Essential oil compounds from *Agastache rugosa* as antifungal agents against Trichophyton species. *Archives of pharmacal research* (2004), 27(3), 295-259.
- *Agastache rugosa* leaf extract inhibits the iNOS expression in ROS 17/2.8 cells activated with TNF-alpha and IL-1beta. *Archives of pharmacal research* (2005), 28(3), 305-310.
- Structures of isoagastachoside and agastachin, new glucosylflavones isolated from *Agastache rugosa. Chemical & Pharmaceutical Bulletin* (1981), 29(6), 1777-1779.
- Volatile constituents of *Agastache rugosa. Journal of Essential Oil Research* (1992), 4(6), 585-587.
- Diterpenoids from roots of *Agastache rugosa. Journal of Chinese Pharmaceutical Sciences* (1997), 6(3), 115-118.
- Antimicrobial activity and characterization of volatile flavor extracts from *Agastache rugosa. Journal of Food Science and Nutrition* (1999), 4(2), 97-102.
- Benzothiadiazole enhances the elicitation of rosmarinic acid production in a suspension culture of *Agastache rugosa* O. Kuntze. *Biotechnology Letters* (2001), 23(1), 55-60
- Volatile flavour compounds in suspension culture of *Agastache rugosa* Kuntze. *Journal of the Science of Food and Agriculture* (2001), 81(6), 569-575.

배풍등 *Solanum lyratum* Thunberg

- Two new sesquiterpenoids from *Solanum lyratum* with cytotoxic activities. *Chemical & Pharmaceutical Bulletin* (2009), 57(4), 408-410.
- On *Solanum dulcamara* L. 4. Chemical differentiation of the inner half of the species and isolation of sol-

adulcidine tetraoside. *Archiv der Pharmazie* (1962), 295/67, 6-12.
- Studies on the chemical differentiation in *Solanum dulcamara* L. II. Steroid content in fruits at various developmental stages of tomatidenol- and soladulcidin genus. *Planta medica* (1967), 15(1), 58-73.
- Studies on the chemical differentiation in *Solanum dulcamara* L. 3. Steroid alkaloid content of the fruits of Solasodin-strain. *Planta medica* (1968), 16(4), 462-466.
- Studies on chemical differentiation in *Solanum dulcamara.* V. Isolation of tomatidine from roots of solasodine type. *Planta medica* (1970), 18(4), 354-360.
- Sterol glycosides and fatty acid esters of sterol glycosides in the leaves of *Solanum dulcamara* (author's transl). *Planta medica* (1973), 24(3), 278-285.
- Water-soluble complexes of sterols in leaves of *Solanum dulcamara. Planta medica* (1976), 29(1), 63-65.
- Structures of two new steroidal glycosides, soladulcosides A and B from *Solanum dulcamara. Chemical & pharmaceutical bulletin* (1991), 39(6), 1626-1628.
- Purification and characterization of a thermal hysteresis protein from a plant, the bittersweet nightshade *Solanum dulcamara. Biochimica et biophysica acta* (1994), 1206(1), 129-135.
- Hepatoprotective activity of scopoletin, a constituent of *Solanum lyratum. Archives of pharmacal research* (1998), 21(6), 718-22.
- Crude extracts of *Solanum lyratum* induced cytotoxicity and apoptosis in a human colon adenocarcinoma cell line (colo 205). *Anticancer research* (2008), 28(2A), 1045-1054.
- *Solanum lyratum* extract affected immune response in normal and leukemia murine animal in vivo. *Human & experimental toxicology* (2010), 29(5), 359-367.

백당나무 *Viburnum sargentii* Koehne

- Effects of different plant growth regulators on *Viburnum sargentii* hardwood cuttings radication. *Beifang Yuanyi* (2010), (1), 134-135.
- GC-MS analysis of volatile oils from fruits of *Viburnum sargentii* Koehne. *Zhongcaoyao* (2006), 37(9), 1320-1321.
- Iridoid glucosides from *Viburnum sargentii. Natural product research* (2005), 19(7), 667-671.
- Chemical investigation of *Viburnum sargentii* Koehne. Rastitel'nye Resursy (1994), 30(3), 60-63.

백량금 *Ardisia crenata* Sims

- A new triterpenoid saponin from *Ardisia crenata. Planta medica* (1992), 58(2), 205-207.
- Triterpenoid saponins from *Ardisia crenata. Phytochemistry* (1994), 37(5), 1389-1396.
- Minor triterpenoid saponins from *Ardisia crenata. Chemical & pharmaceutical bulletin* (1999), 47(3), 434-435.
- Two new triterpenoid saponins from *Ardisia crenata. Journal of Asian natural products research* (2007), 9(2), 119-127.
- Pro-apoptotic and microtubule-disassembly effects of ardisiacrispin (A+B), triterpenoid saponins from *Ardisia crenata* on human hepatoma Bel-7402 cells. *Journal of Asian natural products research* (2008), 10(7-8), 739-746.
- Cytotoxic triterpenoid saponins from the roots of *Ardisia crenata. Journal of Asian natural products research* (2008), 10(9-10), 833-839.
- Mass spectral fragmentation analysis of triterpene saponins from *Ardisia crenata* Sims by electrospray ionization Fourier transform ion cyclotron resonance mass spectrometry. *Journal of Asian natural products research* (2010), 12(1), 64-69.
- Structure of FR900359, a cyclic depsipeptide from *Ardisia crenata* sims. *Journal of Organic Chemistry* (1988), 53(12), 2820-2825.
- Structural studies of FR900359, a novel cyclic depsipeptide from *Ardisia crenata* Sims (Myrsinaceae). *Journal of the Chemical Society, Perkin Transactions 1: Organic and Bio-Organic Chemistry* (1989), (5), 873-878.
- Two novel triterpenoid pentasaccharides with an unusual glycosyl glycerol side chain from *Ardisia crenata.*

Tetrahedron (1994), 50(41), 11853-11864.
- New bergenin derivatives from *Ardisia crenata. Natural Medicines* (1995), 49(2), 187-189.

뱀딸기 *Duchesnea indica* (Andr.) Focke

- Two new triterpenes from *Duchesnea indica. Chinese Chemical Letters* (2009), 20(5), 572-575.
- Chemical constituents of *Duchesnea indica* Focke. *Zhongguo Yaoxue Zazhi* (2007), 42(13), 981-983.
- Composition of volatile oil, isolated from *Duchesnea indica* (Andr.) Focke. *Indian Journal of Pharmaceutical Sciences* (2006), 68(2), 277-278.
- Ducheside A, a new ellagic glycoside from *Duchesnea indica* Focke. *Chinese Chemical Letters* (1996), 7(4), 335-336.
- Separation and elucidation of anthocyanins in the fruit of mockstrawberry (*Duchesnea indica* Focke). *Natural product research* (2009), 23(17), 1589-1598.
- Phytochemical investigation of *Aesculus indica* Linn. and *Fragaria indica* Andr. *Journal of the Indian Chemical Society* (1983), 60(5), 507-508.
- Free radical scavenging activity and protective ability of methanolic extract from *Duchesnea indica* against protein oxidation and DNA damage. *Journal of Food Science and Nutrition* (2009), 14(4), 277-282.

버즘나무 *Platanus orientalis* Linné

- Structural responses of *Platanus orientalis* L. leaves to elevated CO_2 concentration and high temperature. *Journal of Environmental Protection and Ecology* (2010), 11(1), 122-129.
- Application of acidic extract of *Platanus orientalis* tree leaves as a green reagent for selective spectrophotometric determination of zirconium. *Green Chemistry Letters and Reviews* (2008), 1(2-4), 107-112.
- Identification of cyclophilin as a novel allergen from *Platanus orientalis* pollens by mass spectrometry. *Journal of Bioscience and Bioengineering* (2009), 107(2), 215-217.
- A pharmacognostical study of *Platanus orientalis* L. growing in Egypt. *Bulletin of the Faculty of Pharmacy* (2008), 46(2), 141-165.
- Two novel acylated flavonol glycosides from *Platanus orientalis* L. leaves. *Natural Product Communications* (2008), 3(11), 1899-1902.
- Phenolic constituents of *Platanus orientalis* L. Leaves. *Natural Product Communications* (2008), 3(2), 199-203.
- Selective biosorption of zirconium and hafnium from acidic aqueous solutions by rice bran, wheat bran and *Platanus orientalis* tree leaves. *Separation Science and Technology* (2008), 43(3), 597-608.
- Adsorption of chromium from wastewater by *Platanus orientalis* leaves. *Iranian Journal of Environmental Health Science & Engineering* (2007), 4(3), 191-196.
- Bioactive compounds from the buds of *Platanus orientalis* and isolation of a new kaempferol glycoside. *Planta medica* (1993), 59(6), 517-520.
- Cytotoxicity against human leukemic cell lines, and the activity on the expression of resistance genes of flavonoids from *Platanus orientalis. Anticancer research* (1999), 19(3A), 2085-2088.
- Chemical examination of the fruits of *Platanus orientalis. Planta Medica* (1976), 29(1), 91-93.
- Removal of heavy metals (Cr^{6+}, Ni^{2+}) from polluted water using decaying leaves of plane (*Platanus orientalis*). *Journal of Environmental Sciences* (1996), 8(2), 191-195.
- Dimeric Proanthocyanidins from *Platanus orientalis* Bark. *Chemistry of Natural Compounds* (2004), 40(1), 93.
- Isoprene prevents the negative consequences of high temperature stress in *Platanus orientalis* leaves. *Functional Plant Biology* (2006), 33(10), 931-940.
- Selective biosorption of zirconium and hafnium from acidic aqueous solutions by rice bran, wheat bran and *Platanus orientalis tree leaves. Separation Science and Technology* (2008), 43(3), 597-608.

벌개미취 *Aster koraiensis* Nakai

- Extract of the aerial parts of *Aster koraiensis* reduced development of diabetic nephropathy via anti-apoptosis of podocytes in streptozotocin-induced diabetic rats. *Biochemical and Biophysical Research Communications* (2010), 391(1), 733-738.
- Extract of the aerial parts of *Aster koraiensis* reduced development of diabetic nephropathy via anti-apoptosis of podocytes in streptozotocin-induced diabetic rats. *Biochemical and biophysical research communications* (2010), 391(1), 733-738.

범부채 *Belamcanda chinensis* (L.) De Candolle

- Inhibition of prostaglandin E2 production by the isoflavones tectorigenin and tectoridin isolated from the rhizomes of *Belamcanda chinensis. Planta medica* (1999), 65(8), 776-777.
- Iridals from Iris tectorum and *Belamcanda chinensis. Phytochemistry* (2000), 53(8), 925-929.
- Detection of antifungal activity in *Belamcanda chinensis* by a single-cell bioassay method and isolation of its active compound, tectorigenin. *Bioscience, biotechnology, and biochemistry* (2001), 65(4), 939-942.
- A new stilbene dimer--shegansu B from *Belamcanda chinensis. Journal of Asian natural products research* (2000), 2(3), 169-175.
- Isoflavonoids from *Belamcanda chinensis. Chemical & pharmaceutical bulletin* (2001), 49(9), 1229-1231.
- Isoflavonoids from the rhizomes of *Belamcanda chinensis* and their effects on aldose reductase and sorbitol accumulation in streptozotocin induced diabetic rat tissues. *Archives of pharmacal research* (2002), 25(3), 306-312.
- Anti-angiogenic and anti-tumor activities of isoflavonoids from the rhizomes of *Belamcanda chinensis. Planta medica* (2003), 69(7), 617-622.
- Antioxidant activities of isoflavones from the rhizomes of *Belamcanda chinensis* on carbon tetrachloride-induced hepatic injury in rats. *Archives of pharmacal research* (2004), 27(2), 184-188.
- Phenolic constituents of the rhizomes of the Thai medicinal plant *Belamcanda chinensis* with proliferative activity for two breast cancer cell lines. *Journal of natural products* (2005), 68(3), 361-364.
- Chemical constituents from *Belamcanda chinensis. Journal of Asian natural products* (2008), 10(1-2), 89-94.
- The rapid identification of isoflavonoids from *Belamcanda chinensis* by LC-NMR and LC-MS. *Chemical & pharmaceutical bulletin* (2008), 56(10), 1452-1454.
- Structures of belamcandols A and B isolated from the seed of *Belamcanda chinensis. Chemical & Pharmaceutical Bulletin* (1991), 39(7), 1877-1879.
- Iridals from *Belamcanda chinensis* and *Iris japonica. Phytochemistry* (1991), 30(10), 3379-3382.
- Isoflavones of *Belamcanda chinensis. Planta Medica* (1990), 56(3), 335.
- An isoflavone noririsflorentin from *Belamcanda chinensis. Phytochemistry* (1993), 33(4), 939-940.
- Belamcandones A-D, dioxotetrahydrodibenzofurans from *Belamcanda chinensis. Phytochemistry* (1995), 38(3), 703-709.

벚나무 *Prunus serrulata* Lindley var. *spontanea* (Maxim.) Wilson

- Physicochemical properties of flowering cherry (*Prunus serrulata* L.) fruits according to cultivars. *Han'guk Sikp'um Yongyang Kwahak Hoechi* (2009), 38(5), 574-579.
- Antioxidative and anticancer activity of extracts of cherry (*Prunus serrulata* var. *spontanea*) blossoms. *Plant Foods for Human Nutrition* (2007), 62(2), 79-84.
- A phenolic glucoside isolated from *Prunus serrulata* var. *spontanea* and its peroxynitrite scavenging activity. *Archives of Pharmacal Research* (2005), 28(10), 1127-1130.
- A new pentacyclic triterpenoid glucoside from *Prunus serrulata* var. *spontanea. Chemical & Pharmaceutical Bulletin* (2004), 52(1), 157-159.
- The characterization of anthocyanin pigments prepared from cherry (*Prunus serrulata* L. var. *spontanea* Max.

Wils.) for the potential sources of red colorant. *Han'guk Nonghwa Hakhoechi* (1999), 42(2), 134-139.

- Effect of position of enplants on rooting rate and root development of *Prunus serrulata* var. *spontanea* Wilson. *Immok Yukchong Yongu Pogo* (1995), 31, 106-111.
- Eriodictyol obtained from the wood of *Prunus serrulata* var. spontanea. *J. Japan. Forest. Soc.* (1952), 34 42-43.
- Hemicelluloses. I. The isolation and fractionation of the hemicelluloses from the sawdust of *Prunus serrulata* var. *spontanea* (Yamazakura). *Mokuzai Kenkyu* (1950), 4, 1-10.
- Components of the bark of *Prunus serrulata. Yakugaku Zasshi* (1947), 67, 40.

벼룩나물 *Stellaria alsine* Grimm var. *undulate* (Thunb.) Ohwi

- Control of *Stellaria alsine* undulata by soil application of herbicides in naked barley cultivation. *Zasso Kenkyu* (1985), 30(2), 117-122.

벽오동나무 *Firmiana simplex* (L.) W. F. Wight

- Removal of Cd(II) from aqueous solution with activated *Firmiana Simplex* Leaf: Behaviors and affecting factors. *Journal of Hazardous Materials* (2010), 179(1-3), 95-103.
- A new antipsychotic effective neolignan from *Firmiana Simplex. Archives of Pharmacal Research* (2005), 28(1), 34-38.
- Glucosamine in polysaccharide fractions from European mistletoe and *Firmiana Simplex. Khimiya Prirodnykh Soedinenii* (1990), (6), 826-827.
- Flavonoids of *Firmiana Simplex* and *Sterculia villosa. Fitoterapia* (1990), 61(4), 373-374.
- Hemostatic action of alkaloids of phoenix tree (*Firmiana Simplex*) and its effect on experimental thrombus formation. *Zhongcaoyao* (1985), 16(5), 212-213.
- Chemical constitution of the young leaves of *Firmiana Simplex. Nippon Kagaku Zasshi* (1961), 82, 134.
- Medicinal resources. VIII. Components of the leaves of *Aleurites cordata, Firmiana Simplex, Ficus carica,* and *Humulus lupulus* var. cordifolius. *J. Pharm. Soc. Japan* (1957), 77, 110-111.
- A new antipsychotic effective neolignan from *Firmiana Simplex. Archives of pharmacal research* (2005), 28(1), 34-38.
- Studies on fatty acids from fruit and seed oils. I. Studies on the cyclopropenoic fatty acid from the seed oil of *Firmiana Simplex* Schott et Endl. *Journal of the Pharmaceutical Society of Japan* (1970), 90(11), 1471-1473.
- Isoprenylated Naphthoquinone Dimers Firmianones A, B, and C from *Firmiana Simplex. Journal of Natural Products* (2005), 68(8), 1159-1163.

복수초 *Adonis amurensis* Regel et Radde

- Cloning of a fragment of CBF Transcriptional activator gene from *Adonis amurensis. Anhui Nongye Kexue* (2008), 36(27), 11686-11687.
- Amurensiosides A-K, 11 new pregnane glycosides from the roots of *Adonis amurensis. Steroids* (2010), 75(1), 83-94.
- Determination of convallatoxin content in the herba of *Adonis amurensis* Regel et Radde by HPLC. *Zhongcaoyao* (2007), 38(4), 617-618.
- Ascorbic acid and citric acid reduce explant darkening during shoot tip culture of *Adonis amurensis. Horticulture, Environment and Biotechnology* (2006), 47(1), 41-44.
- Inhibitory effect of *Adonis amurensis* components on tube-like formation of human umbilical venous cells. *Phytotherapy Research* (2003), 17(5), 568-570.
- Analysis of poisonous substances [cymarin] in *Adonis amurensis* Regel et Radde by LC/MS. *Japanese Journal of Forensic Toxicology* (2002), 20(1), 34-41.
- Flavonoid content in the aerial parts of *Adonis amurensis* Regel et Radde in relation to length of storage. *Rastitel'nye Resursy* (1995), 31(1), 53-57.
- Separation and determination of relative content of cardiac glycosides from *Adonis amurensis* with high-performance liquid chromatography. *Baiqiuen Yike Daxue Xuebao* (1990), 16(2), 131-135.

- Studies on sodium(+), potassium(+)-ATPase activity of the constituents of *Adonis amurensis* in Korea. *Saengyak Hakhoechi* (1990), 21(2), 130-136.
- Isolierung von Cymarin aus *Adonis amurensis* L; Glykoside und Aglykone. *Pharmaceutica acta Helvetiae* (1948), 23(5), 153-166.
- Isolation and structures of new pregnane derivatives from *Adonis amurensis* Regel et Radd. *Chemical & pharmaceutical bulletin* (1969), 17(11), 2391-2394.
- Inhibitory effect of *Adonis amurensis* components on tube-like formation of human umbilical venous cells. *Phytotherapy research: PTR* (2003), 17(5), 568-570.
- Analysis of poisonous substances [cymarin] in *Adonis amurensis* Regel et Radde by LC/MS. *Japanese Journal of Forensic Toxicology* (2002), 20(1), 4-41.

복자기나무 *Acer triflorum* Komarov

- Constituents of Aceraceae. XII. Two new diarylheptanoid glycosides from *Acer triflorum. Chemical & Pharmaceutical Bulletin* (1994), 42(4), 960-962.
- Studies on the constituents of Aceraceae plants. VII. Diarylheptanoids from *Acer griseum* and *Acer triflorum. Chemical & Pharmaceutical Bulletin* (1990), 38(6), 1506-1508

부들 *Typha latifolia* Linné

- A crystlline lipid phase in a dry biological system: evidence from X-ray diffraction analysis of *Typha latifolia* pollen. *Biochimica et biophysica acta* (1987), 921(1), 124-134.
- Studies on aquatic plants. Part XVI. Stigmasterols from *Typha latifolia. Journal of Natural Products* (1990), 53(6), 1430-1405.
- Effects of copper sulfate on *Typha latifolia* seed germination and early seedling growth in aqueous and sediment exposures. *Archives of environmental contamination and toxicology* (2001), 40(2), 192-197.
- Uptake of bromide by two wetland plants (*Typha latifolia* L. and *Phragmites australis* (Cav.) Trin. ex Steud). *Environmental science & technology* (2004), 38(21), 5642-5628.
- Arsenic speciation in cattail (*Typha latifolia*) using chromatography and mass spectrometry. *Molecular nutrition & food research* (2009), 53(5), 566-571.
- Genetic and environmental control of glycolic acid oxidase activity in ecotypic populations of *Typha latifolia. American Journal of Botany* (1969), 56(1), 37-41.
- Studies on aquatic plants. Part XV. Carotenoid-like compounds from *Typha latifolia. Journal of Natural Products* (1990), 53(4), 972-974.
- Chemical control of cattail, *Typha latifolia. Canadian Journal of Plant Science* (1971), 51(6), 491-497.
- Comparative studies on lipid composition of *Zea mays* and *Typha latifolia* pollens. *Research Communications in Chemical Pathology and Pharmacology* (1973), 6(2), 633-642.
- Inorganic pyrophosphatase from pollen of *Typha latifolia. Plant and Cell Physiology* (1980), 21(8), 1475-1482.
- The purification and some properties of the UDP-glucose pyrophosphorylase from pollen of T*ypha latifolia Linne. Plant and Cell Physiology* (1983), 24(1), 61-69.
- A flavonol glucoside from *Typha latifolia. Phytochemistry* (1983), 22(12), 2881-2882.
- Purification and some properties of two phosphorylases from *Typha latifolia* pollen. *Agricultural and Biological Chemistry* (1988), 52(2), 407-412.
- Polyphenolic compounds from female flowers of *Typha latifolia* L. *Agricultural and Biological Chemistry* (1988), 52(2), 595-597.
- Studies on aquatic plants. Part 14. (20S)-4α-Methyl-24-methylenecholest-7-en-3β-ol, an allelopathic sterol from *Typha latifolia. Phytochemistry* (1990), 29(6), 1797-1798.

부용 *Hibiscus mutabilis* Linné

- Allergy-preventive effects of *Hibiscus mutabilis* 'versicolor' and a novel allergy-preventive flavonoid glycoside. *Biological & pharmaceutical bulletin* (2009), 32(3), 509-512.
- Novel galactonic acid-binding hexameric lectin from *Hibiscus mutabilis* seeds with antiproliferative and potent HIV-1 reverse transcriptase inhibitory activities. *Acta biochimica. Polonica* (2009), 56(4), 649-654.
- Flavonoids of the flowers of *Hibiscus mutabilis. Current Science* (1964), 33(4), 112-113.
- Free cyanidin in flowers of *Hibiscus mutabilis. Phytochemistry* (1971), 10(3), 673-674.
- A new flavanone glycoside from the stem of *Hibiscus mutabilis. Phytochemistry* (1979), 18(10), 1766-1767.
- Structure of a new flavanone glycoside from *Hibiscus mutabilis* stem. *Indian Journal of Chemistry, Section B: Organic Chemistry Including Medicinal Chemistry* (1979), 17B(5), 536.
- Flavonol glycosides in the flowers of *Hibiscus mutabilis* f. versicolor. *Agricultural and Biological Chemistry* (1982), 46(6), 1705-1706.
- Contrasting patterns of petal senescence in *Hibiscus mutabilis* and *Vinca rosea. Journal of the Indian Botanical Society* (1991), 70(1-4), 75-78.
- Allergy-preventive effects of *Hibiscus mutabilis* 'versicolor' and a novel allergy-preventive flavonoid glycoside. *Biological & Pharmaceutical Bulletin* (2009), 32(3), 509-512.
- A new diterpenoid from the stem of *Hibiscus mutabilis* Linn. *Asian Journal of Chemistry* (2009), 21(8), 6601-6603.

부처꽃 *Lythrum anceps* (Koehne) Makino

- Nonbasic constituents of *Lythrum anceps. Bulletin of the Institute for Chemical Research* (1972), 50(3), 206-208.
- Lythraceous alkaloids. V. Isolation of ten alkaloids from *Lythrum anceps. Lloydia* (1971), 34(3), 306-309.
- Lythraceous alkaloids. I. Characterization of the novel alkaloids, lythranine, lythranidine, and lythramine isolated from *Lythrum anceps. Chemical & Pharmaceutical Bulletin* (1970), 18(11), 2216-2223.
- Structures of lythranine, lythranidine, and lythramine, novel alkaloids from *Lythrum anceps. Tetrahedron Letters* (1967), (46), 4595-4600.
- Lythraceous alkaloids. V. Isolation of ten alkaloids from *Lythrum anceps. Lloydia* (1971), 34(3), 306-309.
- The structures of lythranine, lythranidine, and lythramine, novel alkaloids from *Lythrum anceps* Makino. *Tetrahedron letters* (1967), 46, 4595-4600.

부처손 *Selaginella tamariscina* (P. Beauv.)Spring

- Inhibition of phospholipase C gamma 1 activity by amentoflavone isolated from *Selaginella tamariscina. Planta medica* (1996), 62(4), 293-296.
- Effects of *Selaginella tamariscina* on *in vitro* tumor cell growth, p53 expression, G1 arrest and in vivo gastric cell proliferation. *Cancer letters* (1999), 144(1), 93-99.
- Vasorelaxation by amentoflavone isolated from *Selaginella tamariscina. Planta medica* (2004), 70(8), 718-722.
- Inhibitory effects of *Selaginella tamariscina* on immediate allergic reactions. *The American journal of Chinese medicine* (2005), 33(6), 957-966.
- *Selaginella tamariscina* induces apoptosis via a caspase-3-mediated mechanism in human promyelocytic leukemia cells. *Journal of medicinal food* (2006), 9(2), 138-144.
- Antifungal effect of amentoflavone derived from *Selaginella tamariscina. Archives of pharmacal research* (2006), 29(9), 746-751.
- Three novel sterols isolated from *Selaginella tamariscina* with antiproliferative activity in leukemia cells. *Planta medica* (2007), 73(10), 1112-1115.
- S-phase accumulation of Candida albicans by anticandidal effect of amentoflavone isolated from *Selaginella tamariscina. Biological & pharmaceutical bulletin* (2007), 30(10), 1969-1971.
- Biflavonoids isolated from *Selaginella tamariscina* regulate the expression of matrix metalloproteinase in human

skin fibroblasts. *Bioorganic & medicinal chemistry* (2008), 16(2), 732-738.

- Constitutive components and induced gene expression are involved in the desiccation tolerance of *Selaginella tamariscina. Plant & cell physiology* (2008), 49(4), 653-663.
- Selaginellin A and B, two novel natural pigments isolated from *Selaginella tamariscina. Chemical & pharmaceutical bulletin* (2008), 56(7), 982-924.
- Antibacterial and synergistic activity of isocryptomerin isolated from *Selaginella tamariscina. Journal of microbiology and biotechnology* (2009), 19(2), 204-207.
- A new flavonoid from *Selaginella tamariscina* (Beauv.) Spring. *Chemical & pharmaceutical bulletin* (2010), 58(4), 549-551.
- Isolation and structural identification of chemical constituents from *Selaginella tamariscina* (Beauv.) Spring. *Yaoxue Xuebao* (2004), 39(1), 41-45.

붉은병꽃나무 *Weigela florida* (Bunge) De Candolle

- Determination of the content of chlorogenic acid in the flower of *Weigela florida* (Bunge) A. DC. by HPLC. *Zhonghua Zhongyiyao Xuekan* (2009), 27(3), 651-652.

붉은토끼풀 *Trifolium pratense* Linné

- Effects of nitrogen and phosphorus fertilizers on the yield and quality of *Trifolium pratense* L. cv. Minshan. *Anhui Nongye Kexue* (2009), 37(24), 11484-11486.
- G-fibres in storage roots of *Trifolium pratense* (Fabaceae): tensile stress generators for contraction. *Plant Journal* (2010), 61(5), 854-861.
- Effects of isoflavonoid of *Trifolium pratense* on the slaughter performance and muscle quality of broilers. *Heilongjiang Xumu Shouyi* (2009), (11), 53-54.
- Effect of pH on α-amylase activity and early seedling growth of red clover (*Trifolium pratense L.*). *Notulae Botanicae Horti Agrobotanici Cluj-Napoca* (2009), 37(2), 77-80.
- Red clover (*Trifolium pratense* L.) isoflavones: root phenolic compounds affected by biotic and abiotic stress factors. *Journal of the Science of Food and Agriculture* (2010), 90(3), 418-423.
- Emission of Volatile Organic Compounds After Herbivory from *Trifolium pratense* (L.) Under Laboratory and Field Conditions. *Journal of Chemical Ecology* (2009), 35(11), 1335-1348.
- Inhibition of angiogenesis and inflammation by an extract of red clover (*Trifolium pratense* L.). *Phytomedicine* (2009), 16(12), 1083-1088.
- Leaf phenolic compounds in red clover (*Trifolium pratense* L.) induced by exposure to moderately elevated ozone. *Environmental Pollution* (2010), 158(2), 440-446.

비비추 *Hosta longipes* (Franch. et Sav.) Matsumura

- Steroidal saponins from *Hosta longipes* and their inhibitory activity on tumor promoter-induced phospholipid metabolism of HeLa cells. *Phytochemistry* (1996), 42(4), 1065-1070.
- Steroidal saponins from the underground parts of *Hosta longipes* and their inhibitory activity on tumor promoter-induced phospholipid metabolism. *Chemical & Pharmaceutical Bulletin* (1995), 43(7), 1190-1196.

비수리 *Lespedeza cuneata* G. Don

- New flavonoids and other constituents from *Lespedeza cuneata. Journal of Asian natural products research* (2007), 9(6-8), 655-8.
- Affinity purification and characterization of a key enzyme responsible for circadian rhythmic control of nyctinasty in *Lespedeza cuneata* L. *Bioorganic & medicinal chemistry* (2008), 16(8), 4600-4616.
- Seasonal variation in tannin content of Lespedeza sericea. *Journal of Agricultural Research* (Washington, D. C.)

(1939), 58, 131-139.

- Tannin and growth variation of a sericea lespedeza clone in relation to soil type. *Journal of the American Society of Agronomy* (1946), 38, 1003-1009.
- C-Glycosylflavones in *Lespedeza cuneata. Chemical & Pharmaceutical Bulletin* (1980), 28(3), 964-965.
- The enzymic transformation of leaf-movement factor in *Lespedeza cuneata* G. Don controlled by a biological clock. *Chemistry Letters* (1998), (2), 179-180.
- Molecular mechanism of the control of nyctinastic leaf movement in *Lespedeza cuneata* G. Don. *Tetrahedron* (1998), 54(40), 12173-12184.
- Affinity purification and characterization of a key enzyme responsible for circadian rhythmic control of nyctinasty in *Lespedeza cuneata* L. *Bioorganic & Medicinal Chemistry* (2008), 16(8), 4600-4616.
- Flavonoids from the aerial parts of *Lespedeza cuneata. Biochemical Systematics and Ecology* (2009), 37(1), 46-48.

빈카 *Vinca major* Linné

- Studies on *Vinca major* (Apocynaceae). II. Phytochemical investigation. *Journal of pharmaceutical sciences* (1962), 51, 217-224.
- Monoterpenoid alkaloid from *Vinca major. Planta medica* (1975), 28(2), 109-111.
- Heterologous expression of the flavonoid 3',5'-hydroxylase gene of *Vinca major* alters flower color in transgenic Petunia hybrida. *Plant cell reports* (2004), 22(6), 415-421.
- Alkaloids of *Vinca major* variegata. *Planta medica* (1982), 44(2), 91-93.
- Studies on *Vinca major.* Isolation of perivincine. *Journal of the American Pharmaceutical Association, Scientific Edition* (1960), 49, 589-591.
- Lochvinerine, a new indole alkaloid of *Vinca major. Phytochemistry* (1974), 13(10), 2309-2312.
- Majvinine: a new indole alkaloid of *Vinca major. Phytochemistry* (1977), 16(7), 1124-1125.
- Mass spectrometry in the structural determination of flavonol triglycosides from *Vinca major. Phytochemistry* (1988), 27(3), 915-919.
- 1-Methoxytetrahydroalstonine, a heteroyohimbinoid alkaloid from *Vinca major. Phytochemistry* (1991), 30(7), 2447-2449.
- Alkaloids from *Vinca major. Phytochemistry* (1995), 38(4), 1057-1061.

뻐꾹채 *Rhaponticum uniflorum* DC.

- Two new triterpenoid saponins from *Rhaponticum uniflorum. Chinese Chemical Letters* (2009), 20(6), 690-693.
- Three new thiophene acetylenes from *Rhaponticum uniflorum* (L.) DC. *Helvetica Chimica Acta* (2008), 91(1), 130-135.
- Triterpenoids from *Rhaponticum uniflorum. Journal of the Chinese Chemical Society* (2002), 49(1), 117-124.
- Triterpenes and other constituents from *Rhaponticum uniflorum. Journal of Chinese Pharmaceutical Sciences* (2001), 10(3), 113-114.
- A new ecdysteroid from *Rhaponticum uniflorum. Chinese Chemical Letters* (2001), 12(9), 797-798.
- Separation and quantitative determination of three phytoecdysteroids in Rhaponticum uniflorum by high performance liquid chromatography. *Journal of Chinese Pharmaceutical Sciences* (1992), 1(1), 60-66.
- A new phytoecdysone from the roots of *Rhaponticum uniflorum. Journal of Asian natural products research* (2000), 2(3), 225-229.

뽀리뱅이 *Youngia denticulate* (Houtt.) Kitamura

- Sesquiterpene glycosides from *Youngia denticulata* (Houtt.) Kitam. *Chemical & Pharmaceutical Bulletin* (1986), 34(9), 3769-3773.
- Composite constituents: aliphatics and triterpenoids isolated from the aerial parts of *Youngia denticulata. Yakugaku*

Zasshi (1982), 102(11), 1089-1091.
- Constituents of *Youngia denticulata.* I. *Yakugaku Zasshi* (1966), 86(12), 1160-1161.

사철나무 *Euonymus japonicus* Thunb.

- *Two new insecticidal sesquiterpene esters from Euonymus japonicus. Natural Product Research, Part A: Structure and Synthesis* (2009), 23(15), 1402-1407.
- A new aromatic triterpene from *Euonymus japonicus. Natural Product Research, Part A*: *Structure and Synthesis* (2009), 23(7), 617-621.
- New sesquiterpene esters and alkaloids from *Euonymus japonicus*: the ejap series. X-ray molecular structures of ejap-2, -3, -4, -5, -6, and -10. *Journal of the Chemical Society, Perkin Transactions 1: Organic and Bio-Organic Chemistry* (1989), (6), 1079-1087.
- Biosynthesis of dulcitol in *Euonymus japonicus. Phytochemistry* (1972), 11(5), 1705-1711.
- Metabolism of dulcitol in *Euonymus japonicus. Phytochemistry* (1972), 11(5), 1695-1703.

산괴불주머니 *Corydalis speciosa* Maximowicz

- Acetylcholinesterase inhibitors from the aerial parts of *Corydalis speciosa. Archives of Pharmacal Research* (2004), 27(11), 1127-1131.
- Seed biology of medicinal plants (IX). The relationship of Corydalis species derived by gel electrophoresis. *Shoyakugaku Zasshi* (1987), 41(1), 48-54.
- Alkaloids of papaveraceous plants. XXI. Alkaloids of *Corydalis speciosa.* 1. Isolation of the tertiary bases by multibuffered DCCC [droplet countercurrent chromatography]. *Yakugaku Zasshi* (1975), 95(7), 838-842.
- A case of acute cholestatic hepatitis induced by *Corydalis speciosa* Max. *The Korean journal of hepatology* (2009), 15(4), 517-23.

산국 *Chrysanthemum boreale* (Mak.) Makino

- A new cytotoxic guaianolide from *Chrysanthemum boreale. Fitoterapia* (2009), 80(1), 54-56.
- Induction of apoptosis in human oral epidermoid carcinoma cells by essential oil of *Chrysanthemum boreale* Makino. *Food Science and Biotechnology* (2005), 14(3), 350-354.
- New guaianolides from leaves and stems of *Chrysanthemum boreale. Planta Medica* (2003), 69(9), 880-882.
- Isolation of an angiotensin converting enzyme inhibitory substance from *Chrysanthemum boreale* Makino. *Journal of Food Science* (2003), 68(3), 816-819.
- Antibacterial activity and chemical composition of essential oil of *Chrysanthemum boreale. Planta Medica* (2003), 69(3), 274-277.
- A new guaianolide as apoptosis inhibitor from *Chrysanthemum boreale. Planta Medica* (2001), 67(6), 585-587.
- Structural analogs of cumambrin B from the flower of *Chrysanthemum boreale. Archives of Pharmacal Research* (1998), 1(5), 591-594.
- Chemical composition of petals of Chrysanthemum spp. *Journal of Food Science and Nutrition* (1997), 2(4), 304-309.
- Isolation of handelin from *Chrysanthemum boreale. Archives of Pharmacal Research* (1996), 19(5), 406-410.
- Isolation of aldose reductase inhibitors from the flowers of *Chrysanthemum boreale. Archives of Pharmacal Research* (1995), 18(2), 65-68.
- Two new acetylenic compounds from *Chrysanthemum boreale. Tetrahedron Letters* (1974), (22), 1885-1888.

산복사 *Prunus davidiana* (Carr.) Franchet

- Inhibitory activity of flavonoids from *Prunus davidiana* and other flavonoids on total ROS and hydroxyl radical generation. *Archives of Pharmacal Research* (2003), 26(10), 809-815.

- In vitro antioxidant activity of some selected Prunus species in Korea. *Archives of Pharmacal Research* (2002), 25(6), 865-872.
- Screening for antioxidant activity of plants and marine algae and its active principles from *Prunus davidiana. Saengyak Hakhoechi* (1993), 24(4), 299-303.
- Chemistry and anti-inflammatory activity of *Prunus davidiana* stems. *Yakhak Hoechi* (1992), 36(2), 115-119.
- Improvement of hyperglycemia and hyperlipemia in streptozotocin-diabetic rats by a methanolic extract of *Prunus davidiana* stems and its main component, prunin. *Planta Medica* (1991), 57(3), 208-211.
- Phytochemical study on *Prunus davidiana. Archives of Pharmacal Research* (1990), 13(4), 374-378.
- Antihyperlipidemic effect of flavonoids from *Prunus davidiana. Journal of Natural Products* (1991), 54(1), 218-224.
- 산비장이 ***Serratula coronata*** Linné ssp. ***Insularis*** Kitamura
- Extraction of ecdysteron-80 from *Serratula coronata* L. and assessment of its pharmacological action. Part I. Adaptogenic, gastroprotective, thermoprotective, and antihypoxic activity. *Pharmaceutical Chemistry Journal* (2008), 42(8), 446-451.
- Antimicrobial activity of natural ecdysteroids from *Serratula coronata* L. and their acyl derivatives. *Pharmaceutical Chemistry Journal* (2006), 40(5), 268-271.
- Phytoecdysteroids from *Serratula coronata* and Silene longicalycina. *Chemistry of Natural Compounds* (2005), 41(3), 359.
- Monitoring the antioxidant activity of extracts originated from various *Serratula* species and isolation of flavonoids from *Serratula coronata. Fitoterapia* (2004), 75(2), 162-167

산비장이 *Serratula coronata* Linné ssp. *Insularis* Kitamura

- Extraction of ecdysteron-80 from *Serratula coronata* L. and assessment of its pharmacological action. Part I. Adaptogenic, gastroprotective, thermoprotective, and antihypoxic activity. *Pharmaceutical Chemistry Journal* (2008), 42(8), 446-451.
- Antimicrobial activity of natural ecdysteroids from *Serratula coronata* L. and their acyl derivatives. *Pharmaceutical Chemistry Journal* (2006), 40(5), 268-271.
- Phytoecdysteroids from *Serratula coronata* and Silene longicalycina. *Chemistry of Natural Compounds* (2005), 41(3), 359.
- Monitoring the antioxidant activity of extracts originated from various Serratula species and isolation of flavonoids from *Serratula coronata. Fitoterapia* (2004), 75(2), 162-167

삼백초 *Saururus chinensis* Baillon

- Lignan, sesquilignans and dilignans, novel HIV-1 protease and cytopathic effect inhibitors purified from the rhizomes of *Saururus chinensis. Antiviral Research* (2010), 85(2), 425-428.
- Two new lignans from the roots of *Saururus chinensis. Bulletin of the Korean Chemical Society* (2009), 30(3), 716-718.
- Human ACAT-1 and -2 inhibitory activities of saucerneol B, manassantin A and B isolated from Saururus chinensis. *Bioorganic & Medicinal Chemistry Letters* (2009), 19(6), 1836.
- Lignans from the Roots of *Saururus chinensis. Journal of Natural Products* (2008), 71(10), 1771-1774.
- Saucerneol D, a naturally occurring sesquilignan, inhibits LPS-induced iNOS expression in RAW264.7 cells by blocking NF-k B and MAPK activation. *International Immunopharmacology* (2008), 8(10), 1395-1400.
- Antifibrotic activity of manassantin B from *Saururus chinensis* in HSC-T6 hepatic stellate cells. *Natural Product Sciences* (2008), 14(2), 118-121.
- Protective effect of lignans against sepsis from the roots of *Saururus chinensis. Biological & Pharmaceutical Bulletin* (2008), 31(3), 523-526.
- Cardiovascular effects of lignans isolated from *Saururus chinensis. Planta Medica* (2008), 74(3), 233-238.

- Effects of ethanol extract from *Saururus chinensis* (Bour.) Baill on lipid and antioxidant metabolisms in rats fed a high-fat diet. *Natural Product Research, Part* A: *Structure and Synthesis* (2008), 22(3), 275-283.

삼잎국화 *Rudbeckia laciniata* L.

- Tricyclic sesquiterpenes from *Rudbeckia laciniata. Phytochemistry* (1998), 49(2), 593-600.
- Prelacinan-7-ol, a novel sesquiterpene from *Rudbeckia laciniata. Tetrahedron Letters* (1994), 35(47), 8809-8812.
- Naturally occurring terpene derivatives. Part 162. New norsesquiterpenes from *Rudbeckia laciniata* and *Senecio paludaffinis. Phytochemistry* (1978), 17(11), 2034-2036.

삼지구엽초 *Epimedium koreanum* Nakai

- Identification of prenyl flavonoid glycosides and phenolic acids in *Epimedium koreanum* Nakai by Q-TOF-MS combined with selective enrichment on "click oligo (ethylene glycol)" column. *Journal of Pharmaceutical and Biomedical Analysis* (2010), 51(3), 606-616.
- Two new flavonol glycosides from *Epimedium koreanum* Nakai. *Journal of Asian Natural Products Research* (2009), 11(5), 401-409.
- Determination of breviflavone A and B in Epimedium herbs with liquid chromatography-tandem mass spectrometry. *Journal of Pharmaceutical and Biomedical Analysis* (2009), 49(3), 853-857.
- Flavonol glycosides with antioxidant activity from the aerial parts of *Epimedium koreanum* Nakai. *Natural Product Sciences* (2008), 14(4), 233-238.
- Effect of total flavonoids of epimedium on liver microsomal CYP1A2, CYP3A4 and CYP2E1 activities in rats. *Journal of Chinese Pharmaceutical Sciences* (2008), 17(2), 167-169
- Intestinal Absorption Mechanisms of Prenylated Flavonoids Present in the Heat-Processed *Epimedium koreanum* Nakai (Yin Yanghuo). *Pharmaceutical Research* (2008), 25(9), 2190-2199.
- Effects of total flavonoids and flavonol glycosides from *Epimedium koreanum* Nakai on the proliferation and differentiation of primary osteoblasts. *Phytomedicine* (2008), 15(1-2), 55-61.
- A new flavone glycoside from *Epimedium koreanum. Chinese Chemical Letters* (2006), 17(10), 1328-1330.
- Preparative isolation and purification of three flavonoids from the Chinese medicinal plant *Epimedium koreanum* Nakai by high-speed counter-current chromatography. *Journal of Chromatography* (2005), 1064(1), 53-57.

새깃유홍초 *Quamoclit pennata* Bojer

- Resin glycosides. XIV. Quamoclins I-IV, new ether-soluble resin glycosides (jalapin) from the seeds of *Quamoclit pennata. Chemical & Pharmaceutical Bulletin* (1992), 40(10), 2674-2630.
- Components of ether-insoluble resin glycoside (convolvulin) from seeds of *Quamoclit pennata. Chemical & pharmaceutical bulletin* (2010), 58(5), 666-672.

생강 *Zingiber officinale* Roscoe

- *Zingiber officinale* Protects HaCaT cells and C57BL/6 Mice from Ultraviolet B-Induced Inflammation. *Journal of Medicinal Food* (2010), 13(3), 673-680.
- Effects of light and differentiation on gingerol and zingiberene production in callus culture of *Zingiber officinale* Rosc. *Research in Pharmaceutical Sciences* (2008), 3(1), 59-63.
- Modulation of xenobiotic metabolism in ginger (*Zingiber officinale* roscoe) fed rats. *International Journal of Nutrition and Metabolism* (2010), 2(3), 1056-1062.
- Anti-Inflammatory Properties of Red Ginger (*Zingiber officinale* var. Rubra) Extract and Suppression of Nitric Oxide Production by Its Constituents. *Journal of Medicinal Food* (2010), 13(1), 156-162.
- Increased Growth Inhibitory Effects on Human Cancer Cells and Anti-inflammatory Potency of Shogaols from *Zingiber officinale* Relative to Gingerols. *Journal of Agricultural and Food Chemistry* (2009), 57(22), 10645-10650.
- Immunomodulatory activity of *Zingiber officinale* Roscoe, *Salvia officinalis* L. and *Syzygium aromaticum* L. essential

oils: evidence for humor- and cell-mediated responses. *Journal of Pharmacy and Pharmacology* (2009), 61(7), 961-967.

- Effects of water extracts of thyme (Thymus vulgaris) and ginger (*Zingiber officinale* Roscoe) on alcohol abuse. *Food and Chemical Toxicology* (2009), 47(8), 1945-1949.

서리화백 *Chamaecyparis pifera* Squarrosa

- Chitin synthase 2 inhibitory activity of O-methyl pisiferic acid and 8,20-dihydroxy- 9(11),13-abietadien-12-one, isolated from *Chamaecyparis pisifera. Biological & Pharmaceutical Bulletin* (2008), 31(4), 755-759.
- Studies on constituents from *Chamaecyparis pisifera* and antibacterial activity of diterpenes. *Chemical & Pharmaceutical Bulletin* (2001), 49(11), 1479-1481.
- Composition of essential oils from the leaves and the fruits of Chamaecyparis obtusa and *Chamaecyparis pisifera. Han'guk Nonghwa Hakhoechi* (2001), 44(2), 116-121.
- Identification of oplopanonyl acetate isolated from *Chamaecyparis pisifera. Magnetic Resonance in Chemistry* (1990), 28(12), 1030-1034.
- Decarboxylated ascorbigens in the heartwood of *Chamaecyparis pisifera. Phytochemistry* (1990), 29(1), 261-266.
- Structure of sawaranin: a decarboxylated ascorbigen in the heartwood of *Chamaecyparis pisifera. Phytochemistry* (1988), 27(8), 2703-2707.
- Diterpenoid total synthesis. 24. Synthesis of both enantiomers of O-methylpisiferic acid, a mite growth regulator isolated from *Chamaecyparis pisifera* Endl. *Tetrahedron* (1986), 42(20), 5531-5538.
- Structure determination and absolute configuration of pisiferdiol, a new phenolic diterpenoid with a rearranged abietane skeleton from *Chamaecyparis pisifera* Endl. *Tetrahedron* (1986), 42(2), 529-535.
- Terpenoids from the seed of *Chamaecyparis pisifera* :the structures of six diterpenoids. *Phytochemistry* (1985), 24(7), 1545-1551.
- Pisiferdiol, a novel phenolic diterpenoid from *Chamaecyparis pisifera* Endl. *Agricultural and Biological Chemistry* (1984), 48(12), 3177-3179.

서양민들레 *Taraxacum officinale* Weber

- HPLC analysis of geometrical isomers of lutein epoxide isolated from dandelion (*Taraxacum officinale* F. Weber ex Wiggers). *Phytochemistry* (2006), 67(8), 771-777.
- Sesquiterpene glucosides from anti-leukotriene B4 release fraction of *Taraxacum officinale. Journal of Asian Natural Products Research* (2001), 3(3), 191-197.
- Further sesquiterpenoids and phenolics from *Taraxacum officinale. Fitoterapia* (2000), 71(3), 269-273.
- Flavonoids, cinnamic acids and coumarins from the different tissues and medicinal preparations of *Taraxacum officinale. Phytochemistry* (1996), 42(1), 121-127.
- Taraxacoside, a type of acylated γ-butyrolactone glycoside from *Taraxacum officinale. Phytochemistry* (1985), 24(7), 1557-1559.
- Hydrolysis of 3',4'-dichloropropionanilide by an aryl acylamidase from *Taraxacum officinale. Phytochemistry* (1975), 14(2), 383-386.
- *In vitro* and *in vivo* hepatoprotective effects of the aqueous extract from *Taraxacum officinale* (dandelion) root against alcohol-induced oxidative stress. *Food and Chemical Toxicology* (2010), 48(6), 1632-1637.
- Hypolipidemic and antioxidant effects of dandelion (*Taraxacum officinale*) root and leaf on cholesterol-fed rabbits. *International Journal of Molecular Sciences* (2010), 11, 67-78.
- Glucofructans from *Taraxacum officinale* roots. *Chemistry of Natural Compounds* (2009), 45(2), 141-144.

석잠풀 *Stachys japonica* Miq

- Anti-allergic effect of aqueous extract of stachys riederi var. japonica miq. *in vivo* and *in vitro. Natural Product Sciences* (2003), 9(1), 44-48.

섬초롱꽃 *Campanula punctata* Lamarck var. *takesimana* (Nak.) Y. Lee

- Carbohydrates of the Campanulaceae. II. Campanulin, a new polyfructosan from the roots of *Campanula punctata. Acta Phytochimica* (1944), 14, 101-108.
- Variation in the quality and quantity of flavonoids in the leaves of coastal and inland *Campanula punctata. Biochemical Systematics and Ecology* (2006), 34(12), 854-861.

소리쟁이 *Rumex japonicus* Linné

- Effects of compounds isolated from the fruits of *Rumex japonicus* on the protein glycation. *Chemistry & Biodiversity* (2008), 5(12), 2718-2723.
- Constituents of the fruits of *Rumex japonicus* with inhibitory activity on aldose reductase. *Journal of Applied Biological Chemistry* (2008), 51(1), 13-16.
- Oxanthrone C-glycosides and epoxynaphthoquinol from the roots of *Rumex japonicus. Phytochemistry* (2007), 68(19), 2444-2449.
- Constituents of the stems of *Rumex japonicus* with advanced glycation end products (AGEs) and rat lens aldose reductase (RLAR) inhibitory activity. *Agricultural Chemistry and Biotechnology* (2006), 49(1), 24-27.
- Antioxidant and antibacterial activities of *Rumex japonicus* HOUTT. aerial parts. *Biological & Pharmaceutical Bulletin* (2005), 28(12), 2225-2230.
- Isolation of anthraquinone derivatives from the root of *Rumex japonicus* H. *Han'guk Eungyong Sangmyong Hwahakhoeji* (2004), 47(2), 274-278.
- A new epoxynaphthoquinol from *Rumex japonicus. Archives of Pharmacal Research* (1998), 21(4), 485-486.
- Cytotoxic constituents of *Rumex japonicus. Yakhak Hoechi* (1998), 42(3), 233-237.
- Antimicrobial components, trachrysone and 2-methoxystypandrone, in *Rumex japonicus* Houtt. *Journal of Agricultural and Food Chemistry* (1993), 41(10), 1772-1775.
- The constituents of the essential oil from *Rumex japonicus* Houtt. *Yakugaku Zasshi* (1981), 101(7), 660-662.

쇠무릎 *Achyranthes japonica* (Miq.) Nakai

- Isolation of genes involved in ecdysteroid biosynthesis in *Achyranthes japonica* Nakai. *Han'guk Nonghwa Hakhoechi* (2001), 44(3), 153-161.
- Effects of light and some plant growth regulators on ecdysteroid contents in *Polypodium vulgare* L. and *Achyranthes japonica* Nakai. *Han'guk Nonghwa Hakhoechi* (2001), 44(3), 162-166.

실새삼 *Cuscuta australis* R. Brown

- Inhibitory effects on melanin biosynthesis and tyrosinase activity, cytotoxicity in clone M-3 and antioxidant activity by *Cuscuta japonica, C. australis,* and *C. chinensis* extracts. *Yakhak Hoechi* (2006), 50(6), 421-428.
- Components of the ether-insoluble resin glycoside fraction from the seed of *Cuscuta australis. Journal of Natural Products* (1999), 62(5), 722-725.
- Carotenoid pigments in the stem of *Cuscuta australis. Phytochemistry* (1965), 4(2), 349-351.

실유카 *Yucca smalliana* Fernald

- A new steroidal saponin, yuccalan, from the leaves of *Yucca smalliana. Archives of Pharmacal Research* (2007), 30(5), 543-546.
- Antifungal and antioxidative activities of *Yucca smalliana* Fern. *Agricultural Chemistry and Biotechnology* (2006), 49(4), 165-170.

쑥방망이 *Senecio argunensis* Turczaninov

- Cyclohexanone derivatives from *Senecio argunensis. Journal of Chemical Research* (2010), 34(1), 25-27.

- Monoterpene and tetrahydronaphthene derivatives from *Senecio argunensis. Chinese Chemical Letters* (2009), 20(5), 598-600.
- Two new flavonoid alkaloids from *Senecio argunensis. Journal of Asian Natural Products Research* (2008), 10(12), 1143-1146.
- Pyrrolizidine alkaloids from *Senecio argunensis. Phytochemistry* (1991), 30(4), 1303-1305.

아주까리 *Ricinus communis* Linné

- Acyl-ACP thioesterases from castor (*Ricinus communis* L.): An enzymatic system appropriate for high rates of oil synthesis and accumulation. *Phytochemistry* (2010), 71(8-9), 860-869.
- High-speed counter-current chromatographic isolation of ricinine, an insecticide from *Ricinus communis. Journal of Chromatography, A* (2009), 1216(19), 4290-4294.
- Activity guided isolation of antioxidants from the leaves of *Ricinus communis* L. *Food Chemistry* (2009), 114(3), 1069-1072.
- New anthocyanins from stem bark of castor, *Ricinus communis. Natural Product Communications* (2008), 3(9), 1497-1500.
- Deuterium NMR Used To Indicate a Common Mechanism for the Biosynthesis of Ricinoleic Acid by *Ricinus communis* and Claviceps purpurea. *Journal of the American Chemical Society* (2004), 126(10), 3250-3256.
- Ricinine in phloem sap of *Ricinus communis. Phytochemistry* (1998), 47(8), 1461-1463.
- Isolation and biochemical properties of ricin from *Ricinus communis. Han'guk Saenghwa Hakhoechi* (1993), 26(1), 98-104.
- Alkaloids and flavonoids from *Ricinus communis. Journal of Natural Products* (1985), 48(1), 155-156.

안개나무 *Cotinus coggygria* Scop.

- *In vitro* cytotoxic and antioxidative activity of *Cornus mas* and *Cotinus coggygria. Natural Product Research, Part A: Structure and Synthesis* (2009), 23(18), 1731-1739.
- Anthocyanins in leaves of *Cotinus coggygria. Phytochemistry* (1969), 8(12), 2367-2369.
- Activity-guided isolation of antioxidative constituents of *Cotinus coggygria. Journal of natural products* (2000), 63(12), 1696-1698.

애기똥풀 *Chelidonium majus* Linné var. *asiaticum* (Hara) Ohwi

- Antibacterial alkaloids from *Chelidonium majus* Linn (Papaveraceae) against clinical isolates of methicillin-resistant *Staphylococcus aureus. Journal of Pharmacy & Pharmaceutical Sciences* (2008), 11(4), 90-94.
- A novel extracellular peroxidase and nucleases from a milky sap of *Chelidonium majus. Fitoterapia* (2007), 78(7-8), 496-501.
- Proteomic analysis of *Chelidonium majus* milky sap using two-dimensional gel electrophoresis and tandem mass spectrometry. *Phytochemistry* (2007), 68(12), 1612-1622.
- 8-Hydroxydihydrochelerythrine and 8-hydroxydihydrosanguinarine with a potent acetylcholinesterase inhibitory activity from *Chelidonium majus* L. *Biological & Pharmaceutical Bulletin* (2006), 29(11), 2317-2320.
- Cytotoxic isoquinoline alkaloids from *Chelidonium majus* var. *asiaticum. Agricultural Chemistry and Biotechnology* (2005), 48(4), 198-201.
- Immunomodulatory activity of protein-bound polysaccharide extracted from *Chelidonium majus. Archives of Pharmacal Research* (2002), 25(2), 158-164.
- Antispasmodic and relaxant activity of chelidonine, protopine, coptisine, and *Chelidonium majus* extracts on isolated guinea pig ileum. *Planta Medica* (1998), 64(8), 758-760.
- Chelidocystatin, a novel phytocystatin from *Chelidonium majus. Phytochemistry* (1998), 49(6), 1645-1649.
- Reduction of ACh-induced contraction of rat isolated ileum by coptisine, (+)-caffeoylmalic acid, *Chelidonium ma-*

jus, and *Corydalis lutea* extracts. *Planta Medica* (1996), 62(2), 173-174.
- (+)-Norchelidonine from *Chelidonium majus*. *Planta Medica* (1992), 58(5), 477.

애기수영 *Rumex acetosella* L.

- Effect of herbicide application on weed control and forage production in alpine grassland predominated with red sorrel (*Rumex acetosella* L.). *Journal of Animal Science and Technology* (2003), 45(5), 865-874.
- Chemical components of *Rumex acetosella* L. *Saengyak Hakhoechi* (1998), 29(3), 209-216.
- *Rumex acetosella* L. and *Minuartia verna* (L.) Hiern as geobotanical and biogeochemical indicators for ore deposits in northern Greece. *Journal of Geochemical Exploration* (1985), 23(2), 203-212.

야콘 *Polymnia sonchifoliaiola*

- Predominant epiphytic bacteria on damaged *Polymnia sonchifolia* leaves, and their metabolic properties on phenolics of plant organ. *Bioscience, Biotechnology, and Biochemistry* (1994), 58(10), 1894-1896.
- Three 4'-hydroxyacetophenone-related phytoalexins from *Polymnia sonchifolia*. *Phytochemistry* (1996), 43(5), 1019-1021.
- Isolation and structural analysis of oligosaccharides from yacon (*Polymnia sonchifolia*). *Bioscience, Biotechnology, and Biochemistry* (1995), 59(12), 2346-2347.
- Decarboxylative conversion of hydroxycinnamic acids by Klebsiella oxytoca and Erwinia uredovora, epiphytic bacteria of *Polymnia sonchifolia* leaf, possibly associated with formation of microflora on the damaged leaves. *Bioscience, Biotechnology, and Biochemistry* (1993), 57(2), 215-219.
- Ent-kaurenic acid and its related compounds from glandular trichome exudate and leaf extracts of *Polymnia sonchifolia*. *Bioscience, Biotechnology, and Biochemistry* (1992), 56(10), 1562-1564.

약모밀 *Houttuynia cordata* Thunberg

- The constituents and their bioactivities of *Houttuynia cordata*. *Chemical & Pharmaceutical Bulletin* (2009), 57(11), 1227-1230.
- Flavonols from *Houttuynia cordata* with protein glycation and aldose reductase inhibitory activity. *Natural Product Sciences* (2006), 12(4), 210-213.
- Inhibitory effects of quercitrin from *Houttuynia cordata* against cadmium-induced cytotoxicity (VII). *Journal of the Korean Chemical Society* (2003), 47(2), 175-178.
- Antilipid peroxidative effect of *Houttuynia cordata*. *Yakhak Hoechi* (2001), 45(5), 494-499.
- Cytotoxic alkaloids from *Houttuynia cordata*. *Archives of Pharmacal Research* (2001), 24(6), 518-521.
- The effects of *Houttuynia cordata* on the hepatic bromobenzene metabolizing enzyme system in rats and isolation of phenolic compounds. *Saengyak Hakhoechi* (2000), 31(2), 228-234.
- Chemical study of the aerial parts of *Houttuynia cordata*. *Fitoterapia* (1996), 67(5), 479.
- Flavonol glycosides in *Houttuynia cordata*. *Natural Medicines* (1994), 48(4), 307-311.
- Novel pyridine and 1,4-dihydropyridine alkaloids from *Houttuynia cordata*. *Natural Product Letters* (1994), 4(3), 235-240
- Aristolactams and a 4,5-dioxoaporphine derivative from *Houttuynia cordata*. *Planta Medica* (1992), 58(6), 568-569.
- A study on chemical composition of Saururaceae growing in Korea. 4. On flavonoid constituents of *Houttuynia cordata*. *Analytical Science & Technology* (1991), 4(3), 285-288.

양지꽃 *Potentilla fragarioides* Linné var. *major* Maximowicz

- Antioxidative compounds in aerial parts of *Potentilla fragarioides*. *Saengyak Hakhoechi* (1998), 29(2), 79-85.

얼치기완두 *Vicia tetrasperma* (L.) Schreb

- Purification and Characterization of a New Dimeric Mannose/Glucose-Binding Isolectin from *Vicia tetrasperma* (L.)

Schreber. *Preparative Biochemistry & Biotechnology* (2009), 39(1), 57-71.

- Mannose binding lectins of *Vicia tetrasperma* seed and their immunological relationship to other legume lectins of similar specificity. *Plant and Cell Physiology* (1986), 27(4), 661-9.
- Visualization of symbiotic tissue in intact root nodules of *Vicia tetrasperma* using GFP-marked Rhizobium leguminosarum bv. viciae. *Folia microbiologica* (2008), 53(2), 139-146.

여우오줌 *Carpesium macrocephalum* Franchet et Savatier

- Phytochemical constituents of *Carpesium macrocephalum* FR- et SAV-. *Archives of Pharmacal Research* (2004), 27(10), 1029-1033.
- Sesquiterpene lactones and other constituents from the aerial parts of *Carpesium macrocephalum. Australian Journal of Chemistry* (2003), 56(6), 621-624.
- A new eudesmanolide from *Carpesium macrocephalum. Chinese Chemical Letters* (2002), 13(9), 855-856.
- Sesquiterpene lactone glycosides, eudesmanolides, and other constituents from *Carpesium macrocephalum. Planta Medica* (2002), 68(7), 626-630.
- Sesquiterpene lactone glycosides from *Carpesium macrocephalum. Chinese Chemical Letters* (2002), 13(3), 247-248.
- Isolation and structures of guaianolides from *Carpesium macrocephalum. Journal of Natural Products* (2002), 65(4), 583-584.

여우주머니 *Phyllanthus ussuriensis* Ruprecht et Maximowicz

- Antidiabetic and antioxidant effect of various fractions of *Phyllanthus simplex* in alloxan diabetic rats. *Journal of Ethnopharmacology* (2009), 124(1), 34-38.
- Pharmacokinetics and tissue distribution of 8,9-epoxy brevifolin in rats, a hepatoprotective constituent isolated from *Phyllanthus simplex* retz by liquid chromatography coupled with mass spectrometry method. *Biopharmaceutics & Drug Disposition* (2008), 29(5), 251-258.
- The *in vitro* activity of geraniin and 1,3,4,6-tetra-O-galloyl-β-D-glucose isolated from *Phyllanthus urinaria* against herpes simplex virus type 1 and type 2 infection. *Journal of Ethnopharmacology* (2007), 110(3), 555-558.
- Phenolic compounds from *Phyllanthus ussuriensis. Yakhak Hoechi* (2001), 45(3), 237-244.
- The phenolic constituents of *Phyllanthus ussuriensis* leaves. (I). *Saengyak Hakhoechi* (1994), 25(2), 113-116.
- Simplexine (14-hydroxy-4-methoxy-13,14-dihydronorsecurinine): an alkaloid from *Phyllanthus simplex. Phytochemistry* (1988), 27(9), 3027-3028.

영춘화 *Jasminum nudiflorum* Lindley

- Nine new secoiridoid glucosides from *Jasminum nudiflorum. Chemical & Pharmaceutical Bulletin* (2002), 50(3), 384-389.
- Five secoiridoid glucosides esterified with a cyclopentanoid monoterpene unit from *Jasminum nudiflorum. Chemical & Pharmaceutical Bulletin* (2000), 48(8), 1200-1204.
- Three secoiridoid glucosides from *Jasminum nudiflorum. Journal of Natural Products* (1999), 62(9), 1311-1315.
- Caffeic glycoside esters from *Jasminum nudiflorum* and some related species. *Phytochemistry* (1992), 31(3), 885-886.
- Nine new secoiridoid glucosides from *Jasminum nudiflorum. Chemical & pharmaceutical bulletin* (2002), 50(3), 384-389.

오죽 *Phyllostachys nigra* Munro

- The compound isolated from the leaves of *Phyllostachys nigra* protects oxidative stress-induced retinal ganglion cells death. *Food and Chemical Toxicology* (2010), 48(6), 1721-1727.
- Aldose reductase and advanced glycation endproducts inhibitory effect of *Phyllostachys nigra. Biological &*

Pharmaceutical Bulletin (2007), 30(8), 1569-1572.

- Inhibition of interleukin-12 production in mouse macrophages via suppression of nuclear factor-kappaB binding activity by *Phyllostachys nigra* var. *henonis*. *Immunopharmacology and immunotoxicology* (2007), 29(1), 131-139.
- Enhancement of 1,25-dihydroxyvitamin D3- and all-trans retinoic acid-induced differentiation of human leukemia HL-60 cells by *Phyllostachys nigra* var. *henonis*. *Immunopharmacology and immunotoxicology* (2007), 29(1), 119-129.
- Evaluation of antioxidant and prooxidant activities of bamboo *Phyllostachys nigra* var. *henonis* leaf Extract in vitro. *Journal of Agricultural and Food Chemistry* (2000), 48(8), 3170-3176.
- Inhibitors of cyclic AMP phosphodiesterase in medicinal plants. VI. Inhibitors of cyclic adenosine 3',5'-monophosphate phosphodiesterase in *Phyllostachys nigra* Munro var. *henonis* Stapf. and Phragmites communis Trin., and inhibition by related compounds. *Chemical & Pharmaceutical Bulletin* (1984), 32(2), 578-584.

옥수수 *Zea mays* Linné

- Structural Differences among Alkali-Soluble Arabinoxylans from Maize (*Zea mays*), Rice (*Oryza sativa*), and Wheat (*Triticum aestivum*) Brans Influence Human Fecal Fermentation Profiles. *Journal of Agricultural and Food Chemistry* (2010), 58(1), 493-499.
- Production of feruloylated arabinoxylo-oligosaccharides from maize (*Zea mays*) bran by microwave-assisted autohydrolysis. *Food Chemistry* (2009), 119(4), 1613-1618.
- Importance of the Conserved Lysine 83 Residue of *Zea mays* Cytochrome b561 for Ascorbate-Specific Transmembrane Electron Transfer As Revealed by Site-Directed Mutagenesis Studies. *Biochemistry* (2009), 48(44), 10665-10678.

옥잠화 *Hosta plantaginea* Ascherson

- Structure Elucidation and Biomimetic Synthesis of Hostasinine A, a New Benzylphenethylamine Alkaloid from *Hosta plantaginea*. *Organic Letters* (2007), 9(25), 5279-5281.
- Benzylphenethylamine Alkaloids from *Hosta plantaginea* with Inhibitory Activity against Tobacco Mosaic Virus and Acetylcholinesterase. *Journal of Natural Products* (2007), 70(9), 1458-1461.
- Steroidal glycosides from the underground parts of *Hosta plantaginea* var. *japonica* and their cytostatic activity on leukemia HL-60 cells. *Phytochemistry* (1996), 44(2), 305-310.

왕원추리 *Hemerocallis fulva* Linné var. *kwanso* Regel

- N-glycosides of amino acid amides from *Hemerocallis fulva* var. sempervirens. *Chemical & Pharmaceutical Bulletin* (2009), 57(10), 1110-1112.
- Lipid peroxidation inhibitory compounds from daylily (*Hemerocallis fulva*) leaves. *Life Sciences* (2004), 75(17), 2143-2144.
- Two new anthraquinones from *Hemerocallis fulva*. *Chinese Pharmaceutical Journal* (Taipei, Taiwan) (2003), 55(1), 83-86.
- Kwanzoquinones A-G and other constituents of *Hemerocallis fulva* 'Kwanzo' roots and their activity against the human pathogenic trematode Schistosoma mansoni. *Tetrahedron* (2002), 58(42), 8597-8606.
- Steroidal saponins from *Hemerocallis fulva* var. *kwanso*. *Chemical & Pharmaceutical Bulletin* (2001), 49(3), 318-320.
- A 2,5-dimethoxytetrahydrofuran from *Hemerocallis fulva* var. *kwanso*. *Phytochemistry* (1996), 42(1), 135-137.
- 2,5-dihydrofuryl-g-lactam derivatives from *Hemerocallis fulva* L. var. *kwanso* Regel. II. *Chemical & Pharmaceutical Bulletin* (1994), 42(1), 154-155.
- Amino acid amides from *Hemerocallis longituba*. *Phytochemistry* (1994), 35(4), 1057-1058.
- Novel 2,5-dihydrofuryl-γ-lactam derivatives from *Hemerocallis fulva* L. var. kwanzo Regel. *Chemical & Pharmaceutical*

Bulletin (1990), 38(11), 3187-3189.

우산나물 *Syneilesis palmate* (Thunb.) Maximowicz

- Sesquiterpenes from *Syneilesis palmata* and their cytotoxicity against human cancer cell lines *in vitro. Archives of Pharmacal Research* (2005), 28(3), 280-284.
- 3β,6β-Bis(acyloxy)furanoeremophilan-14-als and -14-oic acids from *Syneilesis palmata* (Thunb.) Maxim. *Bulletin of the Chemical Society of Japan* (1982), 55(4), 1228-1233.
- New 14-oxofuranoeremophilanes and related sesquiterpenes from *Syneilesis palmata* (THUNB.) MAXIM. *Chemistry Letters* (1978), (12), 1313-1316.
- Studies on constituents of crude drugs. VII. Syneilesine and acetylsyneilesine from *Syneilesis palmata. Chemical & Pharmaceutical Bulletin* (1976), 24(12), 3178-3184.

우엉 *Arctium lappa* Linné

- Ameliorative effects of arctiin from *Arctium lappa* on experimental glomerulonephritis in rats. *Phytomedicine* (2009), 16(11), 1033-1041.
- Metabolic profile of the bioactive compounds of burdock (*Arctium lappa*) seeds, roots, and leaves. *Journal of Pharmaceutical and Biomedical Analysis* (2010), 51(2), 399-404.
- *In vitro* anti-inflammatory effects of arctigenin, a lignan from *Arctium lappa* L., through inhibition on iNOS pathway. *Journal of Ethnopharmacology* (2009), 122(3), 457-462.
- Effects of burdock extract preparation on gastric mucosal protection. *Asian Journal of Chemistry* (2009), 21(4), 3015-3022.
- *In vitro* and *in vivo* anti-allergic effects of *Arctium lappa* L. *Experimental Biology and Medicine* (2008), 233(11), 1469-1477.

유카 *Yucca gloriosa* Linneé

- Determination of steroidal glycosides in *Yucca gloriosa* flowers by LC/MS/MS. *Journal of Pharmaceutical and Biomedical Analysis* (2010), 52(5), 791-795.
- Steroid compounds from *Yucca gloriosa* L. introduced into Georgia and their applications. P*harmaceutical Chemistry Journal* (2009), 43(1), 45-47.
- Yucca gloriosa: A source of phenolic derivatives with strong antioxidant activity. *Journal of Agricultural and Food Chemistry* (2007), 55(16), 6636-6642.
- Gloriosaols A and B, two novel phenolics from *Yucca gloriosa*: structural characterization and configurational assignment by a combined NMR-quantum mechanical strategy. *Tetrahedron* (2006), 63(1), 148-154.
- Antifungal activity of steroidal glycosides from *Yucca gloriosa* L. *Phytotherapy Research* (2005), 19(2), 158-161.
- The constituents of *Yucca gloriosa.* Part 3. 12-Keto steroidal glycosides from the caudex of *Yucca gloriosa. Phytochemistry* (1991), 30(2), 633-636.
- The constituents of *Yucca gloriosa.* Part 4. 12-Hydroxy steroidal glycosides from the caudex of *Yucca gloriosa. Phytochemistry* (1991), 30(6), 1993-1995.
- The constituents of *Yucca gloriosa.* Part 2. The steroidal glycosides from the caudex of *Yucca gloriosa. Phytochemistry* (1989), 28(4), 1215-1217.
- The constituents of *Yucca gloriosa.* Part 1. The steroidal glycosides of the flowers of *Yucca gloriosa. Phytochemistry* (1988), 27(10), 3235-3239.

은행나무 *Ginkgo biloba* Linné

- ^{1}H NMR-based metabolomics combined with HPLC-PDA-MS-SPE-NMR for investigation of standardized *Ginkgo biloba preparations. Metabolomics* (2010), 6(2), 292-302.

- Structure characterization and antioxidant activity of a novel polysaccharide isolated from *Ginkgo biloba. International Journal of Biological Macromolecules* (2010), 46(4), 436-439.
- Effects of *Ginkgo biloba* extract on heart and liver mitochondrial functions: mechanism(s) of action. *Journal of Bioenergetics and Biomembranes* (2010), 42(2), 165-172.
- Pharmacokinetics of bilobalide, ginkgolide A and B after administration of three different *Ginkgo biloba* L. preparations in humans. *Phytotherapy Research* (2010), 24(3), 445-450.
- Inhibitory effect of *Ginkgo biloba* extract on the tonus of the small intestine and the colon of rabbits. *Molecules* (2010), 15, 2079-2086.
- Kaempferol and quercetin, essential ingredients in *Ginkgo biloba* extract, inhibit interleukin-1β- induced MUC5AC gene expression in human airway epithelial cells. *Phytotherapy Research* (2009), 23(12), 1708-1712.
- *Ginkgo biloba* for Attention-Deficit/Hyperactivity Disorder in children and adolescents: A double blind, randomized controlled trial. *Progress in Neuro-Psychopharmacology & Biological Psychiatry* (2010), 34(1), 76-80.

익모초 *Leonurus sibiricus* Linné

- *Leonurus sibiricus* herb extract suppresses oxidative stress and ameliorates hypercholesterolemia in C57BL/6 mice and TNF-α induced expression of adhesion molecules and lectin-like oxidized LDL receptor-1 in human umbilical vein endothelial cells. *Bioscience, Biotechnology, and Biochemistry* (2010), 74(2), 279-284.
- Bis-spirolabdane-Type Diterpenoids from *Leonurus sibiricus. Journal of Natural Products* (2010), 73(2), 123-126.
- *In vitro* allelopathic potential of *Leonurus sibiricus* L. leaves. *Journal of Plant Interactions* (2008), 3(1), 39-48.
- Phenols from the aerial parts of *Leonurus sibiricus. Chinese Pharmaceutical Journal* (2006), 58(1), 35-40.
- Cycloleonuripeptides E and F, Cyclic Nonapeptides from *Leonurus heterophyllus. Journal of Natural Products* (2006), 69(5), 839-841.
- New bis-spirolabdane-type diterpenoids from *Leonurus heterophyllus* Sw. *Chemical & Pharmaceutical Bulletin* (2005), 53(11), 1475-1479.
- New labdane-type diterpenoids from *Leonurus heterophyllus* Sw. *Chemical & Pharmaceutical Bulletin* (2005), 53(8), 938-941.
- A new flavonoside from *Leonurus heterophyllus. Journal of Asian Natural Products Research* (2005), 7(3), 273-277.
- Labdane Diterpenes of *Leonurus sibiricus. Journal of Natural Products* (2004), 67(4), 714-717.
- Studies on the constituents of Leonurus sibiricus L. *Chemical & Pharmaceutical Bulletin* (2003), 51(3), 341-342.

일목련 *Magnolia obovata* Thunberg

- Obovatol from *Magnolia obovata* inhibits vascular smooth muscle cell proliferation and intimal hyperplasia by inducing p21Cip1. *Atherosclerosis* (2010), 210(2), 372-380.
- Obovatol enhances docetaxel-induced prostate and colon cancer cell death through inactivation of nuclear transcription factor-k B. *Journal of Pharmacological Sciences* (2009), 111(2), 124-136.
- Effects of neolignans from the stem bark of *Magnolia obovata* on plant pathogenic fungi. *Journal of Applied Microbiology* (2009), 106(6), 2057-2063
- Obovatol isolated from *Magnolia obovata* enhances pentobarbital-induced sleeping time: possible involvement of GABAA receptors/chloride channel activation. *Phytomedicine* (2009), 16(4), 308-313.
- Anti-gastritic effects of magnolol and honokiol from the stem Bark of *Magnolia obovata. Biomolecules & Therapeutics* (2008), 16(3), 270-276.
- Anti-complement activity of phenolic compounds from the stem bark of *Magnolia obovata. Natural Product Sciences* (2008), 14(3), 196-201.
- Cytotoxic compounds from the stem bark of *Magnolia obovata. Natural Product Sciences* (2008), 14(2), 90-94.
- Anti-inflammatory activity of 4-methoxyhonokiol is a function of the inhibition of iNOS and COX-2 expression in RAW 264.7 macrophages via NF-kB, JNK and p38 MAPK inactivation. *European Journal of Pharmacology*

(2008), 586(1-3), 340-349.

- Two new lignans from the stem bark of *Magnolia obovata* and their cytotoxic activity. *Chemical & Pharmaceutical Bulletin* (2008), 56(1), 115-117.
- Sesquiterpene-neolignans from the stem bark of *Magnolia obovata* and their cytotoxic activity. *Natural Product Sciences* (2008), 14(1), 51-55.

자귀나무 *Albizia julibrissin* Durazz.

- Anti-angiogenic activity of julibroside J8, a natural product isolated from *Albizia julibrissin. Phytomedicine* (2009), 16(8), 703-711.
- ^{1}H and ^{13}C NMR assignments for four triterpenoid saponins from Albizziae Cortex. *Magnetic Resonance in Chemistry* (2008), 46(11), 1059-1065.
- A new triterpenoid saponin from *Albizia julibrissin* Durazz. *Journal of Asian Natural Products Research* (2008), 10(8), 771-775.
- Inferring recruitment history from spatial genetic structure within populations of the colonizing tree *Albizia julibrissin* (Fabaceae). *Molecular Ecology* (2008), 17(12), 2865-2879.
- Effect of *Albizia julibrissin* Water Extracts on Low-Density Lipoprotein Oxidization. *Journal of Agricultural and Food Chemistry* (2007), 55(12), 4704-4709.
- Induction of apoptosis in human acute leukemia Jurkat T cells by *Albizia julibrissin* extract is mediated via mitochondria-dependent caspase-3 activation. *Journal of Ethnopharmacology* (2006), 106(3), 383-389.
- Extraction of hyperoside and quercitrin from mimosa (*Albizia julibrissin*) foliage. *Applied Biochemistry and Biotechnology* (2006), 129-132, 382-391.
- Three anti-tumor saponins from *Albizia julibrissin. Bioorganic & Medicinal Chemistry Letters* (2006), 16(10), 2765-2768.
- A pair of isomeric saponins with cytotoxicity from *Albizia julibrissin. Journal of Asian Natural Products Research* (2005), 7(6), 783-789.
- An antitumor compound julibroside J28 from *Albizia julibrissin. Bioorganic & Medicinal Chemistry Letters* (2005), 15(20), 4493-4495.
- Diastereoisomeric saponins from *Albizia julibrissin. Carbohydrate Research* (2005), 340(7), 1329-1334.
- Phenolic glycosides from the stem bark of *Albizia julibrissin. Chemical & Pharmaceutical Bulletin* (2004), 52(12), 1501-1503.

자귀풀 *Aeschynomene indica* Linné

- Potassium aeshynomate, a leaf-opening substance of *Aeshynomene indica* L., containing a novel γ-amino acid. *Tetrahedron Letters* (1999), 40(37), 6777-6780.
- Trigonelline, a leaf-closing factor of the nyctinastic plant. *Aeshynomene indica. Phytochemistry* (1995), 39(4), 817-819.
- New tropical seed oils. IV. Component acids of leguminous and other seed oils including useful sources of crepenynic and dehydrocrepenynic acid. *Journal of the Science of Food and Agriculture* (1972), 23(1), 53-60.

자주개자리 *Medicago sativa* Linné

- Ethyl acetate extracts of alfalfa (*Medicago sativa* L.) sprouts inhibit lipopolysaccharide-induced inflammation *in vitro* and *in vivo. Journal of Biomedical Science* (2009), 16(64).
- Crystal structure of vestitone reductase from alfalfa (*Medicago sativa* L.). *Journal of Molecular biology* (2007), 369(1), 265-276.
- Alanine racemase of alfalfa seedlings (*Medicago sativa* L.): first evidence for the presence of an amino acid racemase in plants. *Phytochemistry* (2006), 67(9), 856-860.

- Targeted down-regulation of cytochrome P450 enzymes for forage quality improvement in alfalfa (*Medicago sativa* L.). *Proceedings of the National Academy of Sciences of the United States of America* (2005), 102(46), 16573-16578.
- Metabolic profiling of saponins in *Medicago sativa* and *Medicago truncatula* using HPLC coupled to an electrospray ion-trap mass spectrometer. *Phytochemistry* (2002), 59(3), 347-360.
- Alfalfa (*Medicago sativa* L.) flavonoids. 2. Tricin and chrysoeriol glycosides from aerial parts. *Journal of agricultural and food chemistry* (2001), 49(11), 5310-5314.
- Purification and characterization of molybdenum species from *Medicago sativa* (alfalfa) grown on mine tailings. *Journal of agricultural and food chemistry* (2001), 49(8), 3853-3858.
- Alfalfa (*Medicago sativa* L.) flavonoids. 1. Apigenin and luteolin glycosides from aerial parts. *Journal of agricultural and food chemistry* (2001), 49(2), 753-758.
- Saponins in alfalfa (*Medicago sativa* L.) root and their structural elucidation. *Journal of agricultural and food chemistry* (1999), 47(8), 3185-3192.

자주광대나물 *Lamium purpureum* Linné

- *In vivo* anti-inflammatory and antinociceptive actions of some Lamium species. *Journal of ethnopharmacology* (2008), 118(1), 166-172.
- Five new phenylethanoid glycosides from the whole plants of *Lamium purpureum* L. *Chemical & pharmaceutical bulletin* (2006), 54(12), 1705-1708.
- Antioxidant and free radical scavenging activities of some medicinal plants from the Lamiaceae. *Fitoterapia* (2006), 77(5), 346-353.
- Chromatographic and spectrophotometric analyses of the DPPH free radical scavenging activity of the fractionated extracts from *Lamium album* L., *Lamium purpureum* L. and *Viscum album L. Herba Polonica* (2006), 52(1/2), 51-57.
- Five new phenylethanoid glycosides from the whole plants of *Lamium purpureum* L. *Chemical & Pharmaceutical Bulletin* (2006), 54(12), 1705-1708.
- LC-ESI-MS analysis of iridoid glucosides in Lamium species. *Biochemical Systematics and Ecology* (2006), 35(1), 17-22.
- Antioxidative properties of bee pollen in selected plant species. *Food Chemistry* (2006), 100(1), 237-240.
- Composition of the essential oils and *in vivo* emission of volatiles of four Lamium species from Italy: *L. purpureum, L. hybridum, L. bifidum and L. amplexicaule. Food Chemistry* (2004), 91(1), 63-68.
- Benzoxazinoids and iridoid glucosides from four Lamium species. *Phytochemistry* (2003), 64(8), 1413-1417.
- Octadecatrienoic acid from *Lamium purpureum* seed oil containing 5,6-allenic and trans-16-olefinic unsaturation. *Biochemical Journal* (1967), 105(3), 1245-1249.

자주꽃방망이 *Campanula glomerata* Linné var. *dahurica* Fischer

- Secondary metabolites in tissue cultures of *Campanula glomerata. Recent Research Developments in Phytochemistry* (2004), 8, 9-16.
- Secondary metabolites in transformed root cultures of *Campanula glomerata. Journal of Plant Physiology* (1999), 155(2), 251-254.
- Natural acetylenes. XXIX. Polyacetylenes from the Campanulaceae plant family. Tetrahydropyranyl polyacetylenic alcohols from the clustered bellflower (*Campanula glomerata*). *Journal of the Chemical Society [Section] C: Organic* (1969), (5), 830-832

자주달개비 *Tradescantia reflexa* Raf.

- Comparison of glucose tolerance effect of various commelinaceae plant extracts on hyperglycemic rats. *Natural Product Sciences* (2009), 15(1), 8-11.

작살나무 *Callicarpa japonica* Thunberg

- A new diterpenoid and a new triterpenoid glucosyl ester from the leaves of *Callicarpa japonica* Thunb. var. luxurians Rehd. *Journal of Natural Medicines* (2009), 63(3), 318-322.

- A new lignan glucoside from the stems of *Callicarpa japonica* Thunb. var. *luxurians* Rehd. *Journal of Natural Medicines* (2009), 63(1), 86-90.
- Protective effect of some medicinal plants on tert-butyl hydroperoxide-induced oxidative stress in human keratinocytes. *Natural Product Sciences* (2008), 14(4), 244-248.
- Biologically active natural products of the genus Callicarpa. *Current Bioactive Compounds* (2008), 4(1), 15-32.
- A new phenylethanoid glycoside from the fruits of *Callicarpa japonica* Thunb. var. *luxurians* Rehd. *Journal of Natural Medicines* (2007), 61(3), 318-322.
- Isolation and Identification of Mosquito Bite Deterrent Terpenoids from Leaves of American (Callicarpa americana) and Japanese (Callicarpa japonica) Beautyberry. *Journal of Agricultural and Food Chemistry* (2005), 53(15), 5948-5953.
- Volatile Constituents from the Leaves of *Callicarpa japonica* Thunb. and Their Antibacterial Activities. *Journal of Agricultural and Food Chemistry* (2004), 52(4), 781-787.

작약 *Paeonia lactiflora* Pallas var. *hortensis* Makino

- Effect of γ-irradiation on the volatile compounds of medicinal herb, Paeoniae Radix. *Radiation Physics and Chemistry* (2009), 78(7-8), 665-669.
- Screening of crude drug extracts for prolyl endopeptidase inhibitory activity. *Phytomedicine* (1999), 6(3), 197-203.
- Galloylpaeoniflorin, a new acylated monoterpene glucoside from Paeony root. *Archives of Pharmacal Research* (1991), 14(1), 52-54.
- Structure of gallotannins in Paeoniae radix. *Chemical & Pharmaceutical Bulletin* (1980), 28(9), 2850-2852.

전동싸리 *Melilotus suaveolens* Ledebour

- Development of a fingerprint of *Melilotus suaveolens* Ledeb by high-performance liquid chromatography. *Journal of Chinese Pharmaceutical Sciences* (2009), 18(1), 20-29.
- Anti-inflammatory effects of ethyl acetate fraction from *Melilotus suaveolens* Ledeb on LPS-stimulated RAW 264.7 cells. *Journal of Ethnopharmacology* (2009), 123(1), 97-105.
- *In vitro* anti-inflammatory effects of different solution fractions of ethanol extract from *Melilotus suaveolens* Ledeb. *Chinese Medical Journal* (2007), 120(22), 1992-1998.
- Effects of herbal medicines on monoamine oxidase activity (II). *Yakhak Hoechi* (1998), 42(6), 634-638.
- Anti-inflammatory effects of ethyl acetate fraction from *Melilotus suaveolens* Ledeb on LPS-stimulated RAW 264.7 cells. *Journal of ethnopharmacology* (2009), 123(1), 97-105.
- Effect of petroleum ether extract from *Melilotus suaveolens* Ledeb on the expression of NF-kappaB and Heme oxygenase 1. *Chinese journal of cellular and molecular immunology* (2008), 24(9), 861-863.
- Inner anti-inflammatory mechanisms of petroleum ether extract from *Melilotus suaveolens* Ledeb. *Inflammation* (2007), 30(6), 213-23.
- *In vitro* anti-inflammatory effects of different solution fractions of ethanol extract from *Melilotus suaveolens* Ledeb. *Chinese medical journal* (2007), 120(22), 1992-1998.

조팝나무 *Spiraea prunifolia* S. et Z. for. *Simpliciflora* Nakai

- Studies on the constituents of the spirea plants. I. Sterols from the root of *Spiraea prunifolia* var. *simpliciflora. Saengyak Hakhoechi* (1982), 13(1), 39-42.
- Fungi toxicities of plant furocoumarins. *Annals of Applied Biology* (1966), 57(3), 501-508.

족제비싸리 *Amorpha fruticosa* Linné

- A new compound from the fruit of *Amorpha fruticosa* and activity against acetaminophen-induced hepatotoxicity.

Chinese Chemical Letters (2009), 20(8), 942-944.
- Headspace, volatile and semi-volatile organic compounds diversity and radical scavenging activity of ultrasonic solvent extracts from *Amorpha fruticosa* honey samples. *Molecules* (2009), 14(8), 2717-2728.
- Phenolic Constituents of Amorpha fruticosa That Inhibit NF-kB Activation and Related Gene Expression. *Journal of Natural Products* (2008), 71(10), 1696-1700.
- Effect of new rotenoid glycoside from the fruits of *Amorpha fruticosa* LINNE on the growth of human immune cells. *Cytotechnology* (2007), 52(3), 219-226.
- Broad screening of the legume family for variability in seed insecticidal activities and for the occurrence of the A1b-like knottin peptide entomotoxins. *Phytochemistry* (2007), 68(4), 521-535.
- Isoflavone glycosides from the bark of *Amorpha fruticosa. Chemistry of Natural Compounds* (2006), 42(4), 415-418.
- A new flavanone from the wood of *Amorpha fruticosa* L. *Bulletin of the Korean Chemical Society* (2006), 27(3), 426-428.
- Pharmacognostical evaluation of arctii fructus (5). Chemical constituents from fruits of *Amorpha fruticosa. Natural Medicines* (2004), 58(6), 275-277.
- A prenylated flavanone from roots of *Amorpha fruticosa. Phytochemistry* (1998), 48(5), 907-909.
- Structural elucidation and chemical conversion of amorphispironone, a novel spironone from *Amorpha fruticosa, to rotenoids. Chemical & Pharmaceutical Bulletin* (1993), 41(1), 187-90.

종지나물 *Viola papilionacea* Pursh

- Thermal adaptation and acclimation of higher plants at the enzyme level: thermostability of NAD malate dehydrogenase in three species of *Viola. Journal of Ecology* (1985), 73(2), 397-406.

쥐꼬리망초 *Justicia procumbens* Linné

- Selection methodology with scoring system: Application to Mexican plants producing podophyllotoxin related lignans. *Journal of Ethnopharmacology* (2008), 120(3), 402-412.
- Complete assignments of ^{1}H and ^{13}C NMR data for three new arylnaphthalene lignans from *Justicia procumbens. Magnetic Resonance in Chemistry* (2008), 46(3), 283-286.
- DNA strand-scission by phloroglucinols and lignans from heartwood of *Garcinia subelliptica* Merr. and Justicia plants. *Phytochemistry* (2007), 69(1), 225-233.
- Antiplatelet effect and selective binding to cyclooxygenase (COX) by molecular docking analysis of flavonoids and lignans. *International Journal of Molecular Sciences* (2007), 8(8), 830-841.
- Complete assignments of ^{1}H and ^{13}C NMR data for seven arylnaphthalide lignans from *Justicia procumbenss. Magnetic Resonance in Chemistry* (2006), 44(7), 727-730.
- Caspase-8 acts as a key upstream executor of mitochondria during justicidin A-induced apoptosis in human hepatoma cells. *FEBS Letters* (2006), 580(13), 3185-3191.
- A new lignan from the Jian-er syrup and its content determination by RP-HPLC. *Journal of Pharmaceutical and Biomedical Analysis* (2006), 41(2), 662-666.
- Justicidin A decreases the level of cytosolic Ku70 leading to apoptosis in human colorectal cancer cells. *Carcinogenesis* (2005), 26(10), 1716-1730.
- Potent cytotoxic lignans from *Justicia procumbens* and their effects on nitric oxide and tumor necrosis factor-a production in mouse macrophages. *Journal of Natural Products* (2002), 65(3), 379-381.
- Six New Diarylbutane Lignans from *Justicia procumbens. Journal of Natural Products* (1998), 61(2), 227-229.
- Antiviral activity of lignans and their glycosides from *Justicia procumbens. Phytochemistry* (1996), 42(3), 713-717.

쥐똥나무 *Ligustrum obtusifolium* Siebold et Zuccarini

- Antihyperglycemic effects of fruits of privet (*Ligustrum obtusifolium*) in streptozotocin-induced diabetic rats fed a high fat diet. *Journal of Medicinal Food* (2009), 2(1), 109-117.

- Structures of secoiridoids from *Ligustrum obtusifolium. Chemistry Letters* (1972), (2), 141-144.
- Antihyperglycemic effects of fruits of privet (*Ligustrum obtusifolium*) in streptozotocin-induced diabetic rats fed a high fat diet. *Journal of medicinal food* (2009), 12(1), 109-117.
- Studies on chemical constituents of *Ligustrum obtusifolium* Sieb. et Zucc. *China journal of Chinese materia medica* (2000), 25(9), 541-543.

지면패랭이꽃 *Phlox subulata* Linné

- *Phlox subulata*, cover plant for soil conservation in Chinese cabbage-cultivated highland. Korean *Journal of Soil Science and Fertilizer* (2007), 40(6), 465-470.
- Preparation and functional properties of beverages made from moss phlox (*Phlox subulata* L.) leaves. *Journal of Food, Agriculture & Environment* (2007), 5(1), 56-60.
- An Evaluation of the Allelopathic Potential of Selected Perennial Groundcovers: Foliar Volatiles of Catmint (Nepeta x faassenii) Inhibit Seedling Growth. *Journal of Chemical Ecology* (2006), 32(8), 1835-1848.
- 2-C-methyl-D-erythritol is a major carbohydrate in petals of *Phlox subulata* possibly involved in flower development. *Journal of Plant Physiology* (2004), 161(8), 977-980.
- Occurrence and control of Ditylenchus dipsaci associated with dieback of *Phlox subulata. Plant Disease* (1981), 65(9), 745-748.
- Multiyear population dynamics of ditylenchus dipsaci associated with *Phlox subulata. Journal of nematology* (1980), 12(3), 203-207.
- An evaluation of the allelopathic potential of selected perennial groundcovers: foliar volatiles of catmint (Nepeta x faassenii) inhibit seedling growth. *Journal of chemical ecology* (2006), 32(8), 1835-1848.
- 2-C-methyl-D-erythritol is a major carbohydrate in petals of *Phlox subulata* possibly involved in flower development. *Journal of plant physiology* (2004), 161(8), 977-980.

지칭개 *Hemistepa lyrata* Bunge

- Study on tissue culture and effective clone establishment of *Hemistepta lyrata* Bunge. *Agricultural Science & Technology* (2009), 10(1), 47-50.
- Allelopathic effects of *Hemistepta lyrata* on the germination and growth of wheat, sorghum, cucumber, rape, and radish seeds. *Weed Biology and Management* (2009), 9(3), 243-249.
- Hemislin B glucoside, a new lignan from *Hemistepta lyrata. Chinese Chemical Letters* (2002), 13(9), 859-861.
- Hemistepsins with cytotoxic activity from *Hemistepta lyrata. Planta Medica* (1999), 65(8), 765-766.
- Antimicrobial activities of sesquiterpene lactones isolated from *Hemistepta lyrata*, Chrysanthemum zawadskii and Chrysanthemum boreale. *Han'guk Nonghwa Hakhoechi* (1999), 42(2), 176-179.
- Biological activities of sesquiterpene lactones isolated from several Compositae plants. Part 3. Inhibitory activity on nitric oxide release and ACAT. *Saengyak Hakhoechi* (1999), 30(1), 74-78.
- Biological activities of sesquiterpene lactones isolated from several Compositae plants. Part 2. FPTase inhibitory activity. *Saengyak Hakhoechi* (1999), 30(1), 70-73.
- Biological activities of sesquiterpene lactones isolated from several Compositae plants. Part 1. Cytotoxicity against cancer cell lines. *Saengyak Hakhoechi* (1998), 29(3), 243-247.
- Sesquiterpene lactone from *Hemistepta lyrata. Planta Medica* (1998), 64(3), 289-290.
- Studies on the chemical constituents in herbs of *Hemistepta lyrata. China journal of Chinese materia medica* (2006), 31(10), 812-813.
- Study on chemical constituents of *Hemistepta lyrata* Bunge. *Acta pharmaceutica Sinica* (2001), 36(10), 746-749.

진달래 *Rhododendron mucronulatum* Turczaninov var. *mucronulatum*

- Cytotoxic constituents from the stem of *Rhododendron mucronulatum. Saengyak Hakhoechi* (2007), 38(3), 227-233.

- Taxifolin glycoside inhibits dendritic cell responses stimulated by lipopolysaccharide and lipoteichoic acid. *Journal of Pharmacy and Pharmacology* (2008), 60(11), 1465-1472.
- Composition and cytotoxicity of essential oil from Korean rhododendron (*Rhododendron mucronulatum* Turcz. var. *ciliatum* Nakai). *Han'guk Eungyong Sangmyong Hwahakhoeji* (2008), 51(3), 233-237.
- Screening of biological activities of extracts from *Rhododendron mucronulatum* Turcz. flowers. *Han'guk Sikp'um Yongyang Kwahak Hoechi* (2008), 37(3), 276-281.
- Grayanotoxin Poisoning From Flower of *Rhododendron mucronulatum* in Humans. *Bulletin of Environmental Contamination and Toxicology* (2007), 78(2), 132-133.
- Grayanotoxin Poisoning From Flower of *Rhododendron mucronulatum* in Humans. *Bulletin of Environmental Contamination and Toxicology* (2007), 78(1), 11-12.
- The chemical constituents and their antioxidant activity of the stem of *Rhododendron mucronulatum. Natural Product Sciences* (2005), 11(2), 97-102.
- Flavonoids of Siberian-far-eastern species of rhododendrons of the subspecies Rhodorastrum. *Chemistry of Natural Compounds* (1999), 34(4), 510-511.
- Antioxidative activity of phenolic acids isolated from Jindalrae flower (*Rhododendron mucronulatum* Turzaninow). *Han'guk Nonghwa Hakhoechi* (1996), 39(6), 506-511.
- Antioxidative activity of flavonoids isolated from Jindalrae flowers (*Rhododendron mucronulatum* Turcz.). *Han'guk Nonghwa Hakhoechi* (1996), 39(4), 320-326.

참나리 *Lilium lancifolium* Thunberg

- Manufacture and physiological functionality of Korean traditional alcoholic beverage by using lily (*Lilium lancifolium*) scales. *Han'guk Sikp'um Yongyang Kwahak Hoechi* (2008), 37(5), 598-604.
- Lignan Content of Selected Foods from Japan. *Journal of Agricultural and Food Chemistry* (2008), 56(2), 401-409.
- Improved superoxide-generating system suitable for the assessment of the superoxide-scavenging ability of aqueous extracts of food constituents using ultraweak chemiluminescence. *Journal of Agricultural and Food Chemistry* (2003), 51(1), 58-62.
- Inhibition of carbohydrate-digesting enzymes and amelioration of glucose tolerance by Korean medicinal herbs. *Journal of Food Science and Nutrition* (2002), 7(1), 62-66.
- Distribution of flower color and anthocyanidin in Korean wild plants. *Han'guk Wonye Hakhoechi* (1996), 37(4), 582-587.
- The volatile components of bulbus *Lilium lancifolium* Thunb. *Developments in Food Science* (1988), 18, 469-481.
- The structure of organochloro compounds of steam volatile oil from *Lilium lancifolium. Chemistry Express* (1987), 2(7), 409-412.
- Glycerol glucosides in Lilium genus. Part 20. Lilioside C, a glycerol glucoside from *Lilium lancifolium. Phytochemistry* (1982), 21(4), 891-893.
- Plant mucilages. XIV. Isolation and characterization of a mucous polysaccharide, "Lilium-La-glucomannan" from the bulbs of *Lilium lancifolium. Chemical & Pharmaceutical Bulletin* (1976), 24(11), 2744-2750.

참당귀 *Angelica gigas* Nakai

- ACAT (acyl-CoA: cholesterol acyltransferase) inhibitory effect and quantification of pyranocurmarin in different parts of *Angelica gigas* Nakai. *Journal of Applied Biological Chemistry* (2009), 52(4), 187-194.
- Decursin inhibits growth of human bladder and colon cancer cells via apoptosis, G1-phase cell cycle arrest and extracellular signal-regulated kinase activation. *International Journal of Molecular Medicine* (2010), 25(4), 635-641.
- Pharmacological effect of decursin and decursinol angelate from *Angelica gigas* Nakai. *Yakhak Hoechi* (2009), 53(6), 303-313.
- Absorption, distribution, metabolism, and excretion of decursin and decursinol angelate from *Angelica gigas* Nakai.

Journal of Microbiology and Biotechnology (2009), 19(12), 1569-1572.

- Protective effect of an herbal preparation (HemoHIM) on radiation-induced intestinal injury in mice. *Journal of Medicinal Food* (2009), 12(6), 1353-1358.
- Anti-inflammatory activities of coumarins isolated from *Angelica gigas* Nakai on LPS-stimulated RAW 264.7 cells. *Journal of Food Science and Nutrition* (2009), 14(3), 179-187.
- The analgesic effect of decursinol. *Archives of Pharmacal Research* (2009), 32(6), 937-943.
- A novel (S)-(+)-decursin derivative, (S)-(+)-3-(3,4-dihydroxy-phenyl)-acrylic acid 2,2-dimethyl-8-oxo-3,4-dihydro-2H,8H-pyrano[3,2-g]-chromen-3-yl-ester, inhibits ovalbumin-induced lung inflammation in a mouse model of asthma. *Biological & Pharmaceutical Bulletin* (2009), 32(3), 444-449

참취 *Aster scaber* Thunberg

- *Paeonia japonica, Houttuynia cordata*, and *Aster scaber* water extracts induce nitric oxide and cytokine production by lipopolysaccharide-activated macrophages. *Journal of Medicinal Food* (2009), 12(2), 365-373.
- Selenium content in representative Korean foods. *Journal of Food Composition and Analysis* (2009), 22(2), 117-122.
- The medicinal use of essential oils and their components for treating lice and mite infestations. *Natural Product Communications* (2007), 2(12), 1303-1310.
- Inhibitory effects of plant extracts on tyrosinase, L-DOPA oxidation, and melanin synthesis. *Journal of Toxicology and Environmental Health, Part A* (2007), 70(5), 393-3407.
- Screening for antioxidative and antimutagenic capacities in 7 common vegetables consumed by Koreans. *Han'guk Sikp'um Yongyang Kwahak Hoechi* (2003), 32(8), 1344-1350.
- (-)-3,5-Dicaffeoyl-muco-quinic acid isolated from *Aster scaber* contributes to the differentiation of PC12 cells: through tyrosine kinase cascade signaling. *Biochemical and Biophysical Research Communications* (2004), 313(4), 948-953.
- Cerebrosides and terpene glycosides from the root of *Aster scaber. Archives of Pharmacal Research* (2003), 26(2), 132-137.
- Heat processing of edible plants grown in Korea has differential effects on their antioxidant capacity in bovine brain homogenate. *Nutraceuticals and Food* (2002), 7(4), 378-385.

천남성 *Arisaema amurense* Maximowicz var. *serratum* Nakai

- Inhibition of monoamine oxidase B (MAO-B) by Chinese herbal medicines. *Phytomedicine* (2003), 10(8), 650-656.
- A phospholipase A2 inhibitor from *Arisaema amurense* max. var. serratum Nakai. *Archives of Pharmacal Research* (1995), 18(4), 293-294.

층꽃풀 *Caryopteris incana* (Thunb.) Miquel

- Iridoid glucoside, (3R)-oct-1-en-3-ol glycosides, and phenylethanoid from the aerial parts of *Caryopteris incana. Journal of Natural Medicines* (2009), 63(3), 241-247.
- Composition and cell cytotoxicity of essential oil from *Caryopteris incana* Miq. in Korea. *Han'guk Eungyong Sangmyong Hwahakhoeji* (2008), 51(3), 238-244.
- Phylogenetic position of Schnabelia, a genus endemic to China: evidence from sequences of cpDNA matK gene and nrDNA ITS regions. *Chinese Science Bulletin* (2003), 48(15), 1576-1580.
- Three new phenylethanoid glycosides from *Caryopteris incana* and their antioxidative activity. *Chemical & Pharmaceutical Bulletin* (2000), 48(7), 1075-1078.
- Radical scavenging activity of phenylpropanoid glycosides in *Caryopteris incana. Bioscience, Biotechnology, and Biochemistry* (1999), 63(6), 983-988.
- Phenylpropanoid and iridoid glycosides from *Caryopteris incana* (Thunb.) Miq. *Indian Journal of Chemistry, Section B: Organic Chemistry Including Medicinal Chemistry* (1998), 37B(11), 1157-1160.

- Cytotoxic abietane diterpenoids from *Caryopteris incana. Phytochemistry* (1997), 44(4), 759-761.
- A new rearranged abietane diterpenoid from *Caryopteris incana* (Thunb.) Miq. *Chinese Chemical Letters* (1996), 7(7), 621-622.

층층나무 *Cornus controversa* Hemsley

- Anthocyanins in *Cornus alternifolia, Cornus controversa, Cornus kousa* and *Cornus florida* fruits with health benefits. *Life Sciences* (2006), 78(7), 777-784.
- YM-92447 (spinosulfate A), a neuraminidase inhibitor produced by an unidentified pycnidial fungus. *Journal of Antibiotics* (2004), 57(12), 812-815.
- Characterization, Quantification, and Bioactivities of Anthocyanins in Cornus Species. *Journal of Agricultural and Food Chemistry* (2002), 50(9), 2519-2523.
- Phenolic compounds from the leaves of *Cornus controversa. Phytochemistry* (2000), 53(3), 405-407.
- Chemical components from the stem bark of *Cornus controversa* HEMSL. *Saengyak Hakhoechi* (1998), 29(3), 225-230.
- Phenolic components from the leaves of *Cornus controversa. Saengyak Hakhoechi* (1995), 26(4), 327-336.
- Halleridone, a cytotoxic constituent from *Cornus controversa. Journal of Natural Products* (1988), 51(6), 1281-1282.
- Characterization, quantification, and bioactivities of anthocyanins in Cornus species. *Journal of agricultural and food chemistry* (2002), 50(9), 2519-2523.
- Phenolic compounds from the leaves of *Cornus controversa. Phytochemistry* (2000), 3(3), 405-407.
- Halleridone, a cytotoxic constituent from *Cornus controversa. Journal of natural products* (1988), 51(6), 1281-1282.

칠엽수 *Aesculus turbinate* Blume

- Fractionation and structural characterization of polyphenolic antioxidants from seed shells of Japanese horse chestnut (*Aesculus turbinata* BLUME). *Journal of Agricultural and Food Chemistry* (2008), 56(24), 12046-12051.
- Antiobese effects of novel saponins from edible seeds of Japanese horse chestnut (*Aesculus turbinata* BLUME) after treatment with wood ashes. *Journal of Agricultural and Food Chemistry* (2008), 56(12), 4783-4788.
- Anti-obesity effects of escins extracted from the seeds of *Aesculus turbinata* BLUME (Hippocastanaceae). *Chemical & Pharmaceutical Bulletin* (2008), 56(1), 12-16.
- Three new triterpenoid saponins from the seeds of *Aesculus turbinata. Journal of Asian Natural Products Research* (2008), 10(3), 243-247.
- Identification of novel saponins from edible seeds of Japanese horse chestnut (*Aesculus turbinata* B.) after treatment with wooden ashes and their nutraceutical activity. *Journal of Pharmaceutical and Biomedical Analysis* (2006), 41(5), 1657-1665.
- Coumarinolignoids, cleomiscosin A and cleomiscosin B, from *Aesculus turbinata. Journal of Natural Products* (1986), 49(2), 365-366.
- Saponin and sapogenol. IV. Seeds sapogenols of *Aesculus turbinata.* Configuration of hydroxyl functions in ring E of aescigenin, protoaescigenin, and isoaescigenin in relation to barringtogenol C and theasapogenol A. *Chemical & Pharmaceutical Bulletin* (1971), 19(6), 1200-1213.

칡 *Pueraria thunbergiana* (Sieb. & Zucc.) Bentham

- HMG-CoA reductase inhibitors isolated from the flower of *Pueraria thunbergiana. Biological & Pharmaceutical Bulletin* (2007), 30(10), 1965-1968.
- Single oral dose toxicity test of water extracts of puerariae radix in ICR mice. *Journal of Toxicology and Public Health* (2006), 22(4), 431-438.
- Effect of herb distillate on hepatic xanthine oxidase activity and serum lipid profiles in carbon tetrachloride-administered rats. *Journal of Food Science and Nutrition* (2007), 12(1), 16-22.
- Structure-activity relationships of components from the roots of *Pueraria thunbergiana* having aldose reductase in-

hibitory and antioxidative activity. *Bulletin of the Korean Chemical Society* (2007), 28(3), 493-495.

- Intestinal bacteria activate estrogenic effect of main constituents puerarin and daidzin of *Pueraria thunbergiana. Biological & Pharmaceutical Bulletin* (2006), 29(12), 2432-2435.
- Estrogenic effect of main components kakkalide and tectoridin of *Puerariae Flos* and their metabolites. *Biological & Pharmaceutical Bulletin* (2006), 29(6), 1202-1206.
- Daidzein activates choline acetyltransferase from MC-IXC cells and improves drug-induced amnesia. *Bioscience, Biotechnology, and Biochemistry* (2006), 70(1), 107-111.
- Characterization of β-hydroxy-β-methylglutaryl coenzyme A reductase inhibitor from *Pueraria thunbergiana. Journal of Agricultural and Food Chemistry* (2005), 53(15), 5882-5888.
- Evaluation of the estrogenic activity of leguminosae plants. *Biological & Pharmaceutical Bulletin* (2005), 28(3), 538-540.
- Protective effects of daidzein on oxidative stress-induced neurotoxicity and scopolamine-mediated cognitive defect. *Journal of Food Science* (2005), 70(2), S91-S94.
- Passive cutaneous anaphylaxis-inhibitory action of tectorigenin, a metabolite of tectoridin by intestinal microflora. *Biological & Pharmaceutical Bulletin* (2004), 27(7), 1099-1102.

코스모스 *Cosmos bipinnatus* Cavanilles

- Anthocyans of certain Belgorod plants. *Chemistry of Natural Compounds* (2003), 39(5), 503-504.
- Serine proteinase inhibitor in the Compositae: distribution, polymorphism and properties. *Phytochemistry* (2002), 59(3), 279-291.
- A new nonpeptide tachykinin NK1 receptor antagonist isolated from the plants of Compositae. *Chemical & Pharmaceutical Bulletin* (2002), 50(1), 47-52.
- Astringency of leaves. Part 4. Astringent tannins of *Cosmos bipinnatus. Phytochemistry* (1980), 19(5), 982.
- Flavone glycosides in the ray flowers of *Cosmos bipinnatus. Planta Medica* (1976), 30(4), 349-355.
- Pollen wall proteins. Pollen-stigma interactions in ragweed and Cosmos (Compositae). *Journal of Cell Science* (1973), 12(2), 421-443.
- Vicinally unsaturated hydroxy acids in seed oils. *Journal of the American Oil Chemists' Society* (1960), 37, 323-327.
- The chemical composition of the plant growing point and its relation to the daily light exposure. *Annals of Applied Biology* (1940), 27, 305-310.
- Antioxidative and antigenotoxic activity of extracts from cosmos (*Cosmos bipinnatus*) flowers. *Plant foods for human nutrition* (2008), 63(4), 205-210.
- Serine proteinase inhibitors in the Compositae: distribution, polymorphism and properties. *Phytochemistry* (2002), 59(3), 279-291.
- Triterpene alcohols from the flowers of compositae and their anti-inflammatory effects. *Phytochemistry* (1996), 43(6), 1255-1260.

터리풀 *Filipendula glaberrima* Nakai

- Phytochemical studies on the constituents of *Filipendula glaberrima. Saengyak Hakhoechi* (1992), 23(3), 121-125.
- Inhibitory effects of natural plants of Jeju Island on elastase and MMP-1 expression. *International journal of cosmetic science* (2007), 29(6), 487-488.
- Inhibitory effects of natural plants of Jeju Island on elastase and MMP-1 expression. *Journal of cosmetic science* (2007), 58(1), 19-33.

토끼풀 *Trifolium repens* Linné

- Variation in content and composition of phenolic compounds in permanent pastures according to botanical variation. *Journal of Agricultural and Food Chemistry* (2010), 58(9), 5485-5494.

- Isolation, functional characterization, and expression pattern of a vacuolar Na^+/H^+ antiporter gene TrNHXI from *Trifolium repens* L. *Plant Molecular Biology Reporter* (2010), 28(1), 102-111.
- Seasonal changes in the metabolic fingerprint of 21 Grass and legume cultivars studied by nuclear magnetic resonance-based metabolomics. *Journal of Agricultural and Food Chemistry* (2010), 58(7), 4336-4341.
- Evaluation of very long-chain fatty acids and *n*-alkane epicuticular compounds as markers for estimating diet composition of sheep fed heathland vegetation species. *Animal Feed Science and Technology* (2010), 156(3-4), 75-88.
- Seasonal variations in bulk tissue, fatty acid and monosaccharide ^{13}C values of leaves from mesotrophic grassland plant communities under different grazing managements. *Phytochemistry* (2010), 71(4), 415-428.

토란 *Colocasia antiquorum Schott* var. *esculenta* Engler

- Lignans from the Tuber-barks of *Colocasia antiquorum* var. *esculenta* and Their Antimelanogenic Activity. *Journal of Agricultural and Food Chemistry* (2010), 58(8), 4779-4785.
- Localization of Casparian bands and crystal cells in relation to aluminum distribution in the primary root of eddo under aluminum treatment. *Plant Production Science* (2008), 11(2), 238-242.
- Inhibitory effect of onion extract on polyphenol oxidase and enzymatic browning of taro (*Colocasia antiquorum* var. *esculenta*). *Food Chemistry* (2007), 105(2), 528-532.
- Nutrient and antinutrient composition of cormels of *Colocasia antiquorum* var. antiquorum. *Journal of Vegetable Science* (2005), 11(4), 17-33.
- Proximate and mineral composition of flower (spathe and spadix) of *Colocasia antiquorum* var. *antiquorum* grown in Dschang, Cameroon. *Global Journal of Pure and Applied Sciences* (2005), 11(4), 491-493.
- Inhibition of enzymic browning of taro (*Colocasia antiquorum* var. *esculenta*) by Maillard reaction products from glycine and glucose. *Han'guk Sikp'um Yongyang Kwahak Hoechi* (2004), 33(6), 1013-1016.
- Subunit compositions of trypsin inhibitors from tubers of taro, *Colocasia antiquorum* var. *nymphaifolia. Journal of Biochemistry* (1985), 97(2), 589-597.
- Isolation and characterization of trypsin inhibitors from tubers of taro, *Colocasia antiquorum* var. *nymphaifolia. Journal of Biochemistry* (1984), 96(5), 1565-1574.

톱풀 *Physalis alkekengi* Linné var. *franchetii* (Masters) Hortorum

- Antimicrobial activity of the extracts and physalin D from *Physalis alkekengi* and evaluation of antioxidant potential of physalin D. *Pharmaceutical Biology* (2010), 48(2), 142-150.
- Using cellulases and hemicellulases to improve better extraction of carotenoids from the sepals of *Physalis Alkekengi* L. *Bulletin of University of Agricultural Sciences and Veterinary Medicine Cluj-Napoca, Animal Science and Biotechnologies* (2009), 66(1-2), 419-423.
- A novel cytotoxic neophysalin from *Physalis Alkekengi* var. francheti. *Chinese Chemical Letters* (2009), 20(11), 1327-1330.
- Carotenoid composition and retinol equivalent in plants of nutritional and medicinal importance: Efficacy of β-carotene from Chenopodium album in retinol-deficient rats. *Food Chemistry* (2009), 119(4), 1584-1590.
- Study on biological activities of *Physalis Alkekengi* var. francheti polysaccharide. *Journal of the Science of Food and Agriculture* (2009), 89(9), 1593-1598.
- Studies of *Physalis Alkekengi* L. fruits as a source of xanthophylls. *Pharmaceutical Chemistry Journal* (2008), 42(2), 87-88.
- Two new megastigmane glycosides, physanosides A and B, from *Physalis Alkekengi* L. var. franchetii, and their effect on NO release in macrophages. *Chemistry & Biodiversity* (2008), 5(5), 758-763.
- Steroids and flavonoids from *Physalis Alkekengi* var. *franchetii* and their inhibitory effects on nitric oxide production. *Journal of Natural Products* (2008), 71(4), 642-646.

패랭이꽃 *Dianthus chinensis* Linné

- Effects of natural products on the inhibition of lipopolysaccharide-inducible nitric oxide synthase activity in RAW264.7 cell culture system. *Natural Product Sciences* (1999), 5(3), 113-120.
- Phenylacetic acid induced organogenesis in cultured leaf segments of Dianthus chinensis. *Plant Cell Reports* (1996), 15(11), 869-872.
- Triterpenoid saponins from *Dianthus chinensis. Tetrahedron* (1994), 50(45), 12811-12820.
- Triterpenoid saponins from *Dianthus chinensis. Phytochemistry* (1994), 35(3), 751-756.
- L-Dianose, a new monosaccharide from *Dianthus chinensis* L. *Carbohydrate Research* (1994), 252, 303-307.
- Dianchinenosides A and B, two new saponins from *Dianthus chinensis. Journal of Natural Products* (1993), 56(7), 1065-1070.
- Triterpenoid saponins from *Dianthus chinensis. Phytochemistry* (1994), 35(3), 751-756.

편백 *Chamaecyparis obtuse* (Sieb. et Zucc.) Endlicher

- Separation and identification of taxifolin 3-O-glucoside isomers from *Chamaecyparis obtusa* (Cupressaceae). *Natural Product Letters* (2002), 16(6), 383-387.
- Inhibitory effect of beta-thujaplicin on ultraviolet B-induced apoptosis in mouse keratinocytes. *The Journal of investigative dermatology* (1998), 110(1), 24-28.

풀명자나무 *Chaenomeles japonica* (Thunb.) Lindley

- Immunomodulatory effects of holothurian triterpene glycosides on mammalian splenocytes determined by mass spectrometric proteome analysis. *Journal of Proteomics* (2009), 72(5), 886-906.
- Study on determination of triterpenoids in Chaenomeles by high performance liquid chromatography and sample preparation with matrix solid phase dispersion. *Journal of the Chinese Chemical Society* (2008), 55(6), 1332-1337.
- Procyanidin oligomers from Japanese quince (*Chaenomeles japonica*) fruit inhibit activity of MMP-2 and MMP-9 metalloproteinases. *Journal of Agricultural and Food Chemistry* (2007), 55(16), 6447-6452.
- *In vitro* induction of polyploidy in Japanese quince (*Chaenomeles japonica*). *Plant Cell, Tissue and Organ Culture* (2006), 84(3), 263-268.
- Pectins in the fruits of Japanese quince (*Chaenomeles japonica*). *Carbohydrate Polymers* (2003), 53(4), 361-372.
- Components from the roots of *Chaenomeles japonica. Saengyak Hakhoechi* (2002), 33(4), 267-271.
- A new acylated triterpene from the roots of *Chaenomeles japonica. Chemical & Pharmaceutical Bulletin* (2002), 50(8), 1124-1125.

한라구절초 C*hrysanthemum zawadskii* Herbich ssp.

- Quality characteristics and antioxidant activity of *Chrysanthemum indicum* L., *C. boreale* M., and *C. zawadskii* K. flowers candies. *Han'guk Sikp'um Yongyang Kwahak Hoechi* (2009), 38(10), 1406-1413.
- Quality characteristics and antioxidant activity of *Chrysanthemum indicum* L., *Chrysanthemum boreale* M. and *Chrysanthemum zawadskii* K. powdered teas. *Han'guk Sikp'um Yongyang Kwahak Hoechi* (2009), 38(7), 824-831.
- Anti-oxidant property and tyrosinase inhibition activity of various extracts from plants in Compositae plants. *Han'guk Eungyong Sangmyong Hwahakhoeji* (2008), 51(4), 321-328.
- Antioxidative activity of volatile compounds in flower of *Chrysanthemum indicum, C. morifolium, and C. zawadskii. Han'guk Sikp'um Yongyang Kwahak Hoechi* (2008), 37(6), 805-809.
- Analysis of composition and activity of essential oil from *Chrysanthemum zawadskii* var. *latilobum* and *C. indicum* against antibiotic-resistant pathogenic bacteria. *Natural Product Sciences* (2008), 14(2), 138-142.
- Regulatory roles of *Chrysanthemum zawadskii* roots in nuclear factor E2-related factor 2/antioxidant response element pathway. *Food Science and Biotechnology* (2008), 17(2), 367-372.
- Acacetin inhibits cell growth and cell cycle progression, and induces apoptosis in human prostate cancer cells:

structure-activity relationship with linarin and linarin acetate. *Carcinogenesis* (2005), 26(4), 845-854.
- Biological activities of linarin from *Chrysanthemum zawadskii* var. *latilobum. Yakhak Hoechi* (2001), 45(6), 604-610.

한련초 *Eclipta prostrata* Linné

- Effects of volatile components and ethanolic extract from *Eclipta prostrata* on proliferation and differentiation of primary osteoblasts. *Molecules* (2010), 15, 241-250.
- Design, Synthesis, and 3D-QSAR Analysis of Novel 1,3,4-Oxadiazol-2(3H)-ones as Protoporphyrinogen Oxidase Inhibitors. *Journal of Agricultural and Food Chemistry* (2010), 58(5), 2643-2651.
- Antiviral activity of dasyscyphin C extracted from *Eclipta prostrata* against fish nodavirus. *Journal of Antivirals & Antiretrovirals* (2009), 2(1), 1029-1032.
- Design and synthesis of N-2,6-difluorophenyl-5-methoxyl-1,2,4-triazolo[1,5-α]-pyrimidine-2-sulfonamide as acetohydroxyacid synthase inhibitor. *Bioorganic & Medicinal Chemistry* (2009), 17(8), 3011-3017.
- Stimulatory constituents of *Eclipta prostrata* on mouse osteoblast differentiation. *Phytotherapy Research* (2009), 23(1), 129-131.
- Antiproliferative activity of triterpenoids from *Eclipta prostrata* on hepatic stellate cells. *Phytomedicine* (2008), 15(9), 775-780.
- The butanol fraction of *Eclipta prostrata* (Linn) effectively reduces serum lipid levels and improves antioxidant activities in CD rats. *Nutrition Research* (2008), 28(8), 550-554.

한삼덩굴 *Humulus japonicus* Siebold et Zuccarini

- *Humulus japonicus* accelerates the decomposition of Miscanthus sacchariflorus and Phragmites australis in a floodplain. *Journal of Plant Biology* (2009), 52(5), 466-474.
- Two new phenolic constituents of *Humulus japonicus* and their cytotoxicity test *in vitro. Archives of Pharmacal Research* (2007), 30(11), 1471-1475.
- Norsesquiterpene and steroid constituents of *Humulus japonicus. Natural Product Sciences* (2007), 13(4), 332-336.
- HlMyb3, a putative regulatory factor in hop (*Humulus lupulus* L.), shows diverse biological effects in heterologous transgenotes. *Journal of Agricultural and Food Chemistry* (2007), 55(19), 7767-7776.
- Prenylflavonoid variation in *Humulus lupulus*: distribution and taxonomic significance of xanthogalenol and 4'-O-methylxanthohumol. *Phytochemistry* (2000), 53(7), 759-775.
- Identification and characterization of the major allergen of the *Humulus japonicus* pollen. *Clinical and Experimental Allergy* (1999), 29(8), 1080-1086.
- Evidence of Hop Japanese pollinosis in Korea: IgE sensitization and identification of allergenic components. *Journal of Allergy and Clinical Immunology* (1997), 100(4), 475-479.

할미꽃 *Pulsatilla cernua* (Thunb.) Sprengel var. *koreana* (Nak.) Y. Lee

- A new triterpenoid saponin from *Pulsatilla cernua. Molecules* (2010), 15, 1891-1897.
- Two new triterpenoid saponins from *Pulsatilla cernua* (Thunb.) Bercht. et Opiz. *Journal of Asian Natural Products Research* (2007), 9(8), 705-711.
- Triterpenoid saponins from *Pulsatilla cernua* (Thunb.) Bercht. et Opiz. *Journal of Integrative Plant Biology* (2007), 49(2), 202-206.
- Tyrosinase Inhibitors of *Pulsatilla cernua* Root-Derived Materials. *Journal of Agricultural and Food Chemistry* (2002), 50(6), 1400-1403.
- Selective Growth Inhibitor toward Human Intestinal Bacteria Derived from *Pulsatilla cernua* Root. *Journal of Agricultural and Food Chemistry* (2001), 49(10), 4656-4661.
- Cernuosides A and B, Two Sucrase Inhibitors from *Pulsatilla cernua. Journal of Natural Products* (2000), 63(2), 276-278.

- An acylated pelargonidin diglycoside from *Pulsatilla cernua. Phytochemistry* (1997), 47(1), 105-107.
- The use of allelopathic chemicals in sustainable agriculture. *Proceedings of the Plant Growth Regulator Society of America* (1995), 22nd, 31-38.
- Triterpenoid saponins from *Pulsatilla cernua* Spreng. I. *Chemical & Pharmaceutical Bulletin* (1978), 26(6), 1666-1671.
- A new triterpenoid saponin from *Pulsatilla cernua. Molecules* (2010), 15(3), 1891-1897.
- Tyrosinase inhibitors of *Pulsatilla cernua* root-derived materials. *Journal of agricultural and food chemistry* (2002), 50(6), 1400-1403.

해당화 *Rosa rugosa* Thunberg

- Simultaneous determination of hydrolysable tannins in the petals of Rosa *rugosa* and allied plants. *Journal of Natural Medicines* (2010), 64(3), 383-387.
- Cutin composition of selected northern berries and seeds. *Food Chemistry* (2010), 122(1), 137-144.
- Tellimagrandin I, HCV invasion inhibitor from *Rosa rugosa* Flos. *Bioorganic & Medicinal Chemistry Letters* (2010), 20(5), 1598-1600.
- Gallic acid suppresses lipopolysaccharide-induced Nuclear Factor-kB signaling by preventing RelA acetylation in A549 lung cancer cells. *Molecular Cancer Research* (2009), 7(12), 2011-2021.
- Antioxidative activities of white rose flower extract and pharmaceutical advantages of its hexane fraction via free radical scavenging effects. *Biochemistry and Cell Biology* (2009), 87(6), 943-952.
- Anti-allergic effects of white rose petal extract and anti-atopic properties of its hexane fraction. *Archives of Pharmacal Research* (2009), 32(6), 823-830.
- The antioxidant effect of *Rosa rugosa. Drug Metabolism and Drug Interactions* (2008), 23(3-4), 323-327.
- Effect of anti-histone acetyltransferase activity from *Rosa rugosa* Thunb. (Rosaceae) extracts on androgen receptor-mediated transcriptional regulation. *Journal of Ethnopharmacology* (2008), 18(3), 412-417.
- Tea beverages made from Romanas rose (*Rosa rugosa* Thunb.) leaves possess strongly antioxidative activity by high contents of total phenols and vitamin C. *Journal of Food, Agriculture & Environment* (2007), 5(3&4), 137-141.
- Structure-activity relationships of polyhydroxyursane-type triterpenoids on the cytoprotective and anti- inflammatory effects. *Natural Product Sciences* (2007), 13(1), 33-39.

향나무 *Juniperus chinensis* Linné

- Widdrol induces cell cycle arrest, associated with MCM down-regulation, in human colon adenocarcinoma cells. *Cancer Letters* (2010), 290(1), 96-103.
- A new phenolic and a new lignan from the roots of *Juniperus chinensis. Natural Product Communications* (2010), 5(1), 55-57.
- Acaricidal activities of major constituents of essential oil of *Juniperus chinensis* leaves against house dust and stored food mites. *Journal of Food Protection* (2009), 72(8), 1686-1691.
- A new labdane-type diterpene from the bark of *Juniperus chinensis* Linn. *Natural Product Research, Part A: Structure and Synthesis* (2008), 22(13), 1158-1162.
- Anti-obesity effects of *Juniperus chinensis* extract are associated with increased AMP-activated protein kinase expression and phosphorylation in the visceral adipose tissue of rats. *Biological & Pharmaceutical Bulletin* (2008), 31(7), 1415-1421.
- Free radical scavengers from the heartwood of *Juniperus chinensis. Archives of Pharmacal Research* (2002), 25(4), 449-452.

협죽도 *Nerium indicum* Miller

- New oligosaccharides prepared by acid hydrolysis of the polysaccharides from *Nerium indicum* Mill and their anti-angiogenesis activities. *Carbohydrate Research* (2009), 344(2), 198-203.

- Structure identification of potential compound as selective renal anticancer isolated from *Nerium indicum* Mill. Leaves. *Majalah Farmasi Indonesia* (2008), 19(2), 57-64.
- New polysaccharide from *Nerium indicum* protects neurons via stress kinase signaling pathway. *Brain Research* (2007), 1153, 221-230.
- Characterization of inhibitors of postprandial hyperglycemia from the leaves of *Nerium indicum. Journal of Nutritional Science and Vitaminology* (2007), 53(2), 166-173.
- Chinese herbs and herbal extracts for neuroprotection of dopaminergic neurons and potential therapeutic treatment of Parkinson's disease. *CNS & neurological disorders drug targets* (2007), 6(4), 273-281.
- Molluscicidal activity of *Nerium indicum* Mill, Pterocarya stenoptera DC, and Rumex japonicum houtt on Oncomelania hupensis. *Biomedical and environmental sciences: BES* (2006), 19(4), 245-248.
- Characterization of polysaccharides from the flowers of *Nerium indicum* and their neuroprotective effects. *International Journal of Molecular Medicine* (2004), 14(5), 17-924.
- Behavior of Monolignol Glucosides in Angiosperms. *Journal of Agricultural and Food Chemistry* (2004), 52(25), 7651-7659.
- Studies on stability and antibacterial activity of aqueous extracts of some Indian medicinal plants. *Oriental Journal of Chemistry* (2003), 19(2), 387-392.
- Nerium indicum and Their Activities on PC12 Pheochromocytoma Cells. *Journal of Natural Products* (2003), 66(1), 7-10.
- ^{1}H- and ^{13}C-NMR assignments of odoroside B. *Fitoterapia* (1998), 69(4), 377-378.

호박 *Cucurbita moschata* Duchesne

- Optimization of extraction conditions for extracts from *Cucurbita moschata* Duch. by response surface methodology. *Han'guk Sikp'um Yongyang Kwahak Hoechi* (2010), 39(3), 449-454.
- Antioxidant activities in enzymatic hydrolysates of pumpkin powder (*Cucurbita spp.*). *Han'guk Sikp'um Yongyang Kwahak Hoechi* (2010), 39(2), 172-178.
- Effect of boiling and stir frying on total phenolics, carotenoids and radical scavenging activity of pumpkin (*Cucurbita moschato*). I*nternational Food Research Journal* (2009), 16(1), 45-51.
- Characterization of acid-extracted pectin-enriched products obtained from red beet (*Beta vulgaris* L. var. conditiva) and Butternut (*Cucurbita moschata* Duch ex Poiret). *Journal of Agricultural and Food Chemistry* (2010), 58(6), 3793-3800.
- Antioxidant activity and profiles of common vegetables in Singapore. *Food Chemistry* (2010), 120(4), 993-1003.
- New phenolic glycosides from the seeds of *Cucurbita moschata. Journal of Asian Natural Products Research* (2009), 11(7-8), 639-642.
- Degradation of total carotenoids and texture in frozen pumpkins when kept for storage under varying conditions of time and temperature. *International Journal of Food Sciences and Nutrition* (2009), 60, 17-26.
- Lectins but not antifungal proteins exhibit anti-nematode activity. *Environmental Toxicology and Pharmacology* (2009), 28(2), 265-268.
- Structures of new phenolic glycosides from the seeds of *Cucurbita moschata. Natural Product Communications* (2009), 4(4), 511-512.
- Fruit quality of mini-watermelon as affected by grafting and irrigation regimes. *Journal of the Science of Food and Agriculture* (2008), 88(6), 1107-1114.
- Study of nutritive value and medicinal uses of cultivated cucurbits. *Journal of Applied Sciences Research* (2008), 4(5), 555-558.
- Antimicrobial and antioxidant activities of edible coatings enriched with natural plant extracts: *In vitro* and *in vivo* studies. *Postharvest Biology and Technology* (2008), 49(2), 294-300.
- A water-soluble extract from *Cucurbita moschata* shows anti-obesity effects by controlling lipid metabolism in a high

fat diet-induced obesity mouse model. *Biochemical and Biophysical Research Communications* (2008), 366(1), 269.

- A water-soluble extract from *Cucurbita moschata* shows anti-obesity effects by controlling lipid metabolism in a high fat diet-induced obesity mouse model. *Biochemical and Biophysical Research Communications* (2007), 359(3), 419-425.
- Chemical composition and antioxidant activity of an acidic polysaccharide extracted from *Cucurbita moschata* Duchesne ex Poiret. *Journal of Agricultural and Food Chemistry* (2007), 55(12), 4684-4690.
- Purification and characterization of Moschatin, a novel type I ribosome-inactivating protein from the mature seeds of pumpkin (*Cucurbita moschata*), and preparation of its immunotoxin against human melanoma cells. *Cell Research* (2003), 13(5), 369-374.
- Isolation of angiotensin converting enzyme inhibitors from ripe Cucurbita moschata Duch. *Journal of Food Science and Nutrition* (2001), 6(4), 244-246.

홍자단 *Contoneaster horizontails* D

- Effect of soil salinity on nutrient uptake, growth, and decorative value of four ground cover shrubs. *Journal of Plant Nutrition* (2004), 27(6), 977-989.
- Plant proanthocyanidins. I. Introduction. Isolation, structure, and distribution in nature of plant procyanidins. *Journal of the Chemical Society, Perkin Transactions 1: Organic and Bio-Organic Chemistry* (1972), (11), 1387-1399.
- Sources of d-sorbitol. *Journal of the American Chemical Society* (1937), 59, 2264-2266.

화백 *Chamaecyparis pisifera* (Sieb. et Zucc.) Endlicher

- Oxidative spirocyclization routes towards the sawaranospirolides. Synthesis of ent-sawaranospirolides C and D. *Organic & Biomolecular Chemistry* (2010), 8(1), 226-233.
- Chitin synthase 2 inhibitory activity of O-methyl pisiferic acid and 8,20-dihydroxy-9(11),13- abietadien-12-one, isolated from *Chamaecyparis pisifera. Biological & Pharmaceutical Bulletin* (2008), 31(4), 755-759.
- Chemotaxonomic significance of leaf wax *n*-alkanes in the Pinales (Coniferales). *Journal of Biological Research* (2004), 13-19.
- Distribution of (-)-yatein in Cupressaceae family analysed by high performance liquid chromatography. *Archives of Pharmacal Research* (2004), 27(1), 35-39.
- Studies on constituents from *Chamaecyparis pisifera* and antibacterial activity of diterpenes. *Chemical & Pharmaceutical Bulletin* (2001), 49(11), 1479-1481.
- Taxonomy of Gymnospermae: multivariate analyses of leaf fatty acid composition. *Phytochemistry* (2001), 58(1), 101-115.
- Identification of oplopanonyl acetate isolated from *Chamaecyparis pisifera. Magnetic Resonance in Chemistry* (1990), 28(12), 1030-1034.

화살나무 *Euonymus alatus* (Thunb.) Sieboid

- Fingerprint Analysis of *Euonymus alatus* (Thuhb) siebold by LC-DAD and LC-ESI-MS. *Chromatographia* (2009), 69(5-6), 429-436.
- Total phenolics level, antioxidant activities and cytotoxicity of young sprouts of some traditional Korean salad plants. *Plant Foods for Human Nutrition* (2009), 64(1), 25-31.
- Effects on lipid peroxidation and antioxidative enzymes of *Euonymus alatus* in cultured rat hepatocytes. *Basic & Clinical Pharmacology & Toxicology* (2009), 104(1), 60-70.
- Microwave-assisted extraction of rutin and quercetin from the stalks of *Euonymus alatus* (Thunb.) Sieb. *Phytochemical Analysis* (2009), 20(1), 33-37.
- Alleviating effects of active fraction of *Euonymus alatus* abundant in flavonoids on diabetic mice. *American Journal of Chinese Medicine* (2008), 36(1), 125-140.

- Studies on chemical constituents from *Euonymus alatus* II. *Zhongguo Zhongyao Zazhi* (2008), 33(12), 1422-1424.
- Kaempferol and quercetin isolated from *Euonymus alatus* improve glucose uptake of 3T3-L1 cells without adipogenesis activity. *Life Sciences* (2008), 82(11-12), 615-622.
- A phenolic compound, 5-caffeoylquinic acid (chlorogenic acid), is a new type and strong matrix metalloproteinase-9 inhibitor: Isolation and identification from methanol extract of *Euonymus alatus. Life Sciences* (2005), 77(22), 2760-2769.
- Isolation of a gene encoding a 1,2-Diacylglycerol-sn-acetyl-CoA acetyltransferase from developing seeds of *Euonymus alatus. Journal of Biological Chemistry* (2005), 280(7), 5370-5377.
- A new matrix metalloproteinase-9 inhibitor 3,4-dihydroxycinnamic acid (caffeic acid) from methanol extract of *Euonymus alatus*: isolation and structure determination. *Toxicology* (2005), 207(3), 383-390.
- Large-scale and effective screening of Korean medicinal plants for inhibitory activity on matrix metalloproteinase-9. *Journal of Ethnopharmacology* (2005), 97(1), 101-106.
- Novel and therapeutic effect of caffeic acid and caffeic acid phenethyl ester on hepatocarcinoma cells: complete regression of hepatoma growth and metastasis by dual mechanism. *FASEB Journal* (2004), 18(14), 1670-1681.
- Antidiabetic activity of formula containing *Euonymus alatus* (Thunb.) Sieb. and Mori Folium in multiple low dose streptozotocin-induced diabetic rats. *Yakhak Hoechi* (2004), 48(4), 247-253.
- Activation of inducible nitric oxide synthase by *Euonymus alatus* in mouse peritoneal macrophages. *Clinica Chimica Acta* (2002), 318(1-2), 113-120.

화송 *Sciadopitys vertieillata* (Thunb.) Siebold et Zuccarini

- Occurrence of a novel cannabimimetic molecule 2-sciadonoylglycerol (2-Eicosa-5',11',14'-trienoylglycerol) in the umbrella pine *Sciadopitys verticillata* seeds. *Biological & Pharmaceutical Bulletin* (2000), 23(6), 758-761.
- Methyl verticoate, a novel diterpenoid with an unusual carbon skeleton from the conifer *Sciadopitys verticillata. Journal of Chemical Research* (1988), (10), 340-341.
- Diterpenes from the seed of *Sciadopitys verticillata. Phytochemistry* (1985), 24(9), 2041-2046.
- Polyprenols from conifers: multiplicity in chain length distribution. *Phytochemistry* (1984), 23(11), 2517-2521.
- The structure and absolute configuration of verticillol, a macrocyclic diterpene alcohol from the wood of *Sciadopitys verticillata* Sieb. et Zucc. (Taxodiaceae). *Tetrahedron* (1978), 34(15), 2349-2354.
- (+)-2,5-Diepi-b-cedrene, a new sesquiterpene from S*ciadopitys verticillata. Tetrahedron Letters* (1973), (1), 17-20.
- Intramolecular, long-range oxidations at saturated carbon centers. *Journal of the American Chemical Society* (1967), 89(1), 174-176.

활나물 *Crotalaria sessiliflora* Linné

- Endothelium-dependent vasodilatory and hypotensive effects of *Crotalaria Sessiliflora* L. in rats. Biological & *Pharmaceutical Bulletin* (2007), 30(1), 48-53.
- Estrogenic and Acetylcholinesterase-Enhancement Activity of a New Isoflavone, 7,2',4'-Trihydroxyisoflavone- 4'-O-β-D-Glucopyranoside from *Crotalaria Sessiliflora. Cytotechnology* (2003), 43(1-3), 127-134.
- Flavonoids of Crotalaria Sessiliflora. *Archives of Pharmacal Research* (2004), 27(5), 544-546.
- 2-amino-5-hydroxyhexanoic acid and its succinyl derivatives as their lactone forms from kobutorisou, an antagonizing plant to nematode. *Heterocycles* (2003), 61, 9-12.
- Antioxidative compounds from *Crotalaria Sessiliflora. Bioscience, Biotechnology, and Biochemistry* (2003), 67(2), 410-414.
- Pyrrolizidine Alkaloids from the Seeds of *Crotalaria Sessiliflora. Planta medica* (1992), 58(3), 283.
- Endothelium-dependent vasodilatory and hypotensive effects of *Crotalaria Sessiliflora* L. in rats. *Biological & pharmaceutical bulletin* (2007), 30(1), 48-53.

황기 *Astragalus membranaceus* Bunge

- Study on the relevance between beany flavor and main bioactive components in radix Astragali. *Journal of Agricultural and Food Chemistry* (2010), 58(9), 5568-5573.
- Simultaneous separation of four flavonoids and two astragalosides from radix Astragali by Semi-Preparative LC. *Chromatographia* (2010), 71(3/4), 225-231.
- Suppressive effects of swainsonine on C6 glioma cell *in vitro* and *in vivo. Phytomedicine* (2009), 16(11), 1070-1074.
- Safety and pharmacokinetic trial of docetaxel plus an Astragalus-based herbal formula for non-small cell lung cancer patients. *Cancer Chemotherapy and Pharmacology* (2009), 65(1), 67-71.
- Saponin fraction from *Astragalus membranaceus* roots protects mice against polymicrobial sepsis induced by cecal ligation and puncture by inhibiting inflammation and upregulating protein C pathway. *Journal of Natural Medicines* (2009), 63(4), 421-429.
- Antioxidant activity of some plant extracts towards xanthine oxidase, lipoxygenase and tyrosinase. *Molecules* (2009), 14(8), 2947-2958.
- Astragalus improved cardiac function of adriamycin-injured rat hearts by upregulation of SERCA2a expression. *American Journal of Chinese Medicine* (2009), 37(3), 519-529.
- Characterization and renal protective effect of a polysaccharide from *Astragalus membranaceus. Carbohydrate Polymers* (2009), 78(2), 343-348.
- The protective action of radix *Astragalus membranaceus* against hapten-induced colitis through modulation of cytokines. *Cytokine* (2009), 47(2), 85-90.
- Inhibitory effects of calycosin isolated from the root of *Astragalus membranaceus* on melanin biosynthesis. *Biological & Pharmaceutical Bulletin* (2009), 32(2), 264-268.
- Hypoglycemic effect of polysaccharide enriched extract of *Astragalus membranaceus* in diet induced insulin resistant C57BL/6J mice and its potential mechanism. *Phytomedicine* (2009), 16(5), 416-425.
- High-purity calycosin-7-O-β-D-glucopyranoside recovered from Radix Astragali by extraction, fractionation and recrystallization. *Separation Science and Technology* (2009), 44(5), 1261-1271.
- Protective effects of astragaloside IV on porcine-serum-induced hepatic fibrosis in rats and *in vitro* effects on hepatic stellate cells. *Journal of Ethnopharmacology* (2009), 122(3), 502-508.
- Astragalus saponins induce apoptosis via an ERK-independent NF-kB signaling pathway in the human hepatocellular HepG2 cell line. *International Journal of Molecular Medicine* (2009), 23(2), 189-196.
- *Astragalus membranaceus* flavonoids (AMF) ameliorate chronic fatigue syndrome induced by food intake restriction plus forced swimming. *Journal of Ethnopharmacology* (2009), 122(1), 28-34.
- Astragalus polysaccharides: an effective treatment for diabetes prevention in NOD mice. *Experimental and Clinical Endocrinology & Diabetes* (2008), 116(8), 468-474.

황매화 *Kerria japonica* (L.) De Candolle

- A new lignan and anti-inflammatory flavonoids from *Kerria japonica. Journal of Asian Natural Products Research* (2008), 10(5), 435-438.
- The flavonoids from the petals of *Kerria japonica* var. stellata Makino. *Annual Report of the Tohoku College of Pharmacy* (1980), (27), 55-57.
- The pigments of the gold rose, *Kerria japonica, DC. Bulletin of the Chemical Society of Japan* (1936), 11, 770-774.
- A new lignan and anti-inflammatory flavonoids from *Kerria japonica. Journal of Asian natural products research* (2008), 10(5-6), 435-438.

흰작살 *Callicarpa japonica* Thunberg var. *leucocarpa* Nakai

- A new diterpenoid and a new triterpenoid glucosyl ester from the leaves of *Callicarpa japonica* Thunb. var. *lux-*

urians Rehd. *Journal of Natural Medicines* (2009), 63(3), 318-322.

- A new lignan glucoside from the stems of *Callicarpa japonica* Thunb. var. *luxurians* Rehd. *Journal of Natural Medicines* (2009), 63(1), 86-90.
- Protective effect of some medicinal plants on tert-butyl hydroperoxide-induced oxidative stress in human keratinocytes. *Natural Product Sciences* (2008), 14(4), 244-248.
- A new phenylethanoid glycoside from the fruits of *Callicarpa japonica* Thunb. var. *luxurians* Rehd. *Journal of Natural Medicines* (2007), 61(3), 318-322.
- Volatile constituents from the leaves of *Callicarpa japonica* Thunb. and their antibacterial activities. *Journal of Agricultural and Food Chemistry* (2004), 52(4), 781-787.
- Antiviral activity of 5,6,7-trimethoxyflavone and its potentiation of the antiherpes activity of acyclovir. *Journal of Antimicrobial Chemotherapy* (1997), 39(6), 821-824.
- Inhibition of gp 120-CD4 interaction by various plant extracts. Phytomedicine (1997), 4(1), 53-58.
- 4',5,6,7-Tetramethoxyflavone from the leaves of *Callicarpa japonica* Thunb. and its variety Luxurians Redh (author's transl). *Yakugaku zasshi* (1973), 93(8), 1087-1088.(2002), 25(6), 820-823.
- Intermedeol isolated from the leaves of *Ligularia fischeri* var. *spiciformis* induces the differentiation of human acute promyelocytic leukemia HL-60 cells. *Planta Medica* (2002), 68(10), 881-885.

국명색인

학명색인

A

B

C

D

E

F

G

H

I

J

K

L

S

T

V

W

X

Y

Z

과명색인

생약색인

저자약력

권대영

서울대학교 식품공학과

KAIST 생명과학과 식품생화학 이학석사/이학박사

MIT, Whitehead Institute Post-doc

과학기술연합대학원대학교(UST) 식품생명과학과 교수

한국식품연구원 책임연구원, 미래전략기술연구본부장

김영섭

한남대학교 이과대학 천연물화학 이학석사/이학박사

한국화학연구원 책임연구원

이화학연구소 post-doc

유시용

서울대학교 약학대학 약학(천연물화학) 약학석사/약학박사

한국화학연구원 책임연구원

Columbia University post-doc

Suntory Institute post-doc

연규환

한국과학원 유기화학 석사/박사

유기황화합물과 수퍼옥사이드와의 반응에 관한 연구

한국화학연구원 책임연구원

Stanford Univ. Post Doc

홍경식

서울대학교 농과대학 농학석사/박사

경기도농업기술원 연구사

한국화학연구원 책임연구원

이병회

한국방송통신대학교 농학사

한국화학연구원 기술원

기능성식품 · 천연물의약 소재도감

2010년 8월 20일 초판 인쇄
2010년 8월 27일 초판 발행

지 은 이 • 권대영, 김영섭, 유시용, 연규환, 홍경식, 이병회

발 행 인 • 김홍용
펴 낸 곳 • **도서출판 효 일**
주 소 • 서울시 동대문구 용두동 102-201
전 화 • 02) 928-6644
팩 스 • 02) 927-7703
홈페이지 • www.hyoilbooks.com
e-mail • hyoilbooks@hyoilbooks.com
등 록 • 1987년 11월 18일 제6-0045호

값 40,000 원

ISBN 978-89-8489-301-6